河南省"十四五"普通高等教育规划教材

FUWU YINGXIAO GUANLI
服务营销管理

主　编　马　勇
副主编　张亚佩

河南大学出版社
HENAN UNIVERSITY PRESS
·郑州·

图书在版编目(CIP)数据

服务营销管理 / 马勇主编. -- 郑州：河南大学出版社，2022.3(2023.8 重印)
ISBN 978-7-5649-4814-6

Ⅰ. ①服… Ⅱ. ①马… Ⅲ. ①服务营销-营销管理-高等学校-教材 Ⅳ. ①F719.0

中国版本图书馆 CIP 数据核字(2021)第 161284 号

责任编辑　孙增科
责任校对　陈　巧
封面设计　郭　灿

出版发行　河南大学出版社
　　　　　地址：郑州市郑东新区商务外环中华大厦 2401 号
　　　　　邮编：450046
　　　　　电话：0371-86059750(高等教育与职业教育分公司)
　　　　　　　　0371-86059701(营销部)
　　　　　网址：hupress.henu.edu.cn
排　　版　河南大学出版社设计排版部
印　　刷　广东虎彩云印刷有限公司
版　　次　2022 年 3 月第 1 版
印　　次　2023 年 8 月第 2 次印刷
开　　本　787mm×1092mm　1/16
印　　张　14.25
字　　数　329 千字
定　　价　46.00 元

(本书如有印装质量问题，请与河南大学出版社营销部联系调换)

前 言

新中国成立以来,在党的英明领导下,我国国民经济产业结构由初期的农业、制造业、服务业转型到改革开放后的制造业、服务业、农业。党的十八大以来,在以习近平总书记为核心的党中央带领下,服务业发展取得了辉煌的成就,产业结构进一步转型到服务业、制造业、农业。2013年,我国服务业增加值占国内生产总值比重为46.1%,开始超过制造业所占的43.9%,成为国民经济的第一大产业;2015年,服务业增加值占国内生产总值比重为50.%,已占国民经济的半壁江山;2020年,我国服务业增加值553977亿元,服务业增加值占国内生产总值比重为54.5%。由于服务业对我国经济可持续发展以及解决劳动力就业的关键作用,党的十九届五中全会明确指出:"十四五"要加快发展现代服务业。可以预料,我国社会经济将很快步入服务经济时代(占国内生产总值60%)。服务业特别是现代服务业的发展为服务营销提供了肥沃的土壤和广阔的市场空间。

在我国服务业获得巨大发展的同时,制造业服务化的趋势也日趋明显。一方面,由于专业化程度不断提高,原来属于制造业内部的职能部门(研究开发、市场调研、广告设计、采购、运营、物流、人力资源、财务管理、营销、售后服务等)纷纷外包,原来的每一个职能现在都发展成为一个服务企业;另一方面,企业逐渐把售后服务作为建立市场竞争优势的着力点和获取利润的主要手段。正如美国哈佛大学教授西奥多·李维特(Theodore Levitt)教授所说:"新的竞争不是发生于企业在其工厂里生产什么,而是发生于企业工厂产出后所附加的服务。"由于服务本身具有"无形性""异质性""不可分性"和"易逝性"的特点,以及服务不同于产品的搜寻特征,具有体验特征和信任特征,服务营销的理念、方法、手段和传统的产品营销具有非常大的差异,服务营销对企业来说,不仅仅是企业的需要,更是市场竞争所必需。

服务营销作为一门独立的学科,它的发展历史并不是很长。在这并不长的时间里,有几个重要的里程碑。1977年,肖斯塔克(Shostack)在《营销期刊》(Journal of marketing)上发表题为《摆脱产品营销的束缚》(Breaking Free from Product Marketing)一文,从此服务营销从传统的产品营销独立出来,开始另立门户。2004年,瓦尔戈和卢施(Vargo and Lusch)还是在《营销期刊》上发表题为《市场营销演进到一种新的主导逻辑》(Evolving to a new dominant logic for marketing)一文,文中阐明市场营销要从传统的商品主导的逻辑转换到服务主导的逻辑。2006年,诺丁学派(Nordic school)的重要代表人物格朗鲁斯(Grönroos)在《营销理论》(Marketing Theory)期刊上发表了题为《采纳服务逻辑开展营销》一文,提出从"服务逻辑"才能更好地理解包括服务和货物营销在内所有营销活动,这意味着所有的营销都是在顾客主导逻辑下的服务，货物只是服务营销的一个载体、一个道具或一个要素而已。

在服务营销国内外研究成果的基础上，结合课程组成员在《服务营销管理》课程教学与研究中的积累和感悟，整理出了这本《服务营销管理》教材。该教材的编写逻辑是：第一章"绪论"，阐明服务特性及其营销的特殊性，表明学习《服务营销管理》这门课程的必要性；第二章"服务利润链"，阐述服务企业营销战略的逻辑，表明服务企业营销是营销管理、运营管理和人力资源管理的三位一体；第三、四章"服务营销组合策略"，阐述服务企业的营销策略，阐明如何设计服务营销组合策略来提升顾客感知价值（服务利润链模型的核心模块）；第五章"服务补救"，阐述服务失败情况下的企业营销策略，说明服务企业不同于制造企业有"二次成功"的机会；第六章"顾客关系营销"，阐明服务企业长期经营的逻辑，表明顾客忠诚对服务企业利润和增长的重要性；第七章"服务竞争"阐明服务企业如何同竞争对手进行博弈，表明竞争才是企业赢得可持续竞争优势根本原因；第八章"服务创新"阐明服务企业创新战略与方法，说明服务企业应严格贯彻"价值创新"理念；第九章"跨国服务"阐述服务企业跨国经营战略与方法，阐明企业跨国经营的动态性和复杂性；第十章"服务营销道德"阐明了营销道德对服务企业作用和意义，阐述了服务企业营销道德决策和服务企业营销道德实践。

本书主编马勇负责编写第一章、第二章、第五章、第七章、第八章、第九章、第十章。副主编张亚佩负责编写第三章、第四章、第六章。在本书出版之际，首先感谢长期在服务营销领域开展研究和实践的国内外学者和专家，他们的理论和实践成果为该书的编写提供了丰富的素材，我们这里只是对他们研究成果进行梳理、分类、组合和整编；其次，我们要感谢学校和学院领导的大力支持，正是他们的支持才使我们编写的《服务营销管理》一书有幸获得河南省"十四五"普通高等教育规划教材重点支持项目；最后，还要感谢我们亲爱的学生，正是他们一届接一届对该课程充满了学习热情和兴趣，激发了我们课程组长期以来不断地收集、整理和领会服务营销研究与实践的成果。

目 录

第一章 导论 /1
- 第一节 服务及其特性 /1
- 第二节 服务营销组合 /5
- 第三节 服务营销管理 /8

第二章 服务利润链 /15
- 第一节 服务利润链模型 /15
- 第二节 顾客感知价值 /19
- 第三节 顾客满意 /22
- 第四节 顾客忠诚 /29
- 第五节 员工满意度 /34
- 第六节 员工忠诚度 /38

第三章 服务营销策略(上) /46
- 第一节 服务质量 /46
- 第二节 服务定价 /51
- 第三节 服务传播 /65
- 第四节 服务分销 /73

第四章 服务营销策略(下) /80
- 第一节 有形展示 /80
- 第二节 服务流程 /89
- 第三节 服务参与者 /95

第五章 服务补救 /109
- 第一节 服务失败 /110
- 第二节 顾客抱怨处理 /112
- 第三节 服务补救策略 /115

第六章 关系营销 /124
- 第一节 关系营销内涵及利益 /125
- 第二节 关系质量 /129
- 第三节 顾客关系管理 /132

第七章 服务竞争 /141
- 第一节 降低顾客后悔度 /142
- 第二节 超越竞争者 /146
- 第三节 追求卓越服务 /151

第八章　服务创新　/161
　　第一节　服务价值创新　/162
　　第二节　服务价值创新途径　/167
　　第三节　服务价值共创　/170

第九章　跨国服务　/181
　　第一节　跨国服务理论　/181
　　第二节　跨国服务营销　/183
　　第三节　跨国服务管理　/187

第十章　服务营销道德　/198
　　第一节　服务营销道德概述　/199
　　第二节　服务营销道德决策　/203
　　第三节　服务营销道德实践　/207

第一章 导 论

麦当劳(McDonald's)是全球大型跨国连锁餐厅,1955年创立于美国芝加哥,在世界上大约拥有3万个分店。主要卖汉堡包、薯条、炸鸡、汽水、冰品、沙拉、水果等快餐食品。2020年,麦当劳名列福布斯2020全球品牌价值100强第10位。麦当劳一直秉承"QSCV"经营原则,即质量(Quality)、服务(Service)、清洁(Cleanliness)和价值(Value)。

质量(Quality)是指麦当劳为保障食品品质制定了极其严格的标准。例如,牛肉食品要经过40多项品质检查;食品制作后超过一定期限(汉堡包的时限是20-30分钟、炸薯条是7分钟)便丢弃不卖;规定肉饼必须由83%的肩肉与17%的上选五花肉混制等。严格的标准使顾客在任何时间、任何地点所品尝的麦当劳食品都是同一品质的。

服务(Service)是指按照细心、关心和爱心的原则,提供热情、周到、快捷的服务。例如,顾客排队购买食品时,等待时间不超过2分钟,要求员工必须快捷准确地工作;服务员必须按柜台服务"六步曲"为顾客服务,当顾客点完所需要的食品后,服务员必须在1分钟以内将食品送到顾客手中;顾客用餐时不得受到干扰,即使吃完以后也不能"赶走"顾客;为小顾客专门准备了漂亮的高脚椅、精美的小礼物,免费赠送。

清洁(Cleanliness)是指麦当劳制定了必须严格遵守的清洁工作标准。店铺必须做到窗明几净,工作人员不能留长发,女职工必须要戴上发网,器具必须全部用不锈钢制作,顾客一旦在店铺内丢落纸,员工必须马上捡起来。

价值(Value)代表价值。就是麦当劳的食品不仅质量优越,而且所有的食品所包含的营养成分也是在经过严格的科学计算,根据一定的比例配制的。这些食品不仅营养均衡、丰富,而且价格公道、合理。

第一节 服务及其特性

一、服务

1998年,美国西北大学的菲利普·科特勒(Philip Kotler)给服务的定义是:"服务是一种本质为无形的行动或演示,在一方提供给另一方时,不会导致所有权转移,它的生产可维系于或不维系于一种有形产品。"比如,茶杯这个物品和课堂教学服务之间的区别:茶杯是有形的、看得见、摸得着的东西,教学则是传授文化、思想、知识、技能等这种无形的东西;你拿钱买茶杯,茶杯的所有权就归你了,你听课,不存在所有权的转移;课堂教学需要教室、座椅、投影这些有形的东西配合完成,但即使没有这些有形的东西,也可以完成思想、知识和技能的传授。

服务的本质特征是无形性,如图1-1所示,最左端是食盐,消费者购买时基本不需要服务;中间的快餐基本上一半是有形的食品和服务场景,一半则是无形的服务态度和服务技能;最右边的教育则是教学服务,其核心在于传授无形的文化、思想、知识和技能。

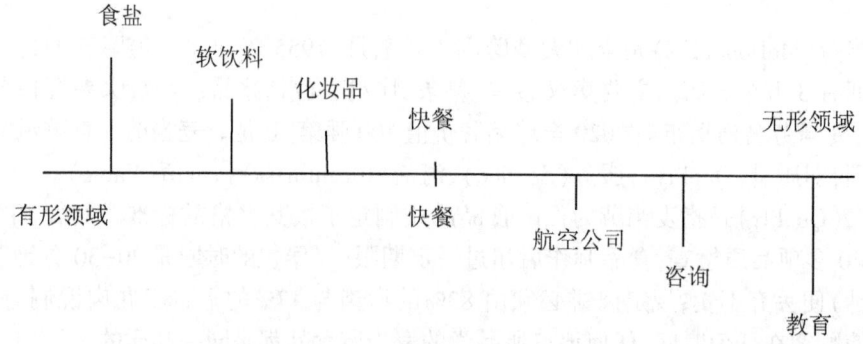

图1-1 从有形到无形的幅度

资料来源:G.LYNN SHOSTACK.Breaking free from product marketing[J].Journal of marketing,41(April 1977):73-80.

二、服务特性

1985年,帕拉休拉曼(Parasuraman)和贝里(Berry)在《市场营销期刊》发文指出:"服务营销存在无形性、不可分性、异质性、易逝性四个方面问题,这四个方面的问题使服务营销不同于传统的商品营销"。[1]

(一)无形性

和有形的商品相比较,服务不具有明显的可触摸属性。服务无形性的营销内涵是:①服务无法申请专利。无论是实用新型专利还是外观设计专利都是针对有形商品而言,因此,服务的创新因不能得到有效的保护很容易被竞争对手模仿。②价格是服务质量的指示器。和有形商品不同,顾客往往是根据可触摸的质量特征判断商品价格,相反,服务很难根据可触摸的属性判断,顾客往往是根据价格高低来判断服务质量,价格是顾客判断服务质量的一种线索。③服务注重有形展示。由于服务的无形性,让顾客感知服务质量高低相当困难。企业如何通过有形的服务环境、服务设施、服务设备引导顾客感知非常关键。一个五星级宾馆通常用宽敞豪华的大堂、布满名人字画和精美玉器的走廊来引导顾客感知其服务质量档次。和前面的服务价格一样,服务的有形性也是顾客判断服务质量的一种线索。

(二) 不可分性

有形商品的生产往往是由厂家单独完成的,服务的提供则要由服务企业和顾客共同完成,即共同生产。服务"不可分性"的营销内涵是:①顾客影响服务质量。有形商品的质量是由生产厂家决定的,服务质量则是由服务企业和顾客共同决定的。对服务企业而言,目标顾客的选择以及顾客参与服务生成的技能培训是企业营销的一部分。②服务失败的自我归因。顾客购买有形商品遇到质量问题,顾客往往把责任归结为厂家,而顾客接受服务遇到质量问题,顾客可能把责任归结为自己。例如,当顾客对自己所理的发型不满意时,他不一定埋怨理发师,他可能认为是自己没有把自己的期望对理发师说清楚。③顾客兼容性要求高。服务的"不可分性"也表现为一个顾客和另外其他顾客接受服务的"不可分性",顾客之间相互影响既可能提升也可能降低服务质量,有效的市场细分可提升服务质量。这就是为什么一些学校总是乐于根据学习成绩高低进行分班教学的原因。

(三) 异质性

和有形商品相比较,服务质量的标准化非常困难。服务的异质性的营销内涵是:①员工培训很重要。有形商品的质量主要是由生产设备和原材料的质量决定的,服务的质量则主要是由服务人员决定的。不同的人提供的服务差异可能非常大,要想保持服务质量的稳定性,服务人员的培训非常重要。全球各地的麦当劳提供的食品质量基本相同,主要得益于麦当劳的员工培训做得好。②员工应具备高情商。不同的员工提供的服务不同,同一员工也可能因为情绪好坏影响提供的服务质量。因此,员工能否调动自身情绪、同事情绪和顾客情绪对服务质量有较大的影响。例如,作为一名好教师,在课堂上不仅自己要有热情,而且要有效调动学生的学习热情。③背离顾客期望不一定能提升顾客满意。服务质量与顾客感知有关,顾客感知又与顾客期望有关,偏离顾客期望的服务可能提升也可能降低顾客感知的质量。例如,上午学生要上四节课,其期望是12点下课,如果你12点20下课,不仅不会提升学生感知质量反而会降低学生感知质量。在现实生活中,一些过分热情的服务员也有可能引起顾客的反感,因为他的热情大大超出了顾客的心理预期。

(四) 易逝性

和有形的商品比较,服务不能储存。服务易逝性的营销内涵是:①服务很难进行大规模生产。由于很多服务是由人提供的,而且又不具有可储存性,服务的大规模生产难以进行。例如,好的医疗资源和教育资源总是稀缺的,就是因为这类服务是由人而不是生产线提供的,而且又无法储存以备后用所致。②扩张依赖于连锁经营。服务的不可储存性不仅使服务的生产和消费在时间上不可分,而且也使服务的生产和消费在空间上不可分。一个地方生产的服务无法及时调运到另一个地方去消费,服务的大规模营销依赖于连锁经营这种组织形式。③服务供求管理困难。由于有形商品的可储存性,它可以实现淡季生产旺季消费,生产和消费在时间上可以分离,相反,服务无法储存,生产和消费在时间上不可分,这使得服务的供求管理十分困难。例如,每年春运的巨大运能压力,就是服务供求不均衡造成的。

三、服务营销必要性

(一)人类社会进入服务经济时代

1999年,美国知名学者约瑟夫·派恩(Joseph Pine)在其《体验经济》一书中指出:人类社会已从农耕经济时代、工业经济时代发展到目前的服务经济时代,并最终走向体验经济时代。[2] 2020年,服务业产值占世界经济总产值的60%以上,美国服务业的产值已超过80%,中国服务业产值已占国民经济总产值的54.5%,已占国民经济总产值的半壁江山。自新中国成立以来,我国国民经济产业结构的秩序由第一产业、第二产业、第三产业转型到改革开放后的第二产业、第三产业、第一产业。目前,进一步转型到第三产业、第二产业、第一产业。国内外经济发展的现状和趋势表明人类社会已进入服务经济时代,服务经济为服务营销的发展提供了肥沃的土壤。

(二)制造业服务化趋势日趋明显

1969年,美国哈佛大学教授西奥多·李维特(Theodore Levitt)指出:"新的竞争不是发生于企业在其工厂里生产什么,而是发生于企业工厂产出中所附加的服务。"[3] 服务已成为企业建立市场竞争优势的着力点,同时服务也是企业利润的主要来源。例如,一家汽车制造商通过售卖汽车本身所获得的利润可能很少,但是其通过随后的服务所创造的利润可能非常可观,这些服务包括:零配件更换、维修、保养、信贷以及回收等。拿汽车行业的"零整比"即配件与整车销售价格的比值来说,2018年中国保险行业协会和中国汽车维修协会披露的18种常见车型的"零整比"最高的竟然达到1273%,也就是说如果更换该车型所有配件,费用相当于购买12款新车。

(三)对专业服务的巨大市场需求

1985年,著名经济学家迈克尔·波特(Michael E.Porter)在其《竞争优势》一书中提出了价值链模型,并通过该模型指出:"经过价值链的整合和解构可带来成本的降低或者产品的差异化,从而成为价值新的源泉并以此建立市场竞争优势。"[4] 近年来,随着信息技术的不断进步,社会分工的日趋专业化,企业出于降低成本和开展差异化竞争的需要,让原本隶属于企业内部的一些职能部门或一些内部业务流程中的某些环节,比如,研发、采购、调研、广告、物流、会计以及人力资源纷纷外包,这些企业内部的职能或业务逐渐演化成市场化的专业服务。对于从事这些专业服务企业来说,如何通过服务营销提升自身服务的市场需求成为研究服务营销的巨大推动力。

(四)服务具有自身的特殊性

1970年,拉尔森(Nelson)依据信息经济学理论把产品分成两类:一类是具有搜寻特征(Search quality)的产品,即消费者在购买这一产品之前就能对该产品大多数属性(质地、形状、色彩、气味、式样等)的好坏做出判断,另一类是具有体验特征(Experience quality)的产品,即顾客只能在消费之中或消费之后才能对该产品的一些属性(口感、耐磨性)的好坏做出判断。[5]

1973年,达尔比(Darby)和卡尔尼(Karni)进一步研究指出:还有一类产品(法律、医疗等)即使顾客在消费之后也很难对其质量的好坏做出判断,这类产品被称为信任特征

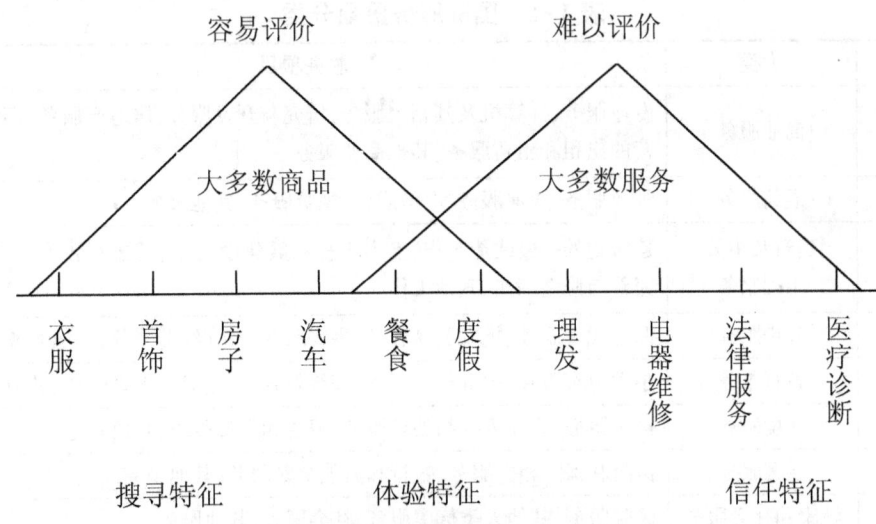

图1-2 不同类型产品评价的连续统一体

资料来源：DARBY, MICHALE AND KARNI.Free competition and the optimal amount of fraud[J]. Journal of Law and Economics,1973,XVI：67-88.

(Credence quality)的产品。[6]他们把搜寻特征、体验特征和信任特征的产品分类方法叫作SEC框架,并认为大多数商品具有搜寻特征,而大多数的服务则具有体验特征和信任特征。(见图1-2)正是因为服务不同于商品的这种体验特征和信任特征,使服务营销不同于一般的商品营销。

第二节 服务营销组合

一、服务业

通俗地说,服务业就是为人服务,使人生活上得到方便的行业,如饮食业、旅游业、理发业、修理生活日用品的行业等。从产业分类角度说,服务业就是第三产业,即除第一产业、第二产业以外的其他行业。例如,交通运输、仓储和邮政业,信息传输、计算机服务和软件业,批发和零售业,住宿和餐饮业,金融业,房地产业,租赁和商务服务业,科学研究、技术服务和地质勘查业,水利、环境和公共设施管理业,居民服务和其他服务业,教育,卫生、社会保障和社会福利业,文化、体育和娱乐业,公共管理和社会组织,国际组织等行业。

根据世界贸易组织(World trade organization-WTO)统计和信息系统局2005年对国际服务贸易的分类(表1-1),国际服务贸易分为11大类142个服务项目,这个分类基本上包括了服务业的主要范围。

表 1-1 国际服务贸易分类

序号	大类	服务项目
1	商业服务	专业服务、计算机及其相关服务、研究与开发服务、房地产服务、不带运营的出租和租赁服务、其他商业服务
2	通信服务	邮政服务、快递服务、电信服务、视听服务、其他服务
3	建筑及相关工程服务	建筑物的一般建造工作、土木工程一般建设工作、设施安装工作、建筑完善与修整工作、其他工作
4	分销服务	佣金代理服务、批发贸易服务、零售服务、特许经营服务、其他服务
5	教育服务	小学教育服务、中等教育服务、高等教育服务、成人教育服务、其他服务
6	环境服务	排污服务、固体废弃物处理服务、卫生和类似服务、其他服务
7	金融服务	保险和保险相关服务、银行和其他金融服务、其他服务
8	健康和社会服务	医院服务、其他人类健康服务、社会服务、其他服务
9	旅游及相关服务	饭店与餐馆服务、旅行代理与旅游社服务、导游服务、其他服务
10	娱乐、文化和体育服务	娱乐服务、新闻代理服务、图书馆、档案馆、博物馆和其他文化服务、体育和其他娱乐服务、其他服务
11	运输服务	海运服务、内河运输服务、航空运输服务、航天运输服务、铁路运输服务、公路运输服务、管道运输服务、所有运输方式的辅助服务、其他运输服务业
12	未包括的其他服务	

二、市场营销组合

1954 年,美国营销协会前主席、哈佛大学教授尼尔·鲍顿(N. H. Borden)最早提出了市场营销组合(Marketing mix)这一概念,并确定了营销组合的 12 要素,即产品计划、定价、品牌化、分销渠道、人员销售、广告、促销、包装、展示、服务、物品管理、事实调查与分析。[7]

1960 年,密切根大学的麦卡锡(McCarthy)教授把上述 12 个要素进行分类,提出了著名的 4P 营销组合,即产品(Product)就是考虑为目标市场开发适当的产品,选择产品线、品牌和包装等;定价(Price)价格就是考虑制订适当的价格;促销(Promotion)就是考虑如何将适当的产品,按适当的价格,在适当的地点告知目标市场,包括销售推广、广告、人员推销等;地点(Place)就是通过适当的渠道安排、运输、储藏等把产品送到目标市场。[8]麦卡锡认为,企业从事市场营销活动,一方面要考虑企业的各种外部环境,另一方面要制订市场营销组合策略,通过策略的实施来适应环境,满足目标市场的需要,实现企业的目标。

三、服务营销组合

1981年,亚利桑拉州立大学的教授比特纳(Bitner)等人在传统市场营销组合4P's的基础上,根据服务本身的特性提出了服务营销组合7P's策略(如图1-3所示),即在传统的产品(Product)、价格(Price)、促销(Promotion)、渠道(Place)的基础上,另加了有形展示(Physical evidence)、过程(Process)、参入者(Participants)。[9]

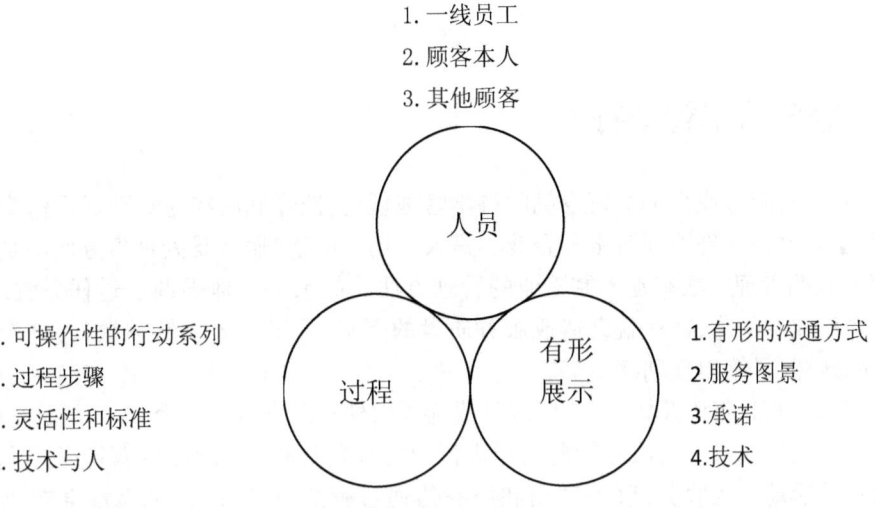

图1-3 拓展的营销组合

资料来源:瓦拉瑞尔·A.泽丝曼尔等.服务营销(原书第二版)[M].北京:机械工业出版社,2002:91.

(一)有形展示

服务是无形性的,顾客很难通过一些可触摸的特征来判断服务质量的高低,但服务企业可以通过一些有形线索来暗示服务属性,比如,通过服务环境,服务设施,服务设备以及服务物件的风格、色调、材料来展示服务质量的定位。例如,一个五星级酒店通过宽敞明亮、装修豪华的前厅,廊道中置放的名人字画、名贵瓷器、玉器等来显示其高档的定位。相反,如果是一家家常菜的饭店,其店面装修就不能豪华,店内就餐的座椅就应朴实。

(二)过程

顾客在购买有形商品时,他往往只在意眼前的这件物品本身而不在意这件物品的生产过程。顾客接受服务则不同,它不仅在意服务的结果而且还会在意服务的过程,甚至在有些服务中,他会更关注服务的过程。服务过程是服务传递的机制、流程以及手续,这些因素会影响服务传递的质量和效率,从而影响顾客感知质量。例如,一个大学生接受四年制的本科教育,他不只是想得到一个毕业证和学士学位证这个结果,他更主要是通过长达四年的学习过程,提升自己的素质、知识和能力。

(三)参入者

商品是生产厂家在工厂中生产出来的,顾客并不参与商品的生产过程。而服务则不同,顾客不仅消费服务而且参与服务的生产过程,服务实际上是由服务企业和顾客共同生产出来的。因此,服务质量不仅取决于服务企业还取决于顾客。服务企业应对顾客进行教育和培训,以便他们更好地熟悉服务设备和服务流程。服务企业不仅可通过激励员工提升服务质量,而且还可通过激励顾客提升服务质量。例如,学校教学质量的提升不仅可通过奖励老师而且还可通过奖学金激励学生努力学习。

第三节 服务营销管理

一、服务营销管理特性

长期以来,制造业大都奉行泰勒的科学管理理论,把降低成本与管理费用作为主流管理原则,但是这种管理原则对服务企业不是太适用。由于"服务是处理事务而不是生产物品",服务业的管理方法有别于制造业的管理方法。如果一味地强调通过任务管理、计件工资来降低成本的化,往往就会造成服务质量的下降,员工主人翁精神缺失,进而导致顾客关系的破坏,最终出现利润下降。

从20世纪60年代开始,服务管理已成为国内外管理学者的一个新的重要研究领域,并获得了丰硕的成果。对服务问题最早进行专门研究的是一些北欧的营销研究人员。他们根据营销活动中的服务、服务产出和服务传递过程的特性,进行了大量卓有成效的研究,提出了一系列新的概念、模型、方法和工具。服务营销管理来源于多个学科,是一种涉及企业经营管理、生产运作、组织理论和人力资源管理、质量管理等学科领域的管理活动。

1994年,克里斯廷·格朗鲁斯(Christian Grönroos)发表的《从科学管理到服务管理:服务竞争时代的管理视角》一文,从理论上阐述了服务管理与科学管理的区别,论证了服务管理的特征及其理论和实践。他根据认知心理学的基本理论,提出了顾客感知服务质量的概念,指出服务质量从本质上讲是一种感知,是由顾客的服务期望与其接受的服务经历比较的结果。服务质量的高低取决于顾客的感知,其最终评价者是顾客而不是企业。格朗鲁斯在这一领域的研究成果为服务管理与营销理论体系的形成奠定了基础。[10]

二、服务营销管理三角模型

1990年,著名服务营销学教授格朗鲁斯(Grönroos)在其《服务管理与营销》一书中提出了服务营销三角模型(如图1-4所示)。该模型基于服务质量的经验性(即体验后才知道质量好坏)和异质性(质量好坏具有不稳定性)特征,提出服务营销管理相对于商品营销管理更主要体现为一种承诺的管理。即外部营销的做出承诺、内部营销的赋能承诺和互动营销的兑现承诺。[11]2006年,格朗鲁斯在《营销理论》期刊上发表了《关于定义市场营销:发现一条新的营销路径》一文,该文从承诺的概念和承诺的管理角度对市场营销进行了定义,并对该定义引申的营销理论和实践内涵进行了分析。

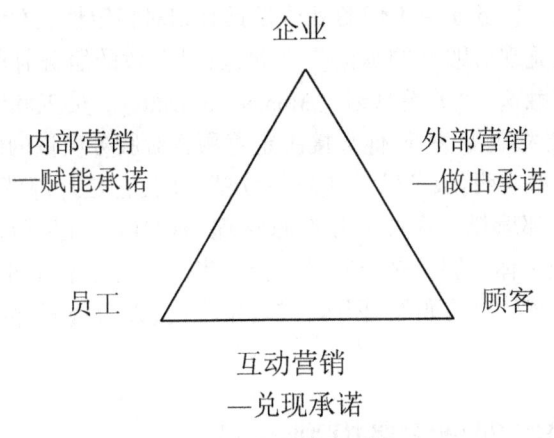

图1-4 服务营销三角

资料来源：GRÖNROOS, C. On defining marketing: finding a new roadmap for marketing [J]. Marketing Theory, 2006, Volume 6(4):395-417.

（一）外部营销

外部营销是服务企业在服务开始之前针对顾客的各种营销沟通努力，即向顾客做出的各种承诺。和商品质量的先验性特征相比，服务质量是经验性的，即服务前顾客无法判断服务质量好坏，顾客付费只能依赖于企业的承诺，同时，由于服务质量的异质性，上次的服务质量并不能完全说明下次服务质量，服务失败随时可能发生，这也需要服务企业对顾客做出服务补救的承诺。服务企业为做好外部营销，应遵循以下承诺原则：①避免过度承诺。过度承诺将提高顾客的期望值，如果顾客感知的服务绩效达不到承诺标准，将会引发顾客不满。②保证承诺一致性。各个部门间应做好水平沟通，用同一个声音说话，避免一个部门说不全，两个部门说的不一样的现象。③力求承诺的相关性。所做承诺应和目标市场顾客的价值诉求相一致，避免承诺背离顾客实际需要。

（二）内部营销

内部营销旨在使员工有能力向顾客提供所承诺的服务，它是把市场营销的观念用于员工管理，服务企业把自己的员工视作顾客，工作岗位视作满足内部顾客需要的产品，在市场营销中一切用于促进顾客满意的技术和手段同样可用于内部顾客即员工。除非员工愿意并且有能力提供所承诺的服务，否则服务企业将不可能实现其承诺。内部营销的要求是：①遵循员工第一的信条。要想使顾客满意，必须首先使员工满意，内部营销是外部营销成功的前提。②对员工进行培训。服务承诺的实现需要员工的能力来作支撑，服务企业要对员工进行有效培训，以便其掌握兑现承诺的技能。③提供技术和设备支持。"巧妇难为无米之炊"，没有相配套的服务技术和设备，员工兑现承诺的能力必将大大降低。

（三）互动营销

互动营销是指员工在顾客的有效配合下通过互动共同生产服务，它旨在兑现服务承诺。除非服务承诺得以实现，否则任何外部营销和内部营销都毫无用处。有效的互动营销要求：①员工必须严格遵守服务规范。服务企业要把外部营销对顾客的承诺有效地转化成服务标准和规范，对顾客承诺的兑现是员工严格遵守服务规范的必然结果。②员工对服务失败及时补救。服务质量不像商品质量具有相对稳定性,服务失败随时可能发生,服务失败意味着未能兑现对顾客的承诺。因此,及时有效的服务补救是互动营销的重要内容。③抓住服务接触这一"关键时刻"(Moment of truth)。员工和顾客的互动是一个过程,在这一过程中服务接触是关键,他直接决定着顾客对服务质量的感知。

服务营销三角模型表明:服务营销和商品营销不同,它是外部营销[类似传统的市场营销管理(MM)]、内部营销[类似人力资源管理(HRM)]和互动营销[类似运营管理(OM)]三者的有机统一体。服务企业应设计让三者一体化运行的组织结构,例如成立囊括营销、人力资源和运营的"跨职能"团队,或营销部门、人力资源部门和运营部门归属一个高级副总裁管理等。

三、服务营销管理金字塔模型

自20世纪90年代以来,技术对服务营销产生了巨大影响。1996年,著名的服务营销学家美国迈阿密大学的帕拉苏拉曼(Parasuraman)教授对服务营销三角模型进行了改进,在原来公司、员工和顾客的基础上又加上了技术这个因素,即服务企业可利用技术手段进行外部营销、互动营销和内部营销,从提高服务营销管理的效率和效果。[12](见图1-5)

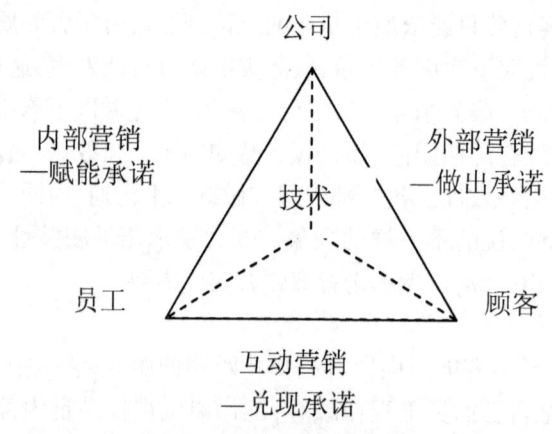

图1-5 服务营销三角与技术

资料来源:PARASURAMAN, A.Understanding and Leveraging the Role of Customer Service in External, Interactive and Internal Marketing, paper presented at the 1996 Frontiers in Services Conference, Nashville, TN.

(一)技术注入外部营销

技术在外部营销中的典型应用是精准营销,它使服务企业对顾客所做的承诺具有更强的针对性。所谓精准营销就是服务企业利用互联网和信息技术来捕捉、储存和分析顾客情景,并针对特定顾客情景提出个性化的价值主张,即在恰当的时间、以恰当的渠道传递恰当的信息给恰当的人。例如,一个烤鸭连锁店通过社交网络了解到一个顾客喜欢吃烤鸭和喝啤酒,一天中午的饭点时间,当这位顾客开车路过这家烤鸭店附近时,这个烤鸭店就会向这位顾客推送一条吃烤鸭送啤酒的个性化信息,从而引导顾客到店消费。当然,另一位顾客可能喜欢吃烤鸭喝饮料,烤鸭店推送的信息就是吃烤鸭送饮料的个性化信息。因此,由于技术的发展,营销由过去的大规模营销、目标市场营销已发展到今天的精准营销阶段。

(二) 技术注入内部营销

技术注入内部营销的典型是视频监测和监控系统在员工管理中的应用,它大大地拓展了内部营销管理的技术手段。所谓视频监测和监控系统是服务企业使用视频传感器对员工活动进行持续的覆盖,需要时可对过去的行为进行录像回放。实际上,内部营销的主要目的是提高员工的责任心。当员工人数众多时,服务企业很难监视每一个员工的行为,这就会存在不负责任的"磨洋工"现象,这时一个切实可行的办法就是让员工满意,以便让员工更好地为顾客服务。随着监控技术的发展,管理者可很容易地监视每一个员工的行为,不再主要依赖于员工满意的管理手段。例如,课堂教学如果全程被视频监控,师生迟到和提前下课等行为就会相对减少一些。

(三) 技术注入互动营销

技术注入互动营销的表现是在服务行业大量采用自助式服务技术。所谓自助式服务技术(Self-service technology)是允许顾客不依赖人员服务,而通过人机互动而产生服务的技术。它代替员工和顾客的面对面互动,在降低服务价格的同时使服务的质量更稳定、服务效率更高。由于劳动力成本的不断上升,自助式服务技术在服务行业的推广成为大势所趋。银行业普遍使用的手机银行业务,将会替代营业厅中的面对面的柜台服务;大型石油零售公司正在加大自助式加油机的推广力度,高速公路也完成 ETC(Electronic Toll Collection)的技术改造。伴随着技术的飞速发展,技术将替代员工成为与顾客互动的主要方式。

重要概念

服务 搜寻特征 体验特征 信任特征 服务营销组合 服务营销三角 外部营销 内部营销 互动营销 服务营销金字塔

思考题

1. 什么是服务?你是如何理解服务的无形性?
2. 服务营销和商品营销的基本区别是什么?
3. 谈谈你学了市场营销后,为什么还需要学习服务营销?
4. 请分别讨论为什么服务营销组合应该包括这三个新的组合因素,过程人员或有形展示。
5. 制造业如何应用优质服务来创造竞争优势。请以家庭轿车为例子,回答这个问题。
6. 对于学校来说,服务营销三角形的含义是什么?三角形三点上的各项内容是什么?如何才能更有效地实施每项服务营销?
7. 请大致估计,你一个月的开支相对于商品而言,有多大比例拥有服务,你所购买的服务有价值吗?如果你必须缩减开支,你将减掉哪些开支?
8. 在互联网上尝试一下你未曾体验过的服务,分析这项服务的好处是什么?

9.结合生活实际,谈谈技术注入服务后对整个服务营销产生哪些影响?

参考文献

[1] A. PARASURAMAN, AND LEONARD L. BERRY.Problems and strategies in services marketing[J]. Journal of Marketing, 1985,49 (Spring),33-46.

[2] JOSEPH PINE. The experience economy [M]. Harvard Business School Press, Boston, 1999.

[3] THEODORE LEVITT. The marketing mode [M]. New York: McGraw-Hill Book Co.,1969.

[4] PORTER, M.E. Competitiveadvantage[M]. New York: Free Press,1985.

[5] NELSON, P.Information and consumer behavior[J].Journal of Political Economy, 1970,82,(4), 729-754.

[6] DARBY, M. R., & KARNI, E. Free competition and the optimal amount offraud [J]. Journal of Law and Economics, 1973,16(1), 67-88.

[7] BORDEN, N. H.The concept of the marketing mix[M]. In Schwartz, G. (Ed), Science in Marketing. New York: JohnWiley & Sons, 1965.

[8] MCCARTHY, E. J.Basic marketing[M]. IL: Richard D. Irwin,1964.

[9] BOOMS B. H. & BITNER B. J. Marketing strategies and organization structures for service firms[M].In Donnelly, J. & George W. R. (Eds.), Marketing of services. American Marketing Association, 1981.

[10] CHRISTIAN GRÖNROOS.From scientific management to service management a management perspective for the age of service competition[J]. International Journal of Service Industry Management, 1994,Volume 5(1):16.

[11] CHRISTIAN GRÖNROOS. A service quality model and its marketing implications [J].European Journal of Marketing 18(1984),36-44.

[12] PARASURAMAN, A.Understanding and leveraging the role of customer service in external, interactive and internal marketing.paper presented at the 1996 Frontiers in Services Conference, Nashville, TN.

案例分析:亚马逊公司进入新零售时代

1994年,杰夫·贝佐斯(JeffBezos)在他自己的车库里成立了亚马逊,并担任其首席执行官。随着互联网的发展,亚马逊的市值水涨船高。2017年的市值已经达到了3900亿美元,超过了美国排名位于前八大的传统实体零售商市值的总和。传统的八大传统实体零售商分别是百思买(Best Buy)、梅西百货(Macy's)、塔吉特(Target)、朋尼(JCP)、诺德斯特龙(Nordstrom)、沃尔玛(WMT)、科尔士百货公司(Kohl's)和西尔斯百货(Sears)。

但亚马逊有这样的成绩并不令人震惊,因为在过去的20年里,人们的购物方式发生了变化。在线购物这种购物方式已经逐渐取代了亲自到实体零售商店购物这种购物方式,同时,因为亚马逊这样的零售商不必支付实体店所产生的成本,所以他们可以为消费者提供更低价的产品和服务。另外,在线购物这种模式还有助于亚马逊在建立新仓库方面投入大量的资金,以便能够把物品的交付时间不断缩短,从几天缩短到几个小时。

在过去10年中,亚马逊公司始终保持持续的发展,它同时在"云计算"领域投入了大量的精力和资金,打造了Amazon Web Services平台,贝佐斯把"云计算"领域和细分垂直领域巧妙地结合在一起,打造了一个精致的数字帝国。在过去的12个月里,亚马逊的股价上涨了36%。如果公司的增长有上限的话,亚马逊公司目前为止还没有碰到它。

2016年假日购物季,美国网络销售额同比增长19%。而就在去年8月,梅西百货宣布将会关闭100家店铺,当时公司还有730家店铺,此举将会导致1万人失业。西尔斯百货已经创办130年,有1600家店铺,但在5年之内公司亏损90亿美元,它关闭了500家店铺,还准备再关闭150多家。在过去4年里传统零售商已经裁员20万人。

罗振宇的跨年演讲中有这么一句话:"不是实体经济不行了,而是你的实体经济不行了。"亚马逊公司最新推出"黑科技"线下便利店,也许是实体商业应该突围的方向。当越来越多的实体商家纷纷觊觎线上的消费能力时,电子商务开山鼻祖级别的Amazon公司却在投身实体店铺生意,而且最近做的两款产品却非常有指向性。而这两款产品针对的恰好是现在实体产业中都濒危的行业:书店和杂货店。

首先我们看到,亚马逊的书店是这样做的:无论外观和内景好像都很普通,但是普通的陈设背后,亚马逊对这家书店的设定是:完全地根据用户喜好来摆设。书完全是封面朝人的摆放方式,这样的摆放虽然空间利用率比较低,但是对用户来说可以最快速度的看到每一本书。

另外,从分类上,我们日常去书店可以看到分类大概是分成人文、社科、小说……这样的分类。但是亚马逊的分类模式是:打分制。有点类似国内的豆瓣评分,亚马逊有自己的大数据系统,分数高的会有专门的推荐。类似的分类还有"本月畅销书""本周最多预定图书""用户最多收藏图书""拥有4.8颗星以上评分"等。

另外,每一本书下面,注意,是每一本书:都有一段读者书评,不是名人推荐,而是读者书评,这也是和现在的阅读心理很像,我们喜欢看"素人"的影评,因为更加真实。并且带有分数和条形码,方便读者自己查阅。还有一个非常人性化的元素:如果你喜欢左边的书,那么你也会爱右边的这些书,这个就类似当当上的猜你喜欢,从你之前买过的书猜测你可能喜欢的书。从黏住人的角度出发,类似于兴趣推荐的模式可以更加激发顾客的滞留时间,当然也会激发顾客的购买欲望。

当然,很多人说那网上不是便宜么,为什么要去实体店来买。确实是,国外的书店也是这样的,但是亚马逊并没有回避这一点。所以每本书的推荐语的最下方都有条形码,让你来扫网上卖多少钱。边上还有这样的设备让大家扫网上的价格。亚马逊的书店本质上不是希望大家在书店更多消费,而是希望大家可以在这边有比较愉悦的体验感,同时不牺牲网购的实惠性。

对于亚马逊书店来说,规划的核心逻辑是让用户更加依赖亚马逊品牌,不论你是在实体店里消费还是网站上体验,都要记得亚马逊的品牌。而且整体规划线上线下的整合度还是比较高的,这个是亚马逊公司做这个书店的初衷。

而亚马逊公司做的第二个概念性实体店,是一个小型超市,同样也是非常的"酷炫"。如果亚马逊书店是想让用户更多地留在这里,那么亚马逊超市的目的是:不用结账,直接走人!

打开 Amazon Go App,刷一下二维码,有点像进地铁站……然后你就进入了超市!虽然没人,但是请注意:从现在起你已经被"人工智能"锁定了,你的一举一动都被摄像头记录并传入系统。比如:拿起一样东西,系统会自动记录物品及数量。想了想,又不要了,放回去就是了,系统会自动扣除……当你走出门后,商品就会自动被识别,并且完成结算,并在手机上显示详细清单。直接出门就可以了,手机会自动显示你买了什么以及自动扣款!不用排队,不用结账!节省了时间和精力成本!

毫无疑问,这项线下购物系统融入了机器学习、计算机视觉、传感器技术、人工智能等多个领域的前沿技术……结果就是——钱花的越来越没感觉了啊……虽然 Amazon Go 的人工可能比其他超市要节省很多,但是加上门店设备成本和租金成本,运营起来也要花不少钱!对于亚马逊来说,他深刻地知道实体商业给用户最大的满足感在哪里:那就是线下实体的体验感,这个是电商最大的短板,给用户最需要的,剔除用户不需要的,实体商业一定有自己的发挥空间!(案例根据互联网思想——wanging0123 提供资料整编)

1. Amazon 服务创新的价值何在?
2. Amazon 服务创新对我国零售企业有何启示?

第二章 服务利润链

美国西南航空公司(Southwest Airlines)是美国一家总部设在德克萨斯州达拉斯的航空公司,它是民航业"廉价航空公司"经营模式的鼻祖。美国西南航空公司为旅客提供他们所希望的服务需求:低票价、可靠安全、高频度和顺便的航班、舒适的客舱、一流的常客项目、顺利的候机楼登机流程以及友善的客户服务。

美国西南航空只开设短途的点对点的航线。时间短,班次密集。一般情况下,如果你错过了西南航空的某一趟班机,你完全可以在一个小时后乘坐美国西南航空的下一趟班机。这样高频率的飞行班次不仅方便了那些每天都要穿行于美国各大城市的上班族,更重要的是,在此基础上的单位成本的降低才是美国西南航空所要追求的。

美国西南航空公司千方百计降低成本,以便降低机票价格。飞机上不提供费事费人的用餐服务,就连登机牌也是塑料做的,用完后收起来下次再用。"抠门"的结果是西南航空公司的机票价格可以同长途汽车的价格相竞争,使飞机成为真正意义上城际间快捷而舒适的"空中巴士"。

美国西南航空的飞机不用对号入座,不用上飞机找座位,乘客们像在公共汽车上那样就近坐下。没有公务舱和经济舱之区别,这样登机很快,既省时间,又省了飞机滞留机场的费用,而且下飞机等行李的时间也比其他公司短。

美国西南航空公司强调"员工第一"的价值观,给每位员工提供稳定的工作,把公司变为一个大家庭,充满对每个人的爱、关怀和活跃的气氛。许多航空公司试图模仿该公司的成功经验。但有一样是这些公司无法模仿的——员工的战斗精神!

第一节 服务利润链模型

一、服务企业的利润和增长

1986年,哈佛商学院战略计划协会PIMS(Profit impact of market strategy)研究小组的巴泽尔(Buzzell)和盖尔(Gale)在《PIMS原理:连接战略与绩效》一书中的研究结果证实:企业投资收益率与企业市场份额成线性正相关关系。市场份额越高,企业的投资收益率也越高(图2-1)。[1] 基于这项研究成果,很多企业就把争夺市场份额作为企业营销战略的着眼点。因此,20世纪80年代,百事可乐和可口可乐、肯德基和麦当劳、富士和柯达等知名跨国公司围绕"市场份额"展开了激烈的争夺。

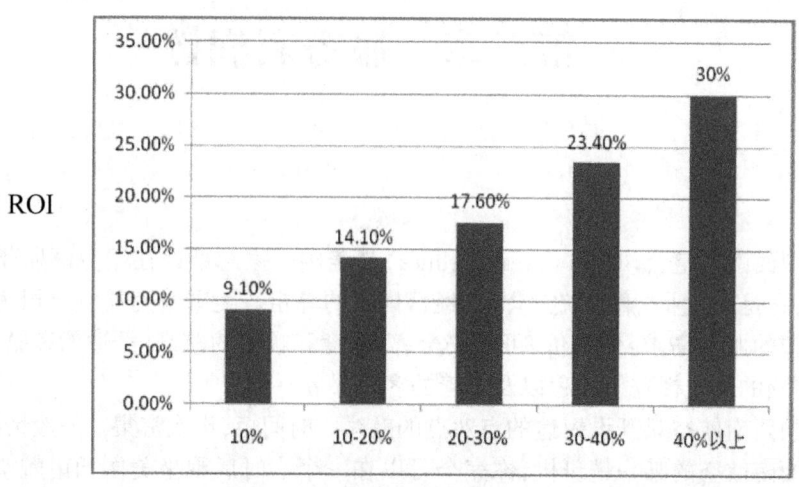

图2-1 投资收益率与市场份额

资料来源:罗伯特D·巴泽尔等.战略与绩效——PIMS原则[M].北京:华夏出版社,2000:9.

1996年,哈佛商学院詹姆斯·赫斯克特(Heskett,J.L.)、厄尔·萨塞(Sasser,W.E.)等教授在《服务利润链》一书中提出了"服务利润链"模型。这项历经二十多年,追踪考察了上千家服务企业的研究表明:服务企业的利润和增长不完全和企业市场份额成正相关,而是和服务企业的顾客忠诚度成正相关,即不是市场份额的"数量"而是企业市场份额"质量"直接决定了服务企业的利润。调查证实:顾客忠诚度上升5%,服务企业的利润将上涨25%-85%不等。[2] (见图2-2)

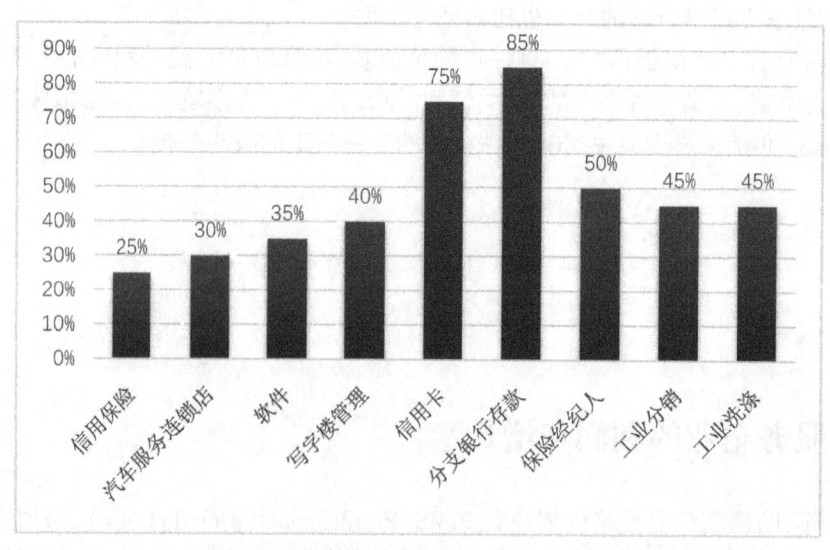

图2-2 有关行业中顾客忠诚度上升5个百分点带来的利润增加

资料来源:赫斯克特,萨塞,施莱辛格.服务利润链[M].北京:华夏出版社,2001:23.

二、服务利润链及其逻辑

(一)服务利润链

服务利润链可以形象地理解为一条将"服务企业的盈利和增长能力与顾客忠诚度、顾客满意度、顾客感知价值、员工产出效果、员工忠诚度、员工满意度和企业内部服务质量联系起来的纽带。(见图2-3)它是一条循环作用的闭合链,其中每一个环节的实施质量都将直接决定其后面环节的质量,从而最终影响企业的盈利和增长。[3]换句话说,服务企业盈利和增长是由顾客忠诚度决定的,顾客忠诚度依赖于顾客满意度,顾客满意度取决于顾客感知价值,顾客感知价值与员工产出效果密切相关,员工产出效果是由员工忠诚度决定的,员工忠诚度又和员工满意度相联系,员工满意度最终是由企业的内部服务质量决定的。

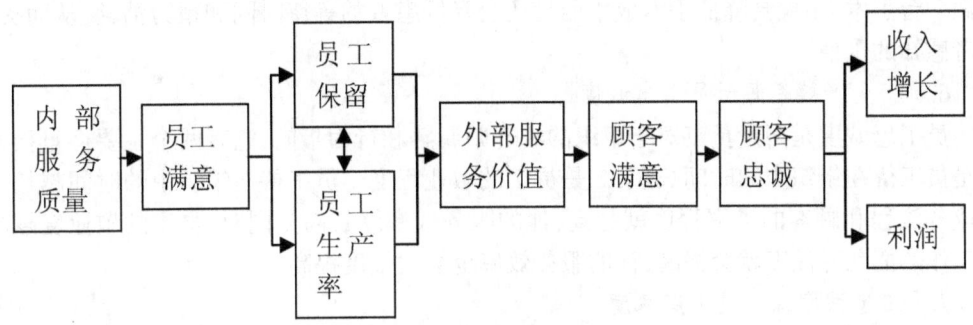

图2-3 服务利润链要素相互关系

资料来源:JAMES L. HESKETT. Putting the service-profit chain to work[M]. Harvard Business Review,(3-4,1994)164-174.

(二)服务利润链的逻辑

1. 增长和利润源于顾客重购

和商品销售不同,服务销售范围即服务企业的商圈半径相对较小。一个特定工厂生产的商品理论上可以销往世界各地,而一个特定服务企业传递的服务主要是在相对狭小的地理商圈内,它的利润和增长严重地依赖于该商圈内顾客的重购。没有顾客的重购,该服务企业的利润和持续成长就成了无源之水、无本之木。

2. 顾客重购源于顾客忠诚

顾客忠诚是由顾客从同一服务企业那里重复购买并对此企业持有积极态度的表现。衡量顾客忠诚有两个主要指标:一是顾客重复购买的次数,二是顾客传播"正口碑"的次数。这就是说,忠诚的顾客不仅自己重复购买而且还积极向其他顾客推荐。因此,服务企业通过提升顾客忠诚度就可以强化顾客重购行为。

3. 顾客忠诚源于顾客满意

顾客满意是顾客体验和顾客期望一致而使顾客产生一种心理上的愉悦感。顾客满意度和顾客忠诚度之间呈现出正相关关系,满意的顾客未必就一定忠诚,但忠诚的顾客一定是源于满意的顾客。美国施乐公司一项调查表明:在利克特量表(Likert scale)中对公司给出非常满意的顾客比给出满意的顾客其重购比例高出6倍,换句话说,忠诚的顾客往往是非常满意的顾客。

4.顾客满意源于顾客价值

顾客感知价值是顾客"所得"与"所舍"之间的对比,即"利益"与"牺牲"之间的对比。顾客"所得"主要是指顾客接受的服务质量,包括过程质量和结果质量。顾客"所舍"主要是顾客接受服务的货币成本、时间成本和精力成本。在服务质量一定的情况下,顾客接受服务的成本下降,顾客感知的价值就会提升;在服务成本一定的情况下,顾客感知的质量提高,顾客感知的价值也会提升。

5.顾客价值源于员工生产率

员工生产率表现为员工在一定时间内的产出成果即产出质量和数量,它直接决定顾客感知价值。员工生产率高意味着在同样产出质量下其产出的数量多,比别人多,或同样产出数量下其产出质量比别人高。一名医院的大夫在手术质量相同情况下,一天比别人多做一台手术,不仅会降低手术成本而且还会降低患者的等待时间和精力消耗,从而提升患者感知的价值。

6.员工生产效率源于员工忠诚度

员工忠诚度是测量员工对于组织的心理归属感和行为指向,它有两个主要衡量指标:一是员工待在组织中的时间长短,二是员工的敬业程度。员工待在组织中的时间越长,其对业务流程和顾客的了解程度就越高,他的服务效率就越高。同时,员工的敬业度越高,其工作热情和专注度就会提高,他的服务效率也会大幅度提高。

7.员工忠诚度源于员工满意度

员工满意度是员工对其工作的认知和情感估价,员工不满意将导致其对工作没兴趣、旷工和离职。员工满意度的测量有很多指标,主要的有:自主性、利益、职业发展、风气、沟通、提职发展、公司形象、补偿、创造性、工作满意、工作培训、管理风格、业绩评价、生产率、质量、赏识、性骚扰、监管、价值观、愿景、工作压力、工作关系、有形工作条件等。

8.员工满意度源于内部服务质量

内部服务质量是指组织管理层为员工提供的服务政策和服务支持。服务政策主要使员工愿意干和有能力干,即有关员工的激励政策和教育培训政策;常言道,巧妇难为无米之炊,服务支持主要使员工可以干,即为员工工作提供恰当的设施、设备和材料。当组织的管理者使其员工不仅想干、能干而且可干时,内部服务质量就会提高,反之,当组织的管理者使员工越来越不愿意干、越来越不能干和越来越不可以干时,内部服务质量就会下降。

三、服务利润链模型启示

服务利润链模型是服务企业的盈利和增长模式,该模型的营销管理启示主要表现为以下几个具体方面。

(一)顾客感知价值是服务利润链核心

服务企业提升内部服务质量,进而提高员工满意度,员工忠诚度和员工产出效果,其目的在于提升顾客感知价值。同时,顾客之所以重购、忠诚和满意也是基于顾客感知价值。顾客感知价值是整个服务利润链的核心,服务企业一方面可以通过改进服务质量提升顾客感知价值;另一方面也可以通过降低服务价格,减少顾客等待时间和体力与精力消耗来提升顾客感知价值。

(二)顾客满意和忠诚与员工满意和忠诚是镜像关系

顾客满意和忠诚与员工满意和忠诚之间如同一面镜子,员工满意和忠诚基本可折射出顾客的满意和顾客忠诚。你怎样对待你的员工,员工就会怎样对待你的顾客。员工会把自己的情绪和情感通过互动传递到顾客身上,从而影响顾客感知的价值,因此,服务企业的营销不是顾客利益第一而是员工利益第一。这里的第一和第二不是"首要"与"次要"的重要性衡量,而是处理问题先后顺序的衡量。

(三)外部营销与内部营销以及互动营销三位一体

服务利润链模型实质上是由三个模块组成的,即内部营销、互动营销和外部营销,这三个模块是个相互联系的有机整体。外部营销即服务企业对顾客所做的承诺,它直接影响顾客期望值,进而影响顾客满意和顾客忠诚;内部营销即内部服务质量、员工满意和忠诚,它影响员工兑现企业对外承诺的潜在能力;互动营销即员工通过服务接触向顾客提供服务,它的质量直接影响外部营销所做承诺能否兑现。

第二节 顾客感知价值

一、顾客感知价值内涵

著名的服务营销学家美国北卡罗来纳大学的泽丝曼尔(Zeithaml)在1988年把顾客感知价值定义为顾客"所得"和顾客"所舍"之间的对比,即"利益"与"牺牲"之间的对比。[4]因此,顾客感知价值可用如下顾客感知价值等式来表达:

$$顾客感知价值 = \frac{为顾客创造的服务效用 + 服务过程质量}{服务的价格 + 获得服务的成本(时间和精力)}$$

等式的分子是顾客"所得",即获得的过程质量和结果质量,分母则是顾客"所舍",即服务价格、时间与精力消耗。当顾客支付的价格以及时间与精力消耗一定,顾客得到的过程质量和结果质量提升时,顾客感知的价值就会提高,反之,当顾客得到的过程和结果质量一定,顾客支付的价格、时间和精力降低时,顾客感知价值也会提升。因此,增加顾客感知价值的路径有很多,服务企业既可以通过提升服务质量包括过程质量和结果质量来增加顾客价值,也可以通过降低服务价格提升服务价值,还可以通过降低顾客接受服务的时间和精力消耗来提升顾客价值。

顾客感知价值具有很强主观性,它随着主体、时间、地点的不同而不同。换句话说,顾客感知价值具有很强的情境依赖性,随顾客价值观、需要、偏好、收入来源等不同而不同。例如,我祖父的椅子,对其他人来说这只是一张具有使用价值的椅子而已,但对我来说,它不仅具有使用价值而且具有情感价值,我感知到的价值显然比其他人高。因此,对企业营销者而言,一件物品或一项服务本身是什么并不重要,重要的是顾客认为它是什么,即顾客的感知才是最重要的。

二、顾客感知质量

对服务质量的研究始于20世纪70年代,从那时起,服务质量问题引起了许多学者极大的研究兴趣。企业对质量的理解必须和顾客的理解相吻合,否则,在制定质量改进计划时,就会出现错误的行为,资金和时间就会被白白地浪费。服务企业应当记住,重要的是顾客对质量如何理解,而不是企业对质量如何诠释。

1982年,格朗鲁斯(Grönroos)首次提出了顾客感知质量的概念。他认为顾客感知质量包括两个要素:技术/结果要素和功能/过程要素,这两个要素表明的是顾客得到了什么(What)和顾客是如何得到服务的(How)这样两个问题。[5](见图2-4)

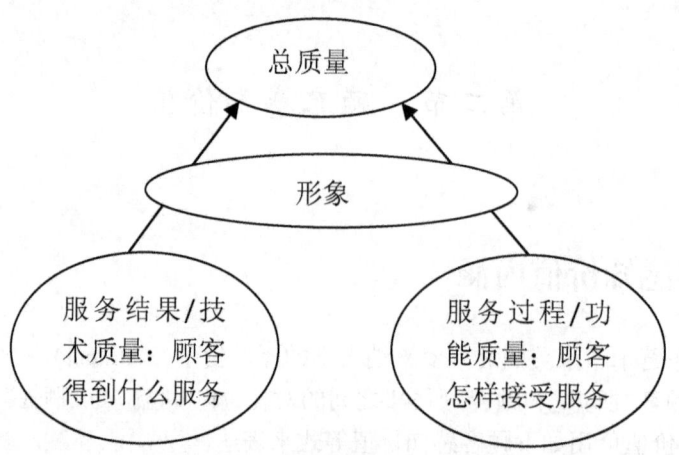

图2-4 服务质量两个构成要素

资料来源:克里斯廷·格朗鲁斯.服务管理与营销[M].北京:电子工业出版社,2002:46.

在酒店中住宿者将得到一间房子和用于睡眠的一张床;在饭店中,顾客将得到他所要的饭菜;飞机乘客被航空公司的飞机从一个地方运输到另外一个地方;企业咨询公司的客户会得到一份公司发展规划;工厂中的产品从仓库被运到顾客那里;银行客户可以得到一笔贷款。所有这些都是服务的结果。他们无疑是顾客服务体验的一个重要组成部分。

顾客从他们与企业的互动关系中所得到的东西,对于他们如何评价服务质量显然会具有非常重要的意义。企业常常认为这就是服务,但事实不是这样。这只是服务质量的一个部分,即服务生产过程的结果所形成的技术质量(Technical quality),在服务质量中也称其为结果质量(Outcome quality)。结果质量是顾客在服务过程结束后的"所得",通常顾客对结果质量的衡量是比较客观的,因为结果质量牵涉的主要是技术方面的有形内容。

但是在顾客与服务企业之间存在着一系列的互动关系,包括不同的关键时刻(Moment of truth)。所以技术质量只是顾客感知质量的一个部分,而不是全部。除了服务结果之外,服务结果传递给顾客的方式,对顾客感知服务质量也起到非常重要的作用。自动提款机是否易于使用,网站是否容易进入,饭店服务员、银行职员、旅行社职员、公交驾驶员、维修人员的行为、外貌、言行方式都会对顾客服务印象的形成产生影响。我们很容易理解,与技术质量不同,功能质量一般是不能用客观标准衡量的,顾客通常会采用主观的方式来感知功能服务质量。

在制造业中的多数情况下,顾客是看不到生产企业的。但在服务业中,服务提供者无法躲到品牌或者企业的背后。在大多数情况下,顾客能够看到企业、企业的资源以及企业的运营方式。企业的形象而不是品牌形象,对于服务企业来说是非常重要的,它可以从许多方面影响顾客的感知服务质量。如果在顾客的心目中,服务企业是优秀的,也就是说形象是良好的,那么即使服务企业的服务出现一些微小的失误,顾客也会给予原谅。但如果失误频频发生,形象将遭到损害,进一步说,如果企业的形象很糟,那么,服务失误对顾客感知服务质量的影响就会很大。在服务质量形成过程中,我们可以将形象视为服务质量的过滤器。

在功能质量和技术质量这两个要素中,技术质量对顾客感知质量的影响是决定性的。汽车修理师的友好态度永远无法弥补汽车修理失败之事实,餐厅中服务员的微笑也永远无法替代厨师的手艺。正如巴奴火锅店的广告词"服务不是巴奴的特色,毛肚才是"。但是,服务的技术质量是比较客观的,很容易被竞争对手所模仿,很难成为质量差异化的基础。相对于技术质量而言,功能质量具有主观性,它很难被竞争对手所模仿,它往往成为质量差异化相对稳定的来源。和巴奴火锅店不同,海底捞火锅店则更强调其特色的服务。

诺斯特(Rust)和欧力瓦(Oliver)随后对服务质量的上述两个要素进行了拓展,他们认为,应当把服务接触所在的有形环境纳入服务质量要素之中。这样,除了"接受什么(What)结果"和"怎样(How)接受这种结果"之外,还要加上"在何处(Where)接受服务"这样一个要素。

三、顾客感知成本

顾客感知成本是顾客接受服务过程中的感知到的一切付出,主要包括顾客感知的货币付出、时间付出和精力付出。

(一)顾客感知货币成本

贾科比(Jacoby)和奥尔森(Olson)早在1977年就区别了客观价格和感知价格。所谓感知价格就是客观价格被顾客进行重新编码,即顾客心目中认定的一种价格。[6] 顾客感知价格通常与个人收入、收入来源、支付方式、支付工具和参考价格密切相关。比如,一个农民工辛辛苦苦一年得到3万元收入,他不会轻易拿出500元请朋友到饭店吃饭,但是,如果他彩票中奖了3万元,他倒是有可能拿500元请朋友吃饭。由于收入来源不同,这位农民工对500元价格的感知不一样,从而产生了不同的消费行为。再比如,顾客采用现金支付、卡支付以及"扫码"支付等方式接受服务,其对同样的货币支出感觉也不一样,现金支付感觉更贵。

(二)顾客感知时间成本

顾客感知时间不同于客观时间,客观时间是连续均匀的并能被钟表度量的时间,而感知的时间是受心理因素影响的主观时间,它有时飞逝而有时又停滞。美国哈佛商学院的梅斯特(Maister)教授在1985年对顾客感知的等待时间研究表明:等待时无事可做比有事可做感觉时间更长;"过程前"的等待比"过程中"的等待时间更长;不确定的等待比已知、有限的等待时间更长;没有说明理由的等待比说明了理由的等待时间更长;不公平的等待比公平的等待时间更长;单个人等待比许多人一起等待感觉时间更长;服务的价值越高,人们愿意等待的时间就越长;焦虑使等待看起来更长。

(三)顾客感知精力成本

精力消耗不是客观的,它也是顾客的一种主观感受和判断,"痛并快乐"就是一种非常典型的心理。顾客感知的精力成本通常是一种隐性成本,它是顾客接受某种服务时,如何对服务企业进行抉择,如何有效到达服务场所,如何与该服务企业进行接触,在此过程中产生的类似后悔、害怕、沮丧等心理压力。它主要包括决策压力即决策不当可能产生的后悔;接近压力即到达服务场交通堵塞和停车困难引发的害怕;接触压力即对服务系统不熟练而产生的沮丧。这些心理都是一种负面情感,会给顾客带来大量的精力消耗。

第三节 顾客满意

一、顾客满意内涵

美国西北大学的科特勒(Kotler)在1977年把顾客满意定义为顾客对一个产品或服务的感知绩效与他之前对该产品或服务的期望值相比较后,所形成的一种愉悦或失望的心理状态。满意水平是由顾客感知绩效与期望值之间的差决定的。如果感知绩效低于他的期望值,顾客就会失望;如果感知绩效与他的期望相匹配,顾客就满意;如果感知绩效超过他的期望值,顾客就会愉悦或欣喜。如图(2-5)所示,当顾客实际感知绩效在 Le 时,顾客处于满意状态;当顾客实际感知绩效处于 Lp1 时,顾客处于失望状态;当顾客实际感知绩效处于 Lp2 时,顾客处于愉悦状况。

二、顾客期望

顾客期望是指顾客期待企业提供能满足其需要的服务水平,它反应顾客想要或相信在接下来的服务过程中发生什么。

(一)顾客期望水平

顾客期望水平不是一个点而是一个区间,即处在理想的服务和适当的服务之间。理

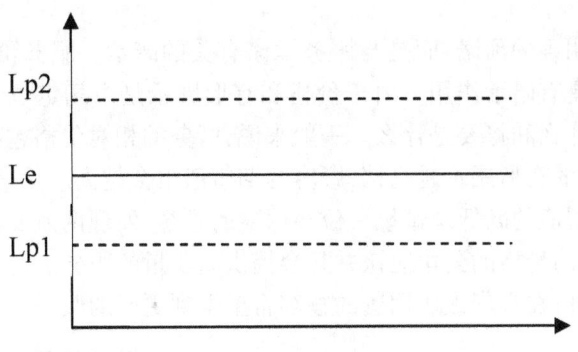

图 2-5　顾客满意模型

想的服务是顾客希望得到的服务,即顾客认为"可能是"与"应该是"的结合物。适当的服务是顾客可以接受的服务,即顾客可以接受服务绩效的最低水平。如图 2-6 所示,在适当的服务与理想的服务之间是顾客的容忍区间,即在这个区间范围内的服务绩效顾客都可以接受。特别强调的是不同的顾客往往具有不同的容忍区间,一些顾客的容忍区间可能较宽,另一些顾客的容忍区间可能较窄。对不同的服务维度,顾客的容忍区间也会不同,越是重要的服务维度,顾客的容忍区间就会越窄。

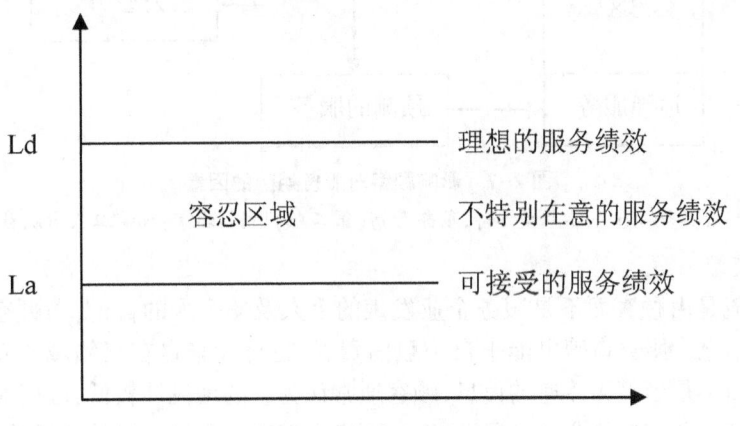

图 2-6　顾客期望

资料来源:瓦拉瑞尔·A.泽丝曼尔等.服务营销(第二版)[M].北京:机械工业出版社,2002:51.

(二)影响顾客期望的因素

顾客满意是由顾客期望和顾客感知绩效决定的,顾客的期望从何而来呢?一般来说,影响顾客期望的因素主要有以下几方面(见图 2-7)。

1.明确承诺

明确承诺是服务企业传递给顾客关于服务的个人和非个人说明。当这些说明由销售、服务或维修人员传递时,它是个人性质的;当该说明来自广告、小册子和其他出版物时,它是非个人性质的。明确的服务承诺是完全由服务企业控制的能影响顾客期望的少数几个因素之一。在现实服务中,服务企业和代表它的员工,经常故意过高承诺,或在描述未来服务时,只表达它们最好的估计,从而无意中使承诺过高。

2.含蓄承诺

含蓄承诺不是明确的承诺,而是与服务承诺有关的暗示。服务价格和服务的有形展示通常对服务质量具有暗示作用。由于价格和有形展示是市场定位的信号,顾客通过其推断出服务应该是什么和将要是什么。一般来说,服务的相对价格越高,顾客对服务的期望值也会越高;服务的有形展示越高档,顾客的期望值也会越高。价格和有形展示作为一种线索影响顾客期望值的高低。试想一位买保险的顾客,发现两家要价完全不同的公司,他有可能这样推断,高价格的公司应该并且会提供高质量的服务。与此类似,与一家装修较差的饭店相比,一位在豪华饭店用餐的顾客希望得到更好的服务。

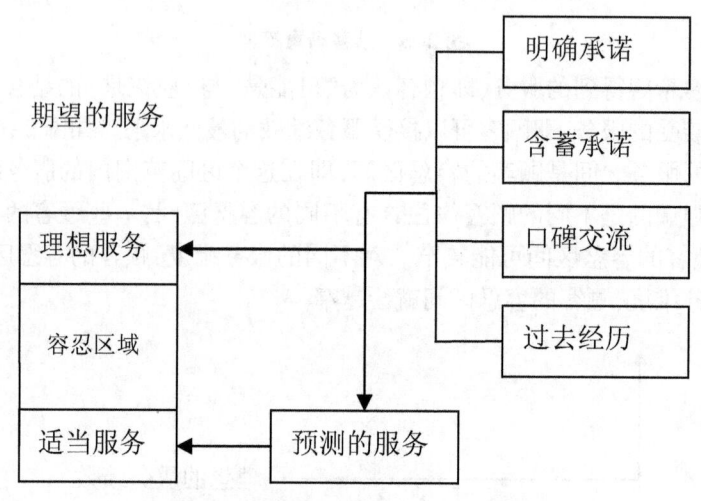

图 2-7　影响顾客对服务期望的因素

资料来源:瓦拉瑞尔·A.泽丝曼尔等.服务营销(第二版)[M].北京:机械工业出版社,2002:59.

3.口碑交流

口碑交流是由顾客而不是服务企业发表的个人及非个人的言论,向顾客传递服务将是什么样的信息。服务口碑可能来自一般消费者,也可能来自在某领域的专家。由于是来自第三方而不是当事人传递的信息,顾客通常认为它的偏见性较低,因而对它的采信度较高。伴随网络和信息经济的发展,顾客与顾客之间通过网络的口碑传播将越来越多,它对顾客期望的影响也将越来越广和越来越深刻。

4.过去经历

顾客过去经历即顾客过去的类似服务接触,这种已过去的服务接触印象往往成为顾客下一次期望的来源。当顾客接受过某项服务后,已接受的服务感知就构成顾客未来接受该服务的一个参照标准。顾客会拿过去的经历去想象或推断将要接受的服务质量。特别强调的是在顾客过去的所有经历中,最近的经历对顾客期望值的影响也最重要。

5.预测的服务

顾客预测的服务是顾客对某一次具体的交易中将要接受服务的估计,而不是对服务企业的总体服务预估。就某一次具体的服务而言,由于受到比如天气好坏等各种非可控因素的影响,顾客可能要对将要发生的服务预期质量进行调整。例如,一直在大学城居住的居民通常认为,学生不在校园的暑假期间,餐厅应该提供更快的服务,这可能导致他们在暑期期间比开学期间对餐馆儿的服务有更高的要求。

(三) 顾客期望管理

从顾客期望的明确程度上看,可以把顾客期望分成以下三类:服务企业对不同类型的顾客期望应采取不同的管理方式。

1. 模糊期望

模糊期望是指顾客一方面期望服务企业为其解决某类问题,但又无法用语言清楚而明确地表达出来。顾客在很多情况下能意识到他们有必要接受某种服务以改变他们的现状,但对服务企业的明确期待很难具体化。这些模糊的期望实际上是一种真实的期望,因为顾客确实期望得到某种改变。如果服务企业不去发掘并满足顾客的这种模糊的期望,顾客会感到失望,而服务企业却不知道他们失望的原因。服务企业应当认识到模糊期望的存在并通过聚焦使这些模糊期望转化成精确的期望。

2. 隐性期望

隐性期望是指有些服务要素对于顾客来说是理所当然的,顾客没有必要把它明确地表达出来,而只是把这些要素视作一种不可缺少的东西。由于这个原因,服务企业可能会忽略这些期望,在提供服务的过程中不满足这些期望。如果这些期望被满足了,顾客不会刻意地去琢磨这些问题,但是,如果这些期望没有被满足,顾客就会对服务失望。服务企业应该把这些隐性期望揭示出来,使其转化成明确而具体的期望。

3. 显性期望

顾客之所以主动或有意识地表达出他们服务预期是因为他们假定这些期望可以而且能够实现。但是这些显性期望中有一些是非现实的希望。例如,客户会认为他的财务顾问总是能够有效地管理他的资金,这笔资金会不断地增值。如果他抱有这种想法,那么有一天他肯定会失望。对于服务企业来说,帮助顾客将非现实期望转换成现实期望是一件非常重要的工作,如果能够做到这一点,顾客所接受的服务就会远远地超过他的期望值。在关系建立的初期,当然也包括关系发展的整个阶段。服务企业对他们所做出的承诺都应当非常小心,承诺越模糊,顾客产生非现实期望的可能性就越大。这种模糊的承诺是非常危险的,因为顾客有可能被误导,认为服务企业有能力实现那些实际上根本无法实现的诺言。在沟通过程中,模糊的和故意含混的信息是导致无法实现承诺的原因,也是顾客产生不现实期望的重要原因。

4. 不现实期望

不现实期望是指顾客对服务企业的期望超出其实际能力。不现实期望产生的原因可能有两方面:一是顾客可能确实对服务企业不太了解,过高地估计它的能力;二是服务企业可能过度承诺,抬高了顾客对其期望值。无论是哪一种情况,服务企业所要做的就是通过顾客教育使不现实的期望校正为现实的期望。

在图 2-8 中,实箭头表示"有意识的动态过程",即服务企业应当而且能够主动对顾客期望进行管理的过程。企业要善于发现顾客对服务的模糊的或隐性的期望,并使其显性化。如果服务企业非常注意对模糊期望的管理,那么这些模糊期望的模糊程度将下降。随着关系的深入,服务企业将知道企业应当为顾客提供什么服务,顾客也知道他们将从企业得到什么,同时也要注意及时发现顾客的隐性期望,并促使顾客意识到建立现实期望对

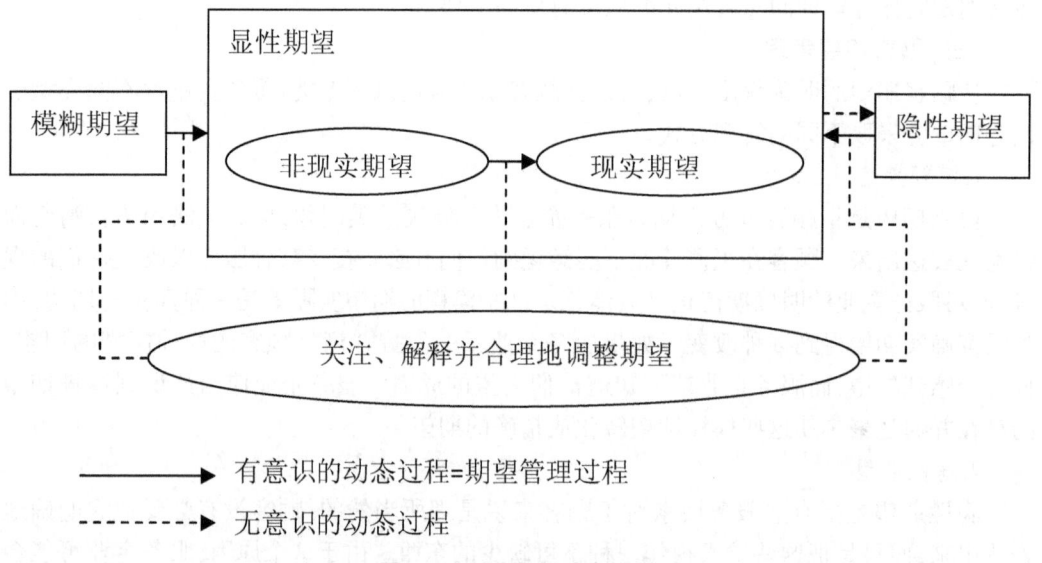

图 2-8 顾客期望动态模型

资料来源:克里斯廷·格朗鲁斯.服务管理与营销[M].北京:电子工业出版社,2002:66.

提供服务质量的意义。

图中的虚线箭头(从显性期望到隐性期望)表示另外一种过程,即另外一种"无意识的动态过程"。在关系发展过程中,如果顾客已经习惯了特定水平的服务,那么顾客下一次再接受同样的服务时,可能并不像服务企业表达他们的服务预期而将其视为理所当然和不言而喻的事情,这样,显性的期望会产生向隐性化方向发展的趋势。如果顾客接受的服务和以前一样没什么变化,也没有出现服务失误,顾客对此可能连想都不想。但是,如果服务企业对所提供的服务做出一些改变,例如,一个新的员工接替了原有员工的工作,并以与原有员工不同的工作方式来为顾客提供服务,而那种原有的服务恰恰是顾客所习惯的,这时顾客就会产生挫折感或者不满意的心理,隐性期望再次转化成显性期望。[7]

三、顾客感知绩效

顾客感知绩效是相对于服务的实际绩效而言,它是顾客对服务企业整个服务过程的一种个体的、内在的和主观的评价。

(一)顾客感知过程

哈姆拉德(Holmlund)在2001年指出:顾客接受服务是个连续的过程,这个过程包括服务活动、服务情节、服务片段。服务活动是服务过程分析的最小单位,服务情节是由一系列服务活动构成,服务片段又是由一系列的服务情节构成的,若干个服务片段就组成了服务的整个过程。一个顾客居住五星级宾馆服务的过程包括入住片段、住宿片段和离开片段;入住片段又包括门童迎宾情节、前台登记情节和入住房间情节;门童迎宾情节又包括引导活动、取行李活动和引客到柜台活动。从顾客感知过程可以看出,提升顾客感知绩效要有系统思维,即顾客感知是由活动、情节、片段构成的一个整体;提升顾客感知绩效要

有精细化管理思维,细节决定成败,服务的每一个活动、情节和片段都会对顾客感知绩效造成影响。(见图2-9)

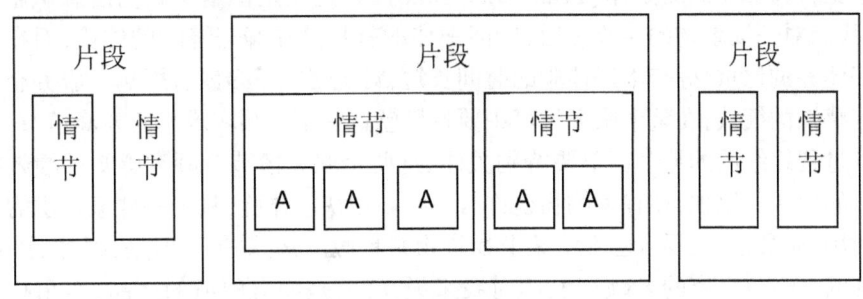

图2-9 基于关系过程的感知质量

资料来源:克里斯廷·格朗鲁斯.服务管理与营销[M].北京:电子工业出版社,2019:73.

(二)顾客感知绩效的影响因素

1.初始印象

服务营销学者伯顿(Bolton)在1992年强调服务过程的初始印象对顾客感知绩效的影响,他认为,顾客对服务的初始印象影响其对随后服务一系列服务片段、情节和活动感知。顾客的初始印象主要基于员工外表(性别、年龄、衣着、姿势、表情)。研究表明:顾客对员工第一印象是基于ABC顺序的,即外表(Appearance)占52%、行为(Behavior)占33%、沟通(Communication)占15%。这和美国社会心理学家洛钦斯(A. S. Lochins)提出的首因效应是一致的,即交往双方形成的第一次印象对今后交往关系的影响,虽然这些第一印象并非总是正确的,但却是最鲜明、最牢固的,并且决定着以后双方交往的进程。如果一个人在初次见面时给人留下良好的印象,那么人们就愿意和他接近,彼此也能较快地取得相互了解,并会影响人们对他以后一系列行为和表现的解释。反之,对于一个初次见面就引起对方反感的人,即使由于各种原因难以避免与之接触,人们也会对之很冷淡,在极端的情况下,甚至会在心理上和实际行为中与之产生对抗状态。

2.关键时刻

服务营销专家诺曼(Normann)把关键时刻(Moment of truth)定义为服务企业向顾客展示其服务绩效的时间和地点。他认为关键时刻是顾客形成和改变对服务企业印象的重要节点,服务企业抓住这个节点就会使关键时刻转化成神奇时刻(Moment of magic),如果出现服务失误,这个是时刻就可能转化为顾客的悲惨时刻(Moment of misery)。关键时刻这一概念是由北欧航空公司前总裁詹·卡尔森创造的,他认为关键时刻就是顾客与北欧航空公司的职员面对面相互交流的时刻。卡尔森在1981年进入北欧航空公司担任总裁的时候,该公司已连续亏损且亏损金额庞大,然而不到一年时间卡尔森就使公司扭亏转盈。这样的业绩完全得益于北欧航空公司员工认识到:一年中与每一位乘客的接触,包含了上千万个"MOT",如果每一个"MOT"都是正面的,那么客户就会更加忠诚,为企业创造源源不断的利润。

3. "峰-终"体验

2002年诺贝尔经济学奖获奖者、心理学家丹尼尔·卡尼曼(Daniel Kahneman)经过深入研究发现人们对体验的记忆由两个因素决定:高峰(无论是正向的还是负向的)时与结束时的感觉,这就是峰-终定律(Peak- End Rule)。[8]这条定律基于我们潜意识总结体验的特点,我们对一项事物的体验之后,所能记住的就只是在峰与终时的体验,而在过程中好与不好体验的比重、好与不好体验的时间长短,对记忆差不多没有影响。服务企业要想提高顾客感知的绩效,在整个服务过程中要特别塑造一个令顾客难忘的高峰情节,同时对整个服务过程终结前的那个情节要特别关注,这两个服务情节对顾客感知的绩效提升有事半功倍的效果。比如,在宜家购物也许有一些不愉快的体验,只买一件家具也需要走完整个大商场;店员很少;要自己在货架上找货物并且搬下来;等等。但是,顾客的"峰-终"体验是好的。一位宜家的老顾客说:"对我来说,峰就是物有所值的产品,实用高效的展区,随意试用的体验。什么是终呢?可能就是出口处那一元的冰淇淋!"

4. 时间划分

时间是与空间相对应的一个概念,服务场所的空间布局不合理,过于狭窄或过于宽大都会使顾客感到不舒服,同样,服务过程的时间划分不合理顾客也会感到不舒服。服务过程分为不同的片段、情节,每个片段或情节的时间长短会影响顾客对整个服务过程总时间长短的意识,从而会影响顾客感知的时间和精力消耗的不同,进而影响顾客感知的服务绩效。例如,一个老师上午三节课,正常情况下每节课50分钟,课间休息10分钟。假如有个老师课间不休息,三节课连着上,即150分钟时长,学生就会感到三节课时间很漫长且精力消耗大,即学生感知的教学质量会下降。服务企业对片段或情节时间长短的划分还受其他多种因素的影响,一个小孩的专注力大概也就是二十几分钟,一节课的时长不宜太长;片段或情节内容的趣味性也是服务企业设计时间长短要考虑的因素,必要的又过于乏味的活动时间安排不宜太长。

5. 公正性

按照亚当斯(Adams)的公正理论,顾客对服务绩效的感知很大程度上是由顾客感知的公正性决定的。[9]即顾客不仅要考虑在接受服务的过程中得到了什么结果以及怎样得到这一结果,而且还会把自己得到的结果和过程与其他顾客相比,如果感觉到自己得到了不公正的对待,其对服务绩效的感知会下降。美国学者克莱曼(Kleiman)1988年指出,这种公正性包括结果公正性即服务质量优劣、服务成败等;程序公正性即服务政策的透明性、非歧视性等;互动公正性即服务人员在和顾客互动的过程中呈现出的诚实、礼貌、努力、移情等。在上述三个方面,如果顾客感觉到自己和别的顾客相比没有受到平等的对待,顾客就是感觉到不满意,对服务绩效的感知就会下降。

6. 服务补救

相对产品质量而言,服务质量具有相对不稳定性特点,服务失败在服务行业是一种常态,全面质量管理追求的是无瑕疵的产品,对服务企业而言,这是一种理想的追求。但服务业和制造业不同,服务业往往有二次成功的机会,即在服务失败后,如果能及时有效地进行服务补救,顾客可重新回复到满意状态。在服务业中,从某种意义上说不是服务失败造成了顾客的不满,是服务失败后服务企业没有及时有效的服务补救造成了顾客的不满,即对顾客造成了二次伤害。比特勒(Bitner)在1990年的一项研究表明：在航空业、旅馆和饭店产业中超过23%难忘的满意接触都直接与员工对服务失败及时反应密切相关。

第四节 顾客忠诚

一、顾客忠诚内涵

顾客忠诚是顾客对某种品牌或服务价值的高度认同而引发的积极态度和重复购买行为，即顾客忠诚的原因是顾客对其价值的高度认同，它的具体表现形式则是积极态度和重购行为。因此，顾客忠诚是在顾客认知基础上的顾客情感和顾客行为的集中体现。[10] 1995年，格瑞芬(Griffin)根据前人的研究，从态度倾向(相对态度是积极还是消极)和行为倾向(惠顾频次是高还是低)两个变量构建了顾客忠诚类型的矩阵。[11](见图2-10)

	频次低	频次高
积极	潜在忠诚	忠诚
消极	不忠诚	虚假忠诚

（纵轴：相对态度；横轴：惠顾频次）

图2-10 基于情感和行为的顾客忠诚

资料来源：GRIFFIN, J. Customer loyalty: how to earn it, how to keep it[M]. United States of America: Jossey-Bass, 2002.

一是忠诚顾客。他们是对服务企业持有好评并且经常到店消费的顾客群体，这类顾客的消费最为稳定，对服务商也最具价值。他们对服务系统和人员较为熟悉，服务成本相对较低；他们的消费频率较为稳定，避免了供求不平衡给服务商带来管理上的麻烦；他们经常会向其他顾客传递"正口碑"，成为企业的义务推销员；他们还会购买服务商提供的其他相关服务，成为服务商利润新的来源；他们对服务价格不太敏感，使服务溢价成为可能。

二是潜在忠诚顾客。他们是对服务企业持有好评但很少到店里消费的顾客群体，这类顾客是服务企业拓展市场的主要对象，因为，他们对服务企业持有好感。他们之所以很少到店消费，可能是目前的经济收入和服务企业的市场定位有差距，也可能是他们距离服务企业的距离太远,但是,一旦这些顾客的收入提高,或者服务企业在其工作和居住的场所开设有网点,这类顾客就会立即转化成忠诚顾客。

三是虚假忠诚顾客。他们是对服务企业持有"差评"却经常到店里消费的顾客群体,"差评"还经常到店里消费的原因是多方面的,一种是这种服务由于垄断或管制的原因,顾客没有替代品可以选择;另一种原因是顾客由于距离该服务商较近,为了节省时间或精力成本而选择到店消费;还有一种原因是顾客受到价格优惠或者是顾客忠诚计划带来的利益诱惑而不愿另换服务企业。

四是不忠诚顾客。他们是对服务企业持有"差评"且很少到店里消费的顾客群体,他们往往会向其他顾客传播服务企业的负口碑。通常情况下,服务企业一个满意的顾客只会对3个人说该服务商的好,而一个不满意的顾客则会对11个人说该服务企业的坏。正口碑和负口碑的传播面是不对称的,这也就是通常说的"好事不出门,坏事传千里"的道理。

二、顾客忠诚与顾客满意关系

虽然顾客忠诚度与顾客满意度之间的关系是正向相关关系,但不一定是线性正相关关系。哈特(Hart)和约翰逊(Johnson)通过对施乐公司的实证研究发现所谓的质量和满意度"不敏感区"的现象。他们的研究发现,那些宣称基本满意或满意的顾客忠诚度和"重购率"都是很低的。只有那些非常满意的顾客才表现出极高的重购率,并乐于为企业传播好的口碑。正如图2-11所示,顾客忠诚曲线在某个满意点上会突然上升。服务业和制造业的研究结果都证明了这一点。我们可以从此图中得出两个基本结论:

一是如果服务企业为顾客提供的服务质量正好落在服务质量不敏感区域,那么这个质量水平肯定是远远不够的。要想使顾客能够再次接受服务,服务质量必须使顾客感到非常满意。只有这样,才能强化顾客的忠诚感,才能提高顾客的重购率。

二是在研究顾客满意度和忠诚度时,必须将非常满意的顾客和满意顾客区分开来,这是非常重要的,这两类顾客的"重购率"以及对服务企业的口碑都是迥然不同的。企业通常的做法是将两类顾客混在一起,并称为满意或非常满意的顾客,这种做法会使企业失去与顾客保持长期关系的最重要的信息。

哈特(Hart)和约翰逊(Johnson)认为,要想使顾客忠诚,服务企业必须超越通常认为的为顾客提供良好服务和"可接受"服务的做法,使顾客坚信服务企业在任何情况下都是可以信赖的。服务绩效的标准应当是信任零缺陷,而不是顾客所认为的服务质量零缺陷。服务企业必须小心翼翼,不要让平庸或者很差的服务接触来破坏顾客对服务企业的这种信任。对于服务企业来说,这是一种巨大的挑战,因为只有极少数的企业可以做到被顾客完全信任,但是如果能做到这一点,服务企业将从中获得巨大的经济利益,同时也将在竞争中占着主导地位。

从图2-11中还可以得出另一个结论,即顾客满意度对顾客口碑的影响。只有那些对服务质量极其满意的顾客才会为服务企业传播好的口碑,从而成为义务推销员,另一方面,那些对服务质量非常不满意的顾客则会为服务企业传播坏的口碑,从而成为企业的破

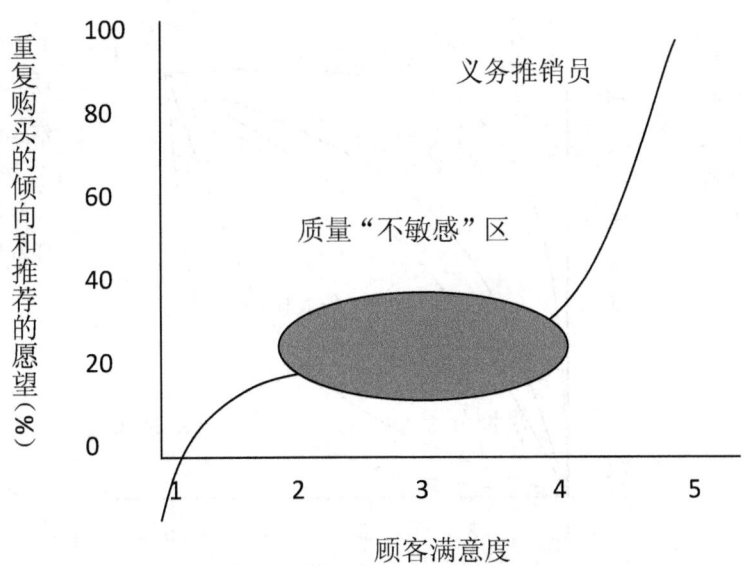

图 2-11 顾客满意度与顾客忠诚度之间的关系

资料来源：克里斯廷·格朗鲁斯.服务管理与营销[M].北京:电子工业出版社,2002:94.

坏者,强烈地影响其他顾客对服务质量的感知,使潜在的新顾客对接受服务企业的服务望而却步。

顾客忠诚度和顾客满意度之间的关系,还会随着产业的不同而不同。琼斯和萨塞利用一些反映顾客满意度和重复购买产品或服务的意图的数据进行研究,对当地电话服务公司、航空公司、医院、个人电脑、汽车的顾客满意度与顾客忠诚度之间的关系进行了分析。根据这些数据,他们绘制了一张图说明每个行业的不同曲线。

如图 2-12 所示。从这些关系中,我们可以得出许多有趣的结论,首先,如果顾客有多种选择,从一种产品或服务换成另一种产品或服务的成本相对较低,政府限制竞争的规定很少,那么很少有其他行业的顾客忠诚度促进计划能够产生类似于图中汽车行业的满意度忠诚度曲线。随着竞争或者替代产品或服务的减少或者转换成本的提高,这条曲线可能开始越来越像图中当地电话服务行业的曲线。处在后一种情况下的顾客,可能就越来越像俘虏,他们表现出琼斯和萨塞所说的虚假的忠诚。随着竞争的引入或转换成本的降低,这种虚假的忠诚可能会导致顾客忠诚度的迅速消失。

通过这些研究,琼斯和萨塞把顾客及其忠诚度分成 4 种主要类型,如图 2-12 所示,"传道者"就是那些不仅对公司很忠诚而且感到非常满意,甚至愿意把服务企业的服务推荐给别人的顾客。"唯利是图者"就是那些为了获得较低价格可能会更换服务企业的顾客,即使他们可能会对服务企业的服务具有很高的满意度。"人质"就是那些非常不满意,但是选择很少或者没有其他选择的顾客。"恐怖分子"有其他选择并加以利用,而且他们一有机会就向其他顾客表示他们对以前服务企业的不满,从而把这些顾客都变成其他公司顾客。

图中的关系有助于解释为什么施乐公司的顾客满意度打分为 5 分的顾客再次购买施乐公司产品或服务的可能性是其他顾客的 6 倍。施乐公司处于激烈地竞争之中,既有从

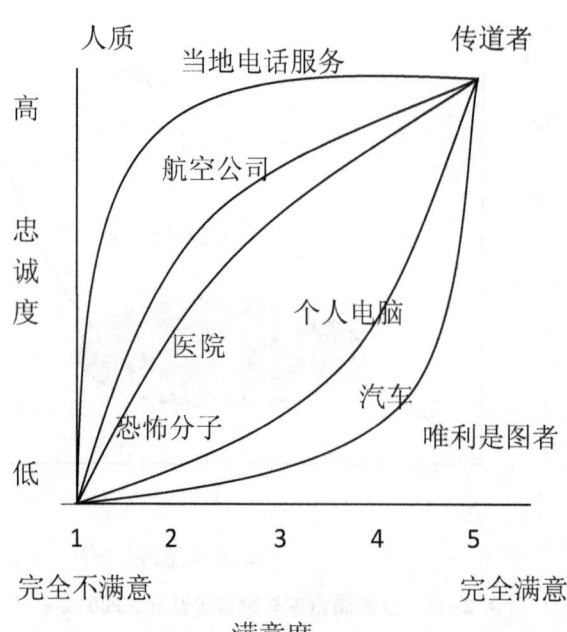

图 2-12　竞争环境对顾客满意度-忠诚度关系的影响

资料来源：赫斯克特，萨塞，施莱辛格.服务利润链[M].北京：华夏出版社，2001：70.

日本进口的小体积复印机，还有美国本土的大体积复印机。因此，施乐公司需要投入大量资金，把现有顾客中只给施乐公司打 4 分的顾客，变成满意度评级中为 5 分的顾客。

三、顾客忠诚度与企业赢利能力

对服务业的研究所揭示出的顾客忠诚与企业盈利能力之间的关系是令人吃惊的。这项研究发现，在不考虑其他因素的情况下，顾客在接受服务企业提供服务的 5 年中为企业提供的利润是逐年上升的。随着时间推移，每位顾客为服务企业提供的利润逐年上升的原因，如图 2-13 所示，顾客忠诚度对企业盈利能力的影响因素包括争取新顾客的成本、收入增长、成本节约和溢价等。[12]

图的纵轴没有度量单位，因为不同产业和不同顾客影响企业盈利能力（利润）的原因是不同的。但纵轴上位置的高低却可以使我们清楚地看到这些影响因素的重要程度。

每个企业都应当详细地研究其会计报表系统，以精确地计算每个顾客对于企业利润的贡献。这是一项非常耗费时间和精力的工作，因为很多企业的利润是按产品或服务项目来核算的，而不按顾客，所以这些数据的获取是相当困难的。下面对这些影响因素分别进行讨论。

一是争取新顾客的成本。大多数行业都需要利用销售和外部营销手段来争取新的顾客。作为一个基本的规律，争取一个新顾客的成本是维持一位老顾客的成本的 5-6 倍。换句话说，维持老顾客的成本只相当于争取新顾客的成本的 15%～20%。顾客忠诚为企业带来的利润是非常明显的，图中每个行业的数据是不同的，但都是相当可观的。在图

第二章 服务利润链

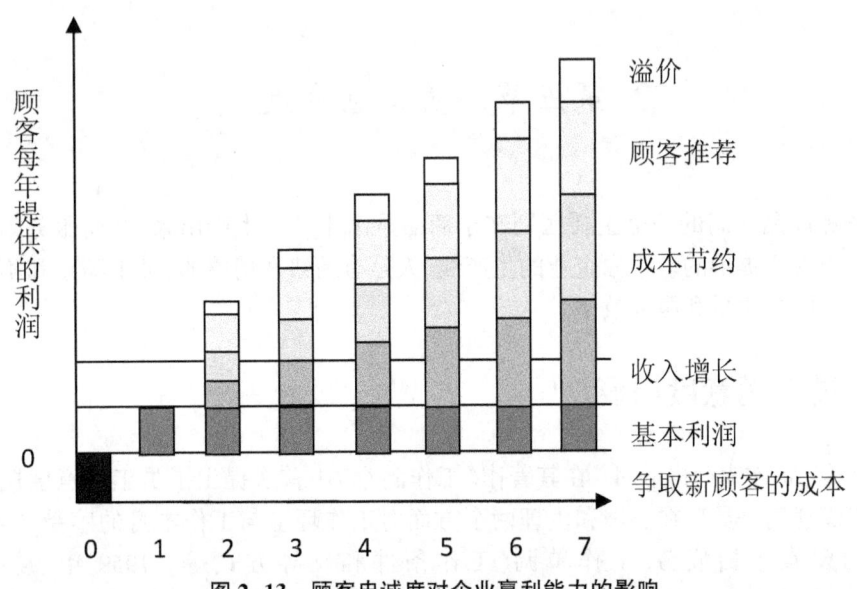

图 2-13 顾客忠诚度对企业赢利能力的影响

资料来源：REICHHELD, F. F. The loyalty effect. the hidden forces behind growth, profits and lasting value. Boston, MA: Harvard Business School Press, 1996.

中，在企业与顾客的关系尚未建立起来之前，顾客为企业提供的利润第一年是负值。

二是基本利润。在很多服务行业，顾客所支付的价格在头5年甚至头若干年内都无法弥补服务的成本。但在另外一些情况下，顾客支付的价格在第一年就可以将服务的成本完全弥补上了。这就是所谓的基本利润。若干年后，随着时间的推移，累积的利润会逐步抵消争取新顾客的成本，当然，每个行业的情况可能会有所不同。

三是收入增长。在许多情况下，回头客会给企业带来更多的生意。这意味着，从总体上来说，随着企业与顾客关系的建立，顾客对企业利润的贡献会逐渐加大。顾客会逐渐增加自己的支出，因而企业的利润会不断增加。

四是成本节约。当顾客和服务企业相互了解后，如企业了解顾客的服务预期和接受服务的方式等，服务过程会变得更加顺利，时间也会缩短，而且服务失误率也会下降。由此，为每个顾客提供服务的成本会减少，反过来企业的利润会增加。

五是顾客推荐。经常接受服务企业的服务而且感到满意的顾客会对其做出正面的宣传，而且会将它的服务推荐给朋友、邻居、生意上的合作伙伴或其他人。他们会成为"义务"的市场推广人员。许多企业，特别是一些小型企业，就是依靠满意顾客的不断宣传而发展起来的。在这种情况下，新顾客的获得不再需要服务企业付出额外的成本，但显然又会增加服务商的利润。

六是溢价。在许多行业，老顾客比新顾客更愿意以较高的价格来接受服务，折扣等优惠销售策略对于老顾客是没有意义的。他们对服务企业所提供的服务的价值了如指掌，许多对新顾客必须支付的成本在老顾客这里都可以省去。对于老顾客来说，良好的价值足以弥补由较高价格所增加的支出。

第五节 员工满意度

服务和商品之间的一个主要区别在于商品是由生产线生产出来的,而服务则在很多情况下是由人来提供的。不像企业的生产线,人是有情绪和情感的,员工满意和不满意会大大地影响服务质量和服务效率。

一、员工满意度内涵

1935年,霍波克(Hoppock)在其著作《工作满意》中首次提出了员工满意度概念。他认为员工满意度是员工在心理和生理两个方面对工作环境与工作本身的感受,影响员工满意度的要素包括疲劳、工作单调、工作条件和领导方式等。1959年,赫兹伯格(Herzberg)等人认为员工满意是员工工作的各个客观特征与员工个人动机相互作用的函数,工作客观特征要和员工主观动机相匹配。1976年,洛克(Locke)将员工满意度定义为来源于组织成员对其工作或工作经历评估的一种愉快或积极的情感陈述。

二、员工满意度影响因素

(一)员工期望水平

1964年,弗洛姆(Vroom)的研究证实员工满意度取决于个体对自身所抱期望与现状之间的差距。若实际情况优于期望值则满意,反之则不满意。这说明员工不满意既与员工所得不足有关系,也与员工过高的期望值也有关系。[13]要想提升员工满意度一方面要提高员工的获得感,另一方面还要适当控制员工的期望,不能让其产生脱离实际的期望。正如成语"欲壑难填"所表达的意思,如果人贪得的欲望太大,就很难使其得到满足。

(二)员工感知的公平性

1965年,亚当斯(Adams)的公平理论认为员工会把自己对工作的投入和所得与他人的投入和所得进行比较,如果感觉到自己的投入所得比例不如他人时,就会感觉到自己受到了不公平的对待,从而感觉到内心的不安,满意度就会降低。[14]公平理论说明不管组织给员工多好的待遇,只要员工感知到不公平他就会不安和不满意。正如《论语·季氏》第十六篇"丘也闻有国有家者,不患寡而患不均,不患贫而患不安"。

(三)员工情感倾向

1976年,洛克(Locke)的研究认为员工满意像一块钻石,它有很多的切面,比如,员工自主权、职业发展、职务提升、薪水高低、组织形象、组织氛围、领导风格、工作场所等。[15]不同的员工对上述某种因素或几种因素看重的程度不一样,正如俗语所说的"萝卜白菜各有所爱"。一个家庭收入较好的员工,可能更关注的是职业和职务发展,对薪水的高低敏感度不是太高。如果组织正好在员工在意的那个方面满足了该员工的要求,那么该员工的满意度就高。这就要求组织管理者要了解每一位员工的内心所求,然后采取针对性的激励措施,不然,就会出现激励偏差,提高了组织的人力资源成本,员工满意度也不会得道相应的改进。

(四)满意因素的类型

1959年,美国心理学家赫茨伯格提出了双因素理论(Two factor theory)亦称"激励一保健理论"。[16](见图2-14)他把组织中有关影响员工满意的因素分为两种,即满意因素和不满意因素。满意因素是指可以使人得到满足和激励的因素。不满意因素是指容易产生意见和消极行为的因素。保健因素的内容包括组织的政策与管理、监督、工资、同事关系和工作条件等,这些因素都是工作以外的因素,如果满足这些因素,能消除不满情绪,但不能激励人更积极的行为。激励因素与工作本身或工作内容有关,包括成就、赞赏、工作本身的意义及挑战性、责任感、晋升、发展等,这些因素如果得到满足,可以使人产生很大的激励。

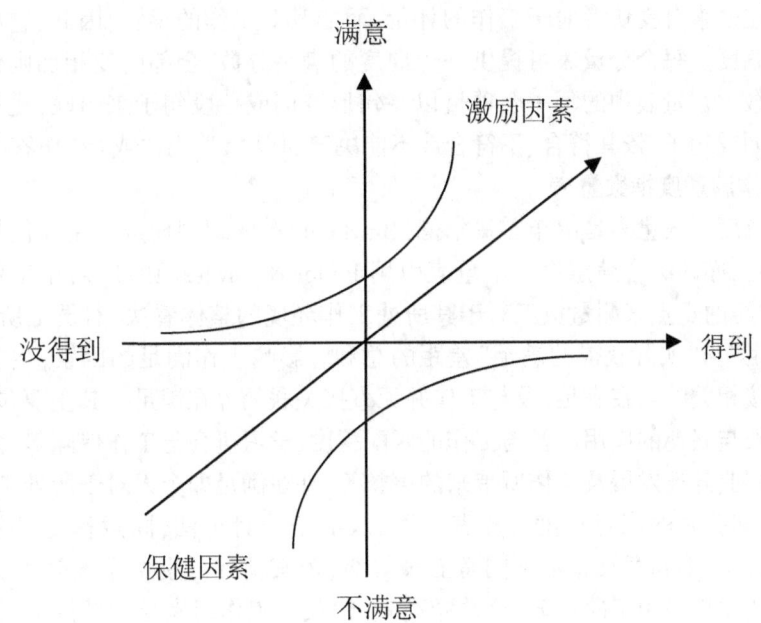

图 2-14 赫茨伯格双因素理论

资料来源:FREDERICK HERZBERG.One more time:how do you motivate employees? [J].Harvard Business Review,Jan/Feb 1968, p53-62.

三、员工满意度测量

员工满意度问题不是简单的满意和不满意的二分法,它是一个程度大小的测量。通常来说,测量员工满意程度的量表主要有以下几个。

(一)明尼苏达满意度量表

明尼苏达满意度量表(Minnesota Satisfaction Questionnaire.简称MSQ),它分为长式量

表和短式量表。长式量表包括20个题目,可测量工作人员对20个工作方面的满意度及总体满意度。这20个大项分别测量能力利用率、成就、能动、进步、权威、企业政策、补偿、同事、创造力、独立、道德价值观、认可、责任、安全、社会地位、社会服务、人际关系监督、技术监督、多样化、工作条件。这20个项目组成了对总体工作满意度测量时最常用的工具。短式量表包括内在满意度、外在满意度和总体满意度3个量表。短式量表中1-4、7-11、15-16和20构成内部(Intrinsic)满意度分量表;5-6、12-14和19构成外部(Extrinsic)满意度分量表。而1-20项加总构成总体满意度(General satisfaction)量表。

(二)工作说明量表

工作说明量表是斯密斯(Smith)等人在1969年使用固定反应项目发展出来的另一种工作满足量表,内容包含五种独立向度的满足分量表,将工作满意度分为五个构面,即工作本身、薪水、升迁、同事及直属上司等。每一构面由九至十八个题目组成,共有72题目,是一种形容词检核量表。各个分量表的总分就是受访者在各个构面上的满意度情形。由于此量表描述是来自受访者对于工作的评价,而非其对工作的感觉,因此,它属于间接地衡量工作满意度。每个分量表可提供一个向度的满足分数,全部向度相加则代表整体工作满足的分数。在量表中的每一个项目以一句形容词或一段句子来串联,受访者只需对每一句形容词或句子,依其符合、不符合或不能决定而以"Y"、"N"或"?"作答即可。

(四)工作满意度指数量表

工作满意度指数量表是由布雷费尔德(Brayfield)等人编制而成。主要衡量工作者一般的工作满足,亦即综合满意度。本量表引用Porter & Lawler(1971)对于工作满足所做的定义,从差距的观点来测量员工对于其所处工作环境的整体看法,对员工所认知的"期望获得的满足"与"实际获得的满足"差距的总和。影响工作满足的因素,主要可分为与工作本身直接相关的内在满足,及与工作并无直接关联的外在满足。其主要包括:整体满足即个人专长与兴趣的应用以及与工作的匹配程度、学习机会与工作保障等;内在满足即薪资待遇、福利、升迁发展及工作所带来的声誉等;外在满足即个人对于所处工作环境,及与长官、同事间关系的满意程度。量表采用Likert五点计分法,同意程度区分为非常同意、同意、没意见、不同意及非常不同意五个等级,依其情况分别给予5到1分之计分方式。所有的选项均采用正向计分,分数越高者,代表其工作越满足。具体项目如下:①你对自己所从事的工作的性质感到满意吗?②你对指导自己的人(你的上司)感到满意吗?③你对组织中共事的人(你的同事或平级的人)之间的关系感到满意吗?④你对你的工作收入感到满意吗?⑤你对你在组织中能获得的晋升机会感到满意吗?⑥考虑到工作中的每个方面,你对你当前的工作情形感到满意吗?

(五)工作满意度度量表

本量表由斯派克特(Spector)于1985年开发出来,将员工满意度分为9个维度,薪酬、晋升、领导、额外福利、绩效奖励、制度环境、同事关系、工作本身属性和沟通,共计36道选项,每个维度4道选项,让员工对每个维度分别进行评价,求和得出总体满意度水平。它能够得出10个满意度分值,包括9个分量维度分值和1个总体满意度分值。

四、员工满意度提升

1994 年,赫斯克特(Heskett)和萨塞(Sasser)等人在《哈佛商业评论》上发表了《运转服务利润链》一文。在文中他们认为服务企业提升员工满意的手段是提高内部服务质量。内部服务质量这一概念是萨塞 1976 年首次提出的,他把员工看作内部顾客。一个组织想要传递一个高质量的外部服务,必须首先提供一个满意的内部服务来满足员工需求。内部服务质量包括四个明确的变量:工作场所设备、员工报酬、员工培训、工作晋升和团队合作。

1996 年,哈洛韦尔(Hallowell)把内部服务质量定义为员工对来自内部服务提供者提供服务展现的一种满意状况。他认为一个组织要想得到高质量的外部服务必须首先改善内部服务质量。[17]他提出影响内部服务质量的 8 个维度,共计 19 个因素,如表 2-1 所示。

表 2-1　内部服务质量 8 维度和 19 要素

维　度	因　素
沟通	1.我和同部门同事间的沟通良好 2.我和其他部门同事间的沟通良好 3.当公司有重要的产品、政策、工作程序以及活动上的改变时,我的工作团队会被事先告知
团队合作	4.在我所属的部门内,同事间的合作情形良好 5.我所属的部门和其他部门之间的合作情形良好
有效的培训	6.我对公司有关新进员工的培训课程感到满意 7.公司给予足够的时间让我接受培训 8.当公司有重要的改变时,我会得到适当的培训
管理支持	9.当我有需要时,我的主管会给我帮助 10.我的主管愿意倾听我的问题,并帮我找出解决办法 11.我被授予所需的自由度(如权力、工作方式)以完成工作
服务设施	12.我能够获得所需设备的支持,以提供顾客良好的服务 13.我能方便地取得并使用提供顾客良好服务时所需的信息
奖励与认可	14.当我对顾客提供好的服务时,我会得到奖励 15.当我将我的工作做好时,我会得到公司的认可
目标认同	16.我很乐于见到公司有好的表现 17.我所做的工作对于公司是很重要的
政策与程序	18.部门所制订的政策对于我提供良好的服务给顾客有所帮助 19.在公司内做决策很顺利

第六节　员工忠诚度

一、员工忠诚度内涵

员工忠诚度是指员工对于企业所表现出来的行为指向和心理归属，即员工对所服务的企业尽心竭力的奉献程度。它是员工行为忠诚与态度忠诚的有机统一，行为忠诚是态度忠诚的基础和前提，态度忠诚是行为忠诚的深化和延伸。单看行为无法判断员工的忠诚，很多情况下，员工一直待在企业中是因为员工转换成本太高，或者是没有更好选择的缘故。这种情况下的员工往往主人翁意识并不高，工作的主动性、能动性和创造性不够。

二、员工忠诚意义

一是员工忠诚提升服务效率。衡量员工忠诚度有两个重要指标：一个是员工在组织中工作的时间长短。一般来说，一个员工在一个组织中工作的时间越长，他对这个组织中的工作流程、服务设施、服务人员以及顾客就越熟悉，他的工作效率就会越高；另一个是员工的敬业度。员工敬业度越高，员工的工作的热情、精力投入和专注度就越高，就不会出现"磨洋工"现象。上述两个方面表明员工忠诚度越高，越有利于服务效率的提升。

二是员工忠诚有利于节省成本。虽然很小程度的员工流失率是自然的，但是寻找、雇佣和培训新员工是对组织资源的巨大消耗。对于一些小型服务企业来说尤其如此，因为小企业十分有限的资源并不总是能够用于寻找、雇佣和培训新员工。换句话说，如果太多的人辞职，小型服务企业就会倒闭。正如《福布斯》报道的那样，忠诚的员工意味着"丰厚的利润"，不仅是因为忠诚的员工会提升效率，而且忠诚的员工避免了一些不必要的成本支出。

三是员工忠诚促进顾客忠诚。员工忠诚和顾客忠诚之间是一种镜像关系，换句话说，就是员工忠诚度的高低会折射出顾客忠诚度高低，二者之间是一种正相关关系。在类似医院这种存在信息不对称和信息不完全的服务业中，顾客对员工的信任有极大的依赖，每一个一线员工往往都有自己相对固定的顾客群体，这些顾客到该服务商处接受服务，很大程度上不是因为服务商，而是奔着某个员工而来的。只要这个员工一直待在这个企业中，这个顾客就会一直到这个企业接受服务，相反，这个员工的流失极有可能把这个顾客也带走了。

四是员工忠诚避免人才流失。没有什么比招聘一名新员工，然后投入大量精力培训他们，使他们在工作中出类拔萃，结果他们却选择离开更为糟糕的了。如果这种情况发生得太频繁，你的企业就会成为你竞争对手的训练场，这意味着你的竞争对手不必执行培训程序，这会让你的企业处于非常不利的地位。因此，拥有没有忠诚度但才能卓越的员工，对企业来说不仅没有价值,而且会对企业本身造成伤害。

三、员工忠诚的影响因素

在实际工作中,影响员工忠诚度的因素有很多,主要包括员工组织承诺、员工敬业、员工呼吁等方面。

(一) 组织承诺理论

1991年,加拿大学者梅耶(Meyer)与艾伦(Allen)基于员工和组织之间纽带关系提出了组织承诺理论,并把组织承诺分成三种主要类型,这三种类型中的感情承诺就是员工忠诚。[18]

感情承诺(Affective Commitment)指员工对组织的感情依赖、认同和投入以及员工对组织所表现出来的忠诚和努力工作,主要原因是他对组织有深厚的感情,而非物质利益。感情承诺体现在员工对组织氛围与组织文化的一种认同感,这个员工待在这个组织中是因为他想(Want to)待在这个组织中,这种心理的归属感与员工忠诚度呈现出很高的一致性。

规范承诺(Normative Commitment)反映的是员工对继续留在组织的义务感,这个员工待在该组织中是因为他应该(Ought to)待在该组织中。规范承诺可理解为一种道德责任感或一种负债义务感这两种双重属性。当员工觉得在一个组织中本身具有很高的社会道德意义或是员工对组织产生亏欠感时就会产生规范承诺。例如,一个组织可能培训和培养某个员工花了许多钱,为了酬谢组织的这份投资,员工可能会感到有义务用忠诚服务来回报组织。

继续承诺(Continuance Commitment)指员工对离开该组织所带来损失的认知,是员工为了不失去多年投入所换来的待遇而不得不继续留在该组织内的一种承诺。员工待在该组织中是因为他不得不(Have to)待在该组织中,至少在当前该员工没有更好的选择,他脱离组织的机会成本较高。

(二) 员工敬业理论

与员工忠诚密切相关的另一种理论就是员工敬业理论,该理论研究源于美国盖洛普咨询公司(The Gallup Organization)对企业成功要素的相互关系探索,最终建立了"盖洛普路径"的模型,该模型描述员工个人表现与企业最终经营业绩、企业整体增值之间的路径,即企业根据自身发展优势因才适用——在优秀经理领导下发挥员工所长驱动员工敬业度——敬业的员工发展了忠实客户——忠实客户驱动可持续发展——可持续发展驱动实际利润增长——企业实际利润增长推动股票的增长。员工敬业度是在给员工创造良好的环境,发挥他的个人优势的基础上,使每个员工拥有一种归属感,进而提升员工忠诚度,激发员工主人翁责任感。

2015年,怡安·翰威特(Aon Hewitt)的员工敬业度模型认为员工敬业度最终表现为以下三种行为方式:第一层是乐于宣传(Say),员工一如既往地向同事、潜在同事,尤其是向客户(现有客户及潜在客户)盛赞自己所在的组织;第二层是乐意留下(Stay),员工强烈希望留在组织之中,对组织有强烈归属感;第三层是全力付出(Strive),员工付出额外的努力并致力于那些能够促成经营成功的工作。研究表明,高敬业度的员工使企业相对同行利润提高21%,效率提高17%,销售额提高20%。

(三)员工呼吁理论

员工呼吁是指员工通过正式或非正式的手段参与和影响组织决策,以便减少冲突和改进绩效。1970年,阿尔伯特·赫希曼(Hirschman)在《退出,呼吁与忠诚》一书中说:"一个组织的成员,无论是企业、国家或任何其他形式的人类群体,当他们感知到这个组织对成员的质量或利益方面呈现下降趋势,组织成员可能有两种反应即退出或呼吁。"[19] 退出仅提供了衰退的迹象,呼吁从本质上说更具有信息性,因为它提供了组织衰退的原因。

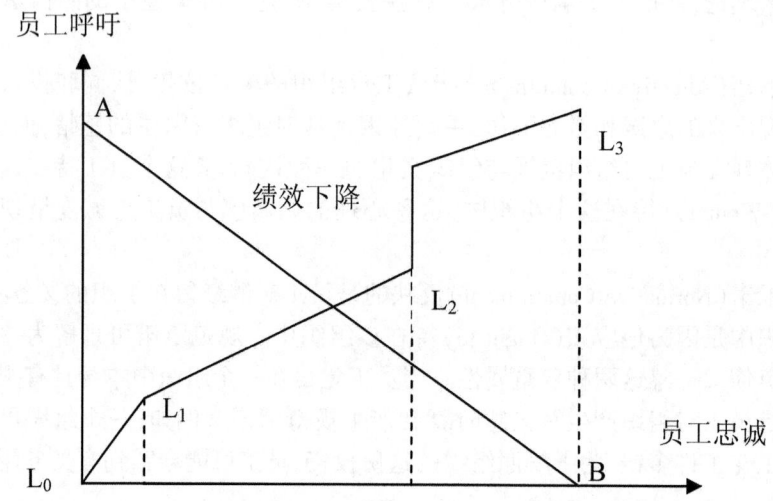

无意识忠诚、不忠诚者退出、忠诚者威胁退出、忠诚者退出

图2-15 组织绩效下降时员工呼吁和员工忠诚关系

资料来源:ALBERT O. HIRSCHMAN.Exit, voice, and loyalty responses to decline in firms, organizations, and states[M]. Harvard University Press.1972.

从图2-15可以看出,伴随着组织的表现从A下降到B,员工呼吁的水平从L_0上升到L_3,即员工呼吁水平和组织表现呈反方向变动。具体来说,在组织表现处于A点,员工呼吁水平处于L_0,这时通过员工呼吁水平很难判断员工中谁忠诚或谁不忠诚;随着组织的表现开始不好,一些忠诚的员工对不断恶化的情况表示担忧,并开始加大呼吁力度(L_1),并试图来修正组织,而不忠诚的员工开始退出;随着组织表现越来越不好(L_2),忠诚的成员便开始用"退出"这个最后的砝码来加以威胁,实际上这时候退出行为并没有真正发生;当忠诚员工的呼吁没有发生作用,察觉到"呼吁"的无效,便中断了呼吁(L_3),组织表现进一步恶化,忠诚的员工就纷纷退出该组织。

四、员工忠诚度测量

和员工满意度类似,员工忠诚度不是简单的忠诚与不忠诚的二分法,它是个需要量化的概念。一般来说,员工忠诚度的衡量方法主要有以下几种。

(一)员工"净推广者"得分

员工"净推广者"得分是衡量员工忠诚度的一种工具,即度量员工向家人或朋友推荐自己工作单位的意愿。这种测量工具因为其简洁、紧凑、易于计算,特别是可防止调查疲劳而受到好评。该工具最初是由理查赫尔德(Reichheld)和贝恩公司(Bain & Co)在20世纪90年代开发的,它最终是基于这样一个问题:度量刻度从0到10,你有多大可能性向你的家人和朋友推荐你企业的产品和服务?度量结果分成三个类别:0-6分为批评者,他们对企业尤其不满并向家人或朋友传播负面口碑;7-8分为被动型,他们对企业既无投入感情也不脱离;9-10分为推广者,他们对企业非常忠诚,肯定会向家人或朋友传播正面的口碑。

(二)组织承诺问卷

由于员工忠诚的一种主要表现形式是组织承诺,很多情况下测量员工忠诚度就直接采用组织承诺问卷。1996年,加拿大学者梅耶(Meyer)和艾伦(Allen)提供了测量组织承诺的量表,总共有十八道题,感情承诺、规范承诺和继续承诺三个维度下的每个维度下设计了六个题项。1997年,梅耶(Meyer)和、艾伦(Allen)、史密斯(Smith)对该量表进行了改进,在组织承诺的三个维度(情感承诺、持续性承诺和规范性承诺)上分别设计了一个包含八个选项的量表,共计二十四道题。[20]

(三)组织依恋问卷

2003年,戴维斯·布雷克(Davis-Blake)等人在《一起快乐吗?使用非标准员工如何影响标准员工的离职、呼吁和忠诚度》一文中,从员工对组织的情感依恋的角度,提出从五个方面评估员工的忠诚度。他们分别是"我感觉对这个组织有点不忠诚""我在这个组织中工作很自豪""为了在这个组织中工作我愿意做任何工作""为了留在这个组织中我会拒绝能赚更多钱的工作""我发现我的价值和组织价值非常相似"。

重要概念

服务利润链 内部服务质量 顾客感知价值 顾客感知质量 顾客满意 关键时刻 顾客忠诚 员工满意 员工忠诚 组织承诺 员工敬业 员工呼吁

思考题

1. 结合海底捞火锅的服务实践,谈谈服务利润链模型的内在逻辑性。
2. 结合自己在医院接受就诊服务的经历,谈谈医院应如何提升顾客感知价值?
3. 谈谈服务利润链模型在管理上给你带来哪些启示?
4. 从服务的顾客感知质量概念出发,分析海底捞和巴奴两家火锅店的经营模式区别。
5. 结合自己在接受一项服务时的等待心理,谈谈哈佛商学院大卫·梅斯特的服务等待感知效应。
6. 结合一家饭店的经营实践,谈谈如何影响和控制顾客对饭店的期望值?
7. 结合自己日常生活,谈谈峰终规则在塑造顾客体验中的具体应用。
8. 结合不同的服务行业,谈谈顾客满意和顾客忠诚之间的关系。
9. 结合身边的一家服务企业,谈谈顾客忠诚会给企业带来哪些利益?

10. 利用影响员工满意度理论,谈谈如何制定服务企业员工激励措施?
11. 结合实际谈谈员工忠诚会给服务企业带来哪些具体利益?
12. 依据员工呼吁与员工忠诚关系,谈谈你对"问题员工"的认识?

参考文献

[1]罗伯特 D·巴泽尔,布拉德 T·盖尔.战略与绩效——PIMS 原则[M].北京:华夏出版社,2000.

[2]赫斯克特,萨塞,施莱辛格.服务利润链[M].北京:华夏出版社,2001.

[3] JAMES L.HESKETT. Putting the service-profit chain towork[J]. Harvard Business Review, (3-4,1994)164-174.

[4] ZEITHAML, V.A. Consumer perceptions of price, quality and value: a means-end model and synthesis ofevidence[J].Journal of Marketing, 1988,Vol. 52, July, pp. 2-22.

[5]GRÖNROOS, C.Strategic Management and Marketing in the Service Sector[R].Helsinki, Research Reports No. 8, Swedish School of Economics and Business Administration,1982.

[6]JACOBY, J. AND J.C. OLSON. "Consumer response to price: an attitudinal, information processing perspective," in Moving A Head With Attitude Research, American Marketing Association, 1977,73-86.

[7]克里斯廷·格朗鲁斯.服务管理与营销[M].北京:电子工业出版社,2002.

[8] KAHNEMAN, O. Evaluation by moments: past and future. in choices, values and frames[M].Cambridge University Press and the Russell Sage Foundation, 2000,293-308.

[9]ADAMS, J. S. Toward an understanding ofinequity[J].Journal of Abnormal and Social Psychology,1963(67), 422-436.

[10]GREMLER, D. & BROWN,S.The loyalty ripple effect: appreciating the full value of customers. international[J].Journal of Service Industry Management, 1999, Volume 10, Issue 3, pp 271-28.

[11]GRIFFIN, J. Customer loyalty: how to earn it how to keepit[M]. United States of America: Jossey-Bass, 2002.

[12]REICHHELD, F.F.The loyalty effect. the hidden forces behind growth, profits, and lasting value[M]. Boston,MA: Harvard Business School Press,1996.

[13]VROOM, V. Work andmotivation[M]. New York: John Wiley & Sons. 1964.

[14]ADAMS, J. S. Toward an understanding ofinequity[J].Journal of Abnormal and Social Psychology, 1963,67,422-36.

[15]LOCKE, E. A. "The nature and causes of job satisfaction"in Dunette, M D. (ed) Handbook of Industrial and organisation psychology. Chicago: RanMc Nally,1976.

[16] FREDERICK HERZBERG. One more time: how do you motivate employees? [M].Harvard Business Review, vol 46 No 1, Jan/Feb 1968, pp53-62.

[17]HALLOWELL, R., SCHLESINGER, L.A. & ZORNITSDY, J. Internal service qual-

ity, customer and job satisfaction: linkages and implications for management[J]. Human Resource Planning, 1996, Feb.Vol.19: pp20-31.

[18]MEYER, J. P., & ALLEN, N.J.. A three-component conceptualization of organizational commitment[J]. Human Resources Management, 1991,1(1), 61-89.

[19]ALBERT O. HIRSCHMAN.Exit, voice, and loyalty responses to decline in firms, organizations, and states[M]. Harvard University Press.1972.

[20]ALLEN, N.J., AND J.P., MEYER.The Measurement and Antecedents of Affective, Continuance and Normative Commitment to the Organization[J].Journal of Occupational Psychology, 1990,63, 1-18.

案例分析:海底捞火锅经营模式

2018年9月26日,四川海底捞餐饮股份有限公司在香港上市。经过20多年的努力,"海底捞"从一个默默无闻的火锅店发展成长为如今的上市公司,这与创始人张勇秉承的"诚信经营"和"家文化"的营销管理理念紧密相连。

(一)海底捞的特色是服务

1994年,身为四川拖拉机厂电焊工的张勇,在简阳的街边摆起了四张桌子的麻辣烫摊位,初次创业的张勇不懂麻辣烫制作,于是现学现做,如此出来的麻辣烫口味肯定不理想。张勇说:"想要生存下去只能态度好些,别人要什么快一点,有什么不满意多陪笑脸。"张勇奇迹般地发现,即使明明口味不怎么样的麻辣烫,在经过他热情服务过后,客户居然也会连连点头"味道不错"。

此后在市场拓展的过程中,尤以海底捞第一次扩张——西安分店开设的经历让张勇再一次坚定了"服务高于一切,服务是海底捞最大的特色"的理念。1999年,西安分店刚开业时,因为成本高,西安的合伙人对成本控制得非常严格,导致海底捞的很多服务特色丧失,接连亏损,形势十分不利。在危机时刻,张勇痛下决心,把西安方面合伙人的股份回购,完全按自己营销管理理念来运营,不到两个月,海底捞火锅店便声名鹊起,扭亏为盈了。

(二)海底捞把员工当家里人

谈到海底捞的成功,公司创始人张勇说:"你怎么对待员工,员工就会怎样对待顾客;你把员工当成家里人,员工就会把企业当成自家企业。"张勇曾多次在高层员工培训中说:"特色服务掌握在每一个员工手里,把海底捞塑造成一个家。培养员工的主人翁精神,员工为自己家干活就不会偷懒、不会磨洋工,就会主动付出,就会积极奉献。""我(张勇)不在意挣多少钱,我的目标是让跟我干的弟兄们能用双手改变命运,为他们创造一个公平公正的人生发展环境。"海底捞的员工大多来自贫困偏远的山村,受教育程度低,能吃苦耐劳,有的甚至是第一次出远门,渴望用双手改变自己的命运,而海底捞为他们创造了改变命运的机会。

海底捞公司对其员工十分友善,海底捞的员工宿舍离工作地点不会超过20分钟,全部为正规住宅小区,且都会配备空调和上网电脑,有专人负责保洁以及洗衣服;如果员工是夫妻,则考虑给单独房间。仅是住宿一项,一个门店一年就要为此花费50万元;海底捞在简阳当地赞助了一家学校,海底捞公司员工子女在该学校上学,全部都是寄宿制管理;为了激励这些大多来自农村的员工的工作积极性,海底捞公司有一个传统,就是将员工奖金中的部分直接寄给他们的父母等亲人,虽然每月只有400-500元,但这让员工的家人也分享到了这份荣耀。离职还有"嫁妆",小区经理离职公司赠送20万,大区经理或以上人员离职公司赠送800万。海底捞公司有近6000名员工,流动率一直保持在10%左右,而中国餐饮业的平均流动率为28.6%。

(三)海底捞员工诚心为顾客服务

"人心都是肉长的,你对人家好,人家也就对你好;只要想办法让员工把公司当成家,员工就会把心放在顾客上",这是张勇面对众多媒体经常挂在嘴边的一句话。在这种理念下,海底捞公司员工一直把为顾客提供"贴心、温心、舒心"服务作为自己的行为准则。就餐前等候的时候,服务员会给你端上免费的水果、饮料、零食;如果你们是一大帮朋友在等待,服务员还会主动送上扑克牌、跳棋之类的桌面游戏供大家打发时间;如果你还嫌等候过程比较无聊,你甚至还可以选择来个免费的美甲、擦皮鞋服务。

在客人进餐的过程中,服务员会细心地为长发的女士递上皮筋和发夹,以免头发垂落到食物里;戴眼镜的客人则会得到擦镜布,以免热气模糊镜片;服务员看到你把手机放在台面上,会不声不响地拿来小塑料袋装好,以防油腻;每隔15分钟,就会有服务员主动更换你面前的热毛巾;如果你带了小孩子,服务员还会帮你喂孩子吃饭,陪他们在儿童天地做游戏;抽烟的人,他们会给你一个烟嘴,并告知烟焦油有害健康;为了消除口味,海底捞在卫生间中准备了牙膏、牙刷,甚至护肤品;过生日的客人,还会意外得到一些小礼物;如果你点的菜太多,服务员会善意地提醒你已经够吃;随行的人数较少,他们还会建议你点半份……

例如,一次,上海三店张耀兰服务的11号雅间做的是回头客郜女士。郜女士女儿点菜时问撒尿牛丸一份有几个?姚晓曼马上意识到,对方是怕数量少人不够吃,便回问了一句:姐,你们一共几位?她说十位。姚晓曼马上告诉她,一份本来是8个,她去跟厨房说一下,专做10个。

再如,某星期六晚上生意特别好,七点半3号包房上来一家姓徐的客人,她发现徐妈妈把鹌鹑蛋上面的萝卜丝夹到碗里吃。张耀兰感觉徐妈妈一定喜欢吃萝卜丝,于是立即打电话给上菜房,让他们准备一盘萝卜丝。她又拿萝卜丝去调料台放上几味调料。当她把拌好的萝卜丝端上桌上时,客人很惊讶,她说:"我估计阿姨爱吃萝卜丝,特意拌了一盘送给阿姨吃,不知道你们喜不喜欢。""他们当然非常高兴,边吃边夸我,还问这萝卜丝是怎么拌的。"最后徐阿姨的儿子要来一碗米饭,把萝卜丝盘子里的汤拌到饭里吃了,说这是他吃过最香的饭。接下来一个月,他们连来了三次,还把其他朋友介绍来吃饭。一碗萝卜丝多神奇,海底捞的客人就是这样一桌一桌抓的。

海底捞这种"贴心、温心、舒心"服务带来的效果就是海底捞的顾客回头率超过了50%,每天晚上的翻台率可以达到5次左右。2019年中国餐饮企业百强海底捞公司排第

3位。2019年中国上市公司市值500强,海底捞公司排名第85。2020年全球最具价值500大品牌"海底捞"品牌排第441位。2020福布斯全球企业2000强海底捞公司第1691位。(案例来源:根据期刊和网络资源整理编写)

1.海底捞公司营销管理模式的内在逻辑是什么?
2.海底捞火锅的服务特色和巴奴火锅的特色有何不同?
3.从中国传统文化谈谈海底捞构建"家文化"的合理性。

第三章　服务营销策略(上)

丽思卡尔顿酒店(Ritz-Carlton)一直以高标准的客户服务著称。丽思卡尔顿的经营理念是在整个公司范围内同时关注个人服务和职能服务,两次获得了美国国家质量奖,是唯一两次获此殊荣的公司。

这家五星级酒店不仅提供了完美的设施,同时也为客户提供完美的服务。它的座右铭是:"我们以绅士淑女的态度为绅士淑女服务。"丽思卡尔顿酒店通过对员工提供完美的培训,遵循服务三步骤及 12 条服务准则来履行自己的承诺。其中,服务三步骤是指员工必须亲切而又真诚地使用顾客的名字问候顾客;满足顾客预期的和现有的需要;最后在顾客离店的时候再一次给顾客温馨的告别(同样也要叫出顾客的名字)。

每一位经理手中都会拿着写有 12 条服务准则的卡片,其中每个卡片都有相对应的编号,如准则 3:"我得到授权为宾客创造出独特、难忘和个性化的体验";准则 10:"我为自己专业的仪表、语言和举止感到自豪"。该公司的总裁兼首席运营官西蒙·库珀(Simon Cooper)解释说:"这些准则都是与人相关的,每个人对一件事情都会有情感体验,我们正是要诉诸情感。"

此外,丽思卡尔顿酒店也会通过电话回访来衡量酒店客户服务的成功程度。每一位顾客都会被问到有关功能和情感两方面的问题。功能方面的问题包括:"用餐是否愉快?您的房间整洁吗?"情感问题则主要是为了了解顾客的心理。丽思卡尔顿酒店会利用这些调查结果以及每天不断积累的经验来提高和改进顾客服务水平。

在不到 30 年的时间里,丽思卡尔顿酒店就从最初的 4 家分店发展为现在分布在 29 个国家拥有 87 家分店的连锁酒店,酒店计划在欧洲、非洲、亚洲、中东和美洲深入发展。

第一节　服务质量

一、服务质量概念

服务质量是消费者对一个公司总的长处和优势的一种感知。服务质量反映顾客对服务要素如交互质量、有形环境质量和结果质量高的感知,服务质量不等于服务满意,而服务质量是顾客满意的一部分。顾客满意是对一个服务对象一个具体服务接触的评价。比如，您到银行办业务，办完业务后他往往让您对这次服务接触给个评价，满意、一般、不满意，当把所有人的评价进行加总时，就是对服务质量的一种评价。

和有形产品质量相比，服务质量相对来说更难以评价。在服务业中，消费者对服务质量的认识取决于他们实际所感受和事先对该服务心理预期的对比，即感知的服务质量，消费者对服务质量的评价不仅要考虑服务的结果，而且涉及服务的过程。

二、服务质量决定因素

自20世纪80年代以来，著名服务质量管理研究专家派若索若曼(Parasuraman)、泽丝曼尔(Zeithamal)和拜瑞(Berry)就开始对服务质量决定因素进行研究。1985年，三位作者在《营销期刊》上发表《服务质量概念模型及它对未来研究的意义》一文，他们把服务质量的决定因素总结为下面10个方面。[1]

可靠性：可靠性涉及绩效和可信赖性的一惯性，可靠性意味着服务商第一次就把服务完成好，同时，还意味着服务商非常尊重它对顾客的承诺。具体包括准确结账、准确记录、在指定的时间内完成服务。

响应性：响应性涉及员工情愿与乐意提供服务以及服务及时性，具体包括即刻办理邮寄业务、快速回复顾客的电话、给予恰当服务(例如，快速预约)。

能力：能力意味着拥有完成服务所要求的知识和技能。具体包括服务人员接触的知识和技能、运营支持人员的知识和技能、组织的研究能力(例如，证券经纪公司)。

可接近性：可接近性是指易于到达和接触轻松。具体包括通个电话很容易联系到服务、服务等待的时间不长、营业时间便利，服务设备安置地点便利。

礼貌：礼貌是指接触人员的客气、尊重、周到和友善。具体包括考虑顾客特性(例如，地毯上不能有泥鞋印)、与顾客接触员工的外表干净整洁。

沟通：沟通意味着用顾客听得懂的语言表达和耐心倾听顾客陈述。具体包括介绍服务内容、介绍所提供服务的费用、介绍服务与费用的性价比、保证能解决顾客遇到的问题。

可信度：可信度意味着信任、可信和诚实，把顾客的最大利益放在心上。具体包括公司名称、公司声誉、与顾客接触的员工的个人特征、在与顾客互动中的销售困难度。

安全性：安全性是指没有危险、风险和疑虑。具体包括身体上的安全性、财务上的安全性、信任程度(例如，交易中的个人隐私)。

理解：理解就是尽力去理解顾客的需求。具体包括了解顾客的特殊需求、提供个性化的关心、认出老顾客。

有形性：有形性是指服务的实物证据。具体包括有形设施、员工形象、服务时使用的工具和设备、服务的实物象征、服务中的其他顾客。

1988年，上述三位作者在《零售期刊》上发表《服务质量：多条目测量顾客感知服务质量》一文，进一步把服务质量的决定要素归结为有形性、可靠性、安全性、移情性、响应性5个方面，在这5个方面中，又包含有22个小的指标。[2] 它们分别是：

(一) 有形性

有形性是指有形设施、设备、人员和沟通材料的外观。比如,一家医院的服务质量高低可能与其购买的一台先进的检测设备密切相关,一家五星级宾馆质量高低往往和其豪华的内外装饰有关。具体包括以下 4 个二级指标:

——现代化的设备
——富有视觉吸引力的设施
——整洁、职业化外观的员工
——有形设施的外观和服务提供的类型一致

(二) 可靠性

可靠性是指可靠地和准确地完成承诺服务的能力。比如,联邦快递承诺隔夜到达,第二天必须送到顾客手中;7-11 便利店,早 7 点开门营业晚 11 点关门,顾客只要在这个时间段来,必须正常营业。具体包括以下 5 个二级指标:

——按承诺时间段提供服务
——体谅和安慰遇到服务难题的顾客
——第一次就把服务做对
——在承诺的时间点完成服务
——保持零差错记录

(三) 响应性

响应性是指情愿帮助顾客和提供快速服务。比如,机场的绿色通道,医院的急诊都是一种快速响应的服务。具体包括以下 4 个二级指标:

——让顾客知道服务何时将完成
——向顾客提供及时性服务
——情愿帮助顾客
——对顾客要求做出迅速响应

(四) 安全性

安全性是指员工的知识与礼貌和他们的能力激发的信任和信心。比如,加油站中不能有人吸烟,不然顾客没有安全感;员工的态度要友好,蛮横的员工,顾客就没有安全感了。具体包括以下 4 个二级指标:

——使顾客有信心的员工
——在交易中使顾客感到安全
——一贯有礼貌的员工
——公司充分支持员工做好自身工作

(五) 移情性

移情性是指公司对顾客的关心和个人关注。比如,孩子上幼儿园,每当下午接孩子时,老师都和您交流一下孩子今天的表现,这样您就感觉到老师对您孩子的个人关注。您带着不到一岁的小孩到饭点吃饭,服务员很快给您搬来一个儿童座椅,关注到您个人的需要。具体包括以下 5 个二级指标:

——给顾客以个人关注

——以关心的方式和顾客开展业务的员工
——把顾客的最大利益放在心
——理解顾客需要的员工
——对顾客方便的营业时间

三、服务质量管理

关于如何进行服务质量的管理,美国营销学家派若索若曼(Parasuraman)、泽丝曼尔(Zeithamal)和拜瑞(Berry)提出了一个5GAP分析模型。该模型是专门用来分析服务质量问题产生的原因并帮助管理者了解应当如何改进服务质量,该模型如图3-1。

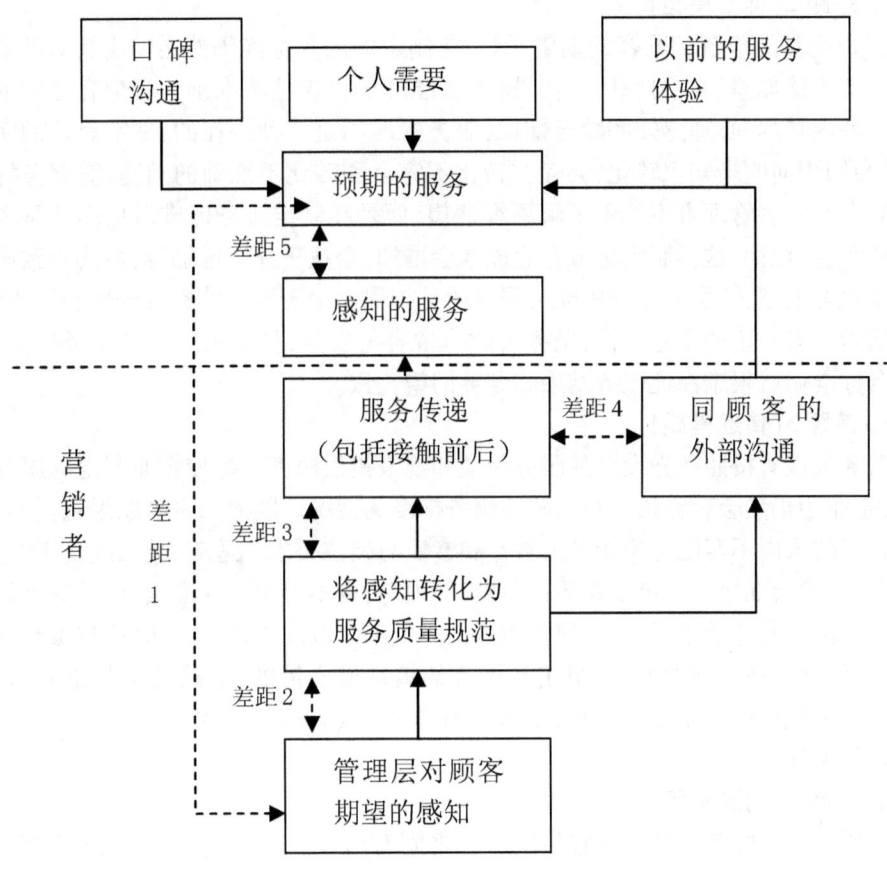

图 3-1 顾客感知服务质量 5GAP 分析模型

资料来源:PARASURAMAN, A., ZEITHAML, V.A. AND BERRY, L.L. (1988), "SERVQUAL: a multiple item scale for measuring consumer perception of service quality", Journal of Retailing, Vol. 64 No. 1, pp. 12-37.

顾客感知服务质量取决于预期的服务和感知的服务之间的差距,为了有效弥合这一差距,需要弥补以下四个方面差距。

(一) 差距1(认知差距)

公司对顾客期望的理解偏离了顾客的实际期望。产生该偏差的主要原因:①不充分的市场调研。不充分的市场调研表现在调研的样本数量不够,样本没有代表性等,这可能导致对顾客不了解;②缺乏向上沟通。在服务企业中,往往对顾客比较了解的是一线员工,如果没有顺畅的向上沟通渠道,这个信息就很难传递给上层管理者;③管理层级太多。管理层级越多,顾客信息逐层向上反映渠道就会加长,信息的过滤和信息的扭曲就会加大,管理层就很难真实了解顾客的真正期望;④不充分的市场细分。不同细分市场中的顾客期望是不同的,如果没有充分的市场细分,实际的顾客期望是没法表达出来的。比如,你们学生中有的要考研,期望课程教学多一些理论,有的要就业,期望课程教学多一些实践。

(二) 差距2(标准差距)

即使企业真的理解了顾客的期望,但企业制定的服务标准仍然会偏离其对顾客期望的理解。产生该偏差的主要原因有:①服务标准的语言表达不准确。管理者理解的顾客期望是一种内在的、心理感知的默会知识,服务标准则是一种外在的、文字表达的明晰知识,从默会知识向明晰知识转化,会存在转化不完全和转化不准确的问题;②服务标准缺乏顾客导向。一些管理者不是不了解顾客期望,而是在制定服务标准时更多的是考量企业自身的利益,比如,这样制定标准企业成本会增加,企业责任会增加等,最终导致服务标准偏离了顾客期望;③服务标准中缺乏服务质量担保。由于服务的不可分性和异质性,导致服务质量具有一定的不稳定性,服务失败非常容易发生,如果没有服务质量担保条款,按照服务标准做就很难保证服务结果和顾客期望一致。

(三) 差距3(传递差距)

即服务商没有按照事先设定的服务标准和规范提供服务。即使企业制定的服务标准再科学,企业中仍然会存在员工行为脱离服务标准的情况。脱离的主要原因有:①人岗不匹配。这里的人岗不匹配主要指员工数量和素质与岗位要求不适应,员工数量不够,人手太少,不可能按标准执行。员工素质达不到,能力差,也不可能按标准执行;②缺乏员工和顾客培训。由于服务的不可分性,服务质量的高低不仅取决于员工,同时还与顾客行为密切相关,为保证服务标准的实施,员工和顾客的培训是必需的;③缺乏服务监督和激励。如果员工是否执行标准缺乏监督和相应的激励制度,服务标准就会形成一纸空文,对服务质量无任何保证作用。

(四) 差距4(沟通差距)

企业所提供的服务与其对外宣传的服务之间有出入。产生这种出入的原因有:①在外部沟通中过度承诺。企业市场部和企业销售人员为了吸引顾客,往往不自觉地就会夸大企业的服务质量,这种夸大会无形抬高顾客的期望值,如果在实际服务传递中没能按承诺的做,顾客就会失望;②不充分的水平沟通。企业市场部和销售部之间缺乏有效的沟通,市场部是这样说的,可销售部的销售人员确实那样做的,市场部对外的说法和销售部对外的做法不一致,这就会导致顾客对服务质量质疑;③没能管理顾客期望。顾客也可能对企业的服务承诺有错误的理解,对服务质量有不切实际的期望,对企业服务有过高的期待,这需要和顾客进行及时沟通,管控好顾客的期望。

(五)差距5(感知服务质量差距)

公司所提供的服务和顾客所期望的服务之间的差距。正是由于上面的信息差距、标准差距、执行差距和沟通差距最终导致了顾客感知服务质量差距。顾客感知服务质量差距将会导致服务质量差评、负口碑、公司坏形象、顾客脱离等一系列不良后果。

服务质量差距模型指导服务提供商发现引发质量问题的根源,并寻找适当的消除差距的措施。差距分析是一种直接有效的工具,它可以发现服务提供商与顾客对服务观念存在的差异。明确这些差距是服务提供商制定战略、战术以及保证期望质量和现实质量一致的理论基础。这会使顾客给予质量积极评价,提高顾客满意程度。

第二节 服务定价

一、服务定价特性

基于服务的特点,服务和有形产品有着较大的差异性,服务定价比商品定价难得多。泽丝曼尔(Zeithamal)提出,服务价格在顾客选择服务时起到非常重要的作用,进行服务定价,必须理解顾客如何感受价格以及价格是如何变化的。[3]消费者对服务价格的感受,和有形产品定价评估之间有三点差异。

(一)顾客无法评估服务的定价

消费者在购买有形产品时,往往可以根据自己记忆中的商品参考价格进行价格评估。而对于服务产品,许多消费者感到自己记忆中的服务的参考价格不如对有形产品的参考价格来得准确。造成该差别的原因有五个方面。

1. 服务异质性约束服务价格评估

服务不是从企业或公司的组装线上生产出来的有形产品,是一种无形产品。服务产品在形态上具有很大灵活性,企业可以通过各种组合方式,提供不同类型的服务组合,能够产生非常复杂多变的定价机制。例如,在购买通讯套餐时,每种套餐都包含有不同的产品大类,比如通话时长、短信条数、流量大小,每个大类下又可以衍生不同的数字组合,最终呈现出眼花缭乱的套餐组合。

2. 服务商无法提前进行服务价格评估

有些服务在开始之前或者完成之前,服务提供商都无法进行价格评估。比如,大多数的医疗服务,在全部了解病人的情况之后,或者直到服务提供过程进行中,医疗方才知道究竟要提供哪些服务。如果提前给出价格评估,那么过程中的不确定性因素,又会对最终价格造成较大的影响。所以,服务提供商都无法提前评估价格,那么顾客就更不可能了解。

3. 消费者个体需求差异影响服务价格评估

不同的消费者,需求存在差异性,对价格评估也不同。比如,在理发店,消费者的性别不同、头发长度不同、发型需求不同,使用洗发产品要求不同,理发师等级不同,服务价格肯定不同。同样,同一个酒店,房型、面积、楼层、季节时间等都会影响客房的开房率,而开房率又会影响商品的价格,那么旅游旺季和旅游淡季,顾客对酒店的价格评估差异确实很大。

4.服务价格信息难以全面获得

对于大多数有形产品,零售店可以按照不同的类别进行陈列、展示,尽可能方便消费者比较不同品牌、不同包装及尺寸的产品的价格。而对于服务产品,基本无法通过该方式让消费者获得产品价格。由于服务的无形性,如果顾客希望比较价格,就要光顾每个独立店铺,收集价格信息,这绝对是一项艰巨的任务。更何况,当服务更加专业化,对它们的价格信息收集也变得也更加困难。比如企业咨询服务,不同的服务提供商,不同的教练讲师,不同的产品体系,如何衡量服务价格,等等,确实没有一个比价准确和合理的参考价格。

5.服务价格无法显性呈现

顾客参考价格存在的一个前提是价格可见,价格不能是隐藏的或含蓄的。在现实生活中,大多数顾客购买了服务,也得到了服务给自己带来的利益,却不知道自己支付的服务成本。[4]比如,金融服务产品,大多数顾客关注于自己能够得到的投资回报率,其实并不清楚自己支持的服务费用成本是多少。消费者购买的年金保险,即一次购买后,后续若干年需要持续缴费,消费者其实极少知道他们被收取的费用的价格是如何确定的。

基于上述原因,许多顾客是在接受某种服务之后,只知道自己要支付的价格,却无法评估价格,尤其是价格背后的成本。

(二)非货币成本影响服务定价

从经济学的角度看,顾客购买商品或服务时,付出的价格里包括两类成本,货币成本和非货币成本。货币成本就是支持的货币价格,非货币成本包括时间成本、搜寻成本和精神成本等。对于服务,非货币成本常常成为是否购买,或再次购买的影响因素,有时甚至会比货币价格更为重要,顾客会花钱支付这些成本。

1.时间成本

时间成本是指在大多数情况下,消费者接受服务时,尤其是要参与服务过程时,需要花费的一定的时间,包括参与服务过程时间和等候服务时间。比如,在实际生活中,消费者为购买餐馆、旅馆、银行等服务行业所提供的服务时,常常需要等候一段时间才能进入正式购买或消费阶段,特别是在营业高峰期更是如此。尤其去医院看病时,为了得到心仪的医生的服务,除了支付可能的昂贵价格,还可能意味着更长时间的排队等候。那么,时间花费就成为接受服务的代价。美国医疗协会称,内科的平均候诊时间为20.6分钟,家庭保健医生平均候诊时间为22分钟,而小儿科、整形外科和妇产科则为23分钟。[5]

2.搜寻成本

搜寻成本是指在寻找确定和选择服务上所花费的努力。一般来说,消费者在服务产品投入的搜寻成本要高于在有形产品。这是由两个原因导致的:首先,服务价格的隐藏或含蓄性会增加搜寻成本。由于在消费服务之后才知道自己要支付多少价格,消费者为了让自己的花费更合理,势必会增加自己所需服务的寻找成本。其次,服务场所一般只提供某项服务的一个"品牌"（保险或金融服务中介除外），因此，顾客会到几个不同的企业进行比较，以了解卖方的信息。现在随着互联网的发展，在线平台使信息搜索变得方便了一些，降低了搜寻费用。比如，在58同城平台上，可以同时看到不同的家政服务公司的服务价格，然而，家政公司的价格仅仅是单位价格标准，而该价格无法表现服务质量高低，所以依然无法降低消费者的搜寻成本。

3.便利成本

便利性是指衡量得到服务的容易程度和方便程度的质量特性。便利成本，是指服务如果不便利可能带来的成本增加。非便利的体验感知会增加顾客的成本，降低顾客对服务的满意度。不同的消费者会有不同的体验感知。比如，从获得服务容易程度上看，如果顾客为了获得某种服务，必须先经过一段不短时间的旅途，那么消费者的成本就会增加，如果旅途过程中再有不愉悦的话，会进一步增加消费者的成本，如果消费者再是老年人，他们的便利性成本就更高了。而最终对该服务的定价都会产生影响。从得到服务的方便程度上看，如果企业提供服务的时间无法按照消费者所需服务的时间进行调整，顾客只能调整自己的日程去适应企业的日程，势必会增加顾客的便利成本。银行的服务时间调整到早九晚五，中午不休息，就是降低了顾客的便利成本。

4.精神成本

精神成本是消费者在购买产品或服务时会消耗精神给消费者带来压力或痛苦的非货币性成本。一般而言，精神成本和不确定性有着紧密关系，消费者只要处在一个不确定的情况下，购买产品或者服务时，就会存在这种精神牺牲。比如，买保险时觉得自己弄不清楚保险条目的担心，在银行贷款时害怕自己被拒绝的紧张，在医疗治疗或手术时等待不确定结果的恐惧，等等。甚至自己熟悉的服务，如果发生了积极的改变，也可能会带来精神成本，比如，银行采用ATM机，最初目的是为了减少顾客等待服务时间，但对部分老年人来讲，这个高科技产品带来的更是一种紧张。

基于上述分析，非货币成本对服务定价有着极大的影响，企业也往往通过这些成本来源进行管理，带来引人注目的效益。比如，有些企业通过降低时间成本增加货币价格带来了可观的收益。上海迪士尼乐园，每一项游玩项目都有一个较高定价，该价格就是给消费者提供快速游玩通道，可以减少排队等待时间。再比如，美团外卖、UU跑腿的商业模式的成功，也都验证了顾客对非货币性成本中的便利成本和时间成本等的敏感。

(三)价格衡量服务质量

由于服务的异质性和无形性，服务价格就成为一个吸引人的因素，因为消费者会将服务价格作为衡量服务质量高低的标准，又作为衡量服务成本的指标。服务定价作为服务质量指标是由于以下两个因素。

1.消费者通过价格获得相关服务质量的信息

和质量相关的信息有商家信誉、品牌名称、广告水平等，有关服务质量的这些线索最容易获得，并且能够通过广告等高质量地获得，但顾客并不愿意用这些线索而更愿意使用价格，因为服务的异质性等使服务质量很难获得标准化结论，服务定价就成为服务质量判断的重要指标。比如，去理发店剪头发，不同级别的理发师定价不同，消费者更愿意想信高价格的师傅的手艺更好。

2.消费者更倾向于通过价格判断风险大小

对于包含信誉的风险较高的服务,消费者更容易把价格作为质量线索,所以更倾向于将价格作为质量的替代物。比如,医学治疗或管理咨询等服务,高价格能匹配高质量的预期。但是,企业在制定服务价格时,要格外小心,一方面要价格大于企业的支付成本,另一方面价格要有竞争力,同时还要传达适当的质量信号。如果定价过高,便成高预期,实际提供的服务无法达到消费者预期,消费者会失望,其实加大了消费者的风险感知;如果定价过低,会导致消费者无法形成较低的质量判断,影响对消费者的吸引力,又加大了企业的经营风险。

二、服务定价方法

服务定价的方法主要有三种:成本导向定价法、竞争导向定价法和需求导向定价法。如图 3-2 所示:

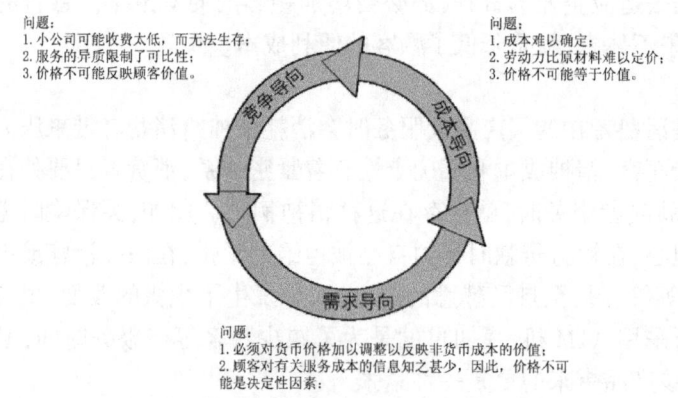

图 3-2 3 种基本营销定价理论及其用于服务时的困难

资料来源:泽丝曼尔,比特纳,格兰姆勒.服务营销[M].北京:机械工业出版社,2015:279.

(一) 成本导向定价法

成本导向定价法是企业根据直接成本,加上间接成本和边际利润确定价格。直接成本包含与服务有直接关系的材料和劳动力,间接成本包括固定成本等,边际利润是企业付出总成本想要获得的一定的收益百分比。成本定价法的基本公式是:

价格=直接成本+间接成本+边际利润

服务定价采用成本导向定价法存在两类特殊问题:

一是服务的成本很难确定或计算。比如,证券公司想要精确核算每位员工花费在开户、办理手续、分析资产账户市场等方面的具体时间,进而决定收取多少服务费,这是非常困难的。在有形产品的成本定价中,每个单位产品价格很好确定和计算。然而,在服务中,单位定价是一个模糊的概念,许多服务是以输入单位而不是以可计量的输出结果出售。大多数专业性服务,如咨询、技术、建筑、心理治疗以及辅导等都是以输入的小时计量出售的,且输入的成本,比如劳动力成本并没有清晰确定的计量标准。

二是服务的真实成本无法衡量提供服务的价值。服务业的成本主要来自于人员的时间成本,不是原材料成本,而专业人员的时间成本和非专业人员的时间成本体现的价值是难以计算或估计的。比如,裁缝修改裤子的拉链裁缝收取费用的标准是工作时间的长短,两条裤子可能收取一样的费用,但这两件裤子本身的价值可能相差极大,价格昂贵的裤子消费者其实可以接受更高的价格,基于成本制定的价格,就会丧失一部分可得的利润。

(二)竞争导向定价法

竞争导向定价法是将其他公司的价格作为本公司定价的依据,但并不一定与其他公司收取相同的费用,竞争导向定价法较多使用在两种场景下:产品标准化的行业和寡头垄断行业。服务的独特性限制了服务的可化性,时常使竞争导向定价法不像在有形产品行业中那样容易。

服务定价采用竞争导向定价法存在两类特殊问题:

一是不具备规模的小公司无法获得充足利润。依据服务采用竞争定价,小公司可能收取过少的费用,从而不能获得足够的利润,以致无法在行业中生存下去。比如,非连锁性的干洗店、小卖铺、保洁等服务提供者,无法像连锁店那样,以低廉的价格提供服务,如果依据竞争导向定价法,生存就变得异常艰难。

二是服务的异质性使竞争导向定价法变得更加复杂。不同服务提供者所提供的相同服务,及相同服务提供者提供异质性服务,都会削弱竞争导向定价法的竞争意义。比如,消费者在办理经常账户、汇票或兑换外币时,会发现各银行的价格很少相同,但各个银行都声明其收费是按能支付这些服务的成本来制定的。

(三)需求导向定价法

需求导向定价法是以顾客为服务的支付意愿为导向的定价方法,即服务定价要与顾客的价值感受相一致。成本导向定价法和竞争导向定价法都忽略了消费者的支付意愿这个因素。但在实际生活中,对于服务产品而言,消费者可能缺少参考价格,可能对非货币性成本比较敏感,而且可能以价格来判断质量,所以,应该在定价时考虑消费者这个因素。

服务定价采用需求导向定价法存在两类特殊问题:

一是如果在计算顾客的感受价值时难以测量服务的非货币成本和利益。顾客等待或接受服务时,如果需要承担时间成本、便性成本、精神成本或搜寻成本时,服务的价格就需要体现对这些成本的补偿。比如,海底捞在顾客等待时间,就提供了其他服务项目,女性顾客可以免费美甲等。反之,如果服务可以节省时间、提供方便、节省心理及搜寻成本时,顾客愿意支付较高的货币价格时,服务定价也应体现该价值。总之,采用需求导向定价法,关键是确定所涉及的每个非货币因素对顾客的价值。

二是消费者通常无法得到服务成本信息,也无法依据服务成本去预期自己可能获得的价值。消费者可能更可能依赖于自己所付出的成本,得到服务的难易程度,形成预期价格,还有可能依据对服务质量高低的预期形成价格预期。这种预期价格和顾客需求其实并非强相关关系。

三、顾客感知价值定价策略

从服务的特点来看,泽丝曼尔(Zeithaml)指出,企业给服务定价的最恰当方法之一是基于顾客对服务的感受价值来确定价格。

(一) 感知价值的四种含义

顾客感知价值,来自于经济学中有关效用的概念,感知价值是顾客基于其得到和付出的而对服务效用总体做出的评价。顾客的感知价值具有个体差异性,有的可能对数量敏感,有的对质量敏感,还有的对便利性敏感。对所付出的也是如此,一些顾客可能只关心所付出的金钱,另一些则关心所付出的时间和努力。泽丝曼尔(Zeithaml)研究中提出,不同的消费者理解的价值组成是不同的,即便在一个单一的服务类型中,也显现出高度的特质性。[6]顾客以四种方法定义价值,如图 3-3 所示:

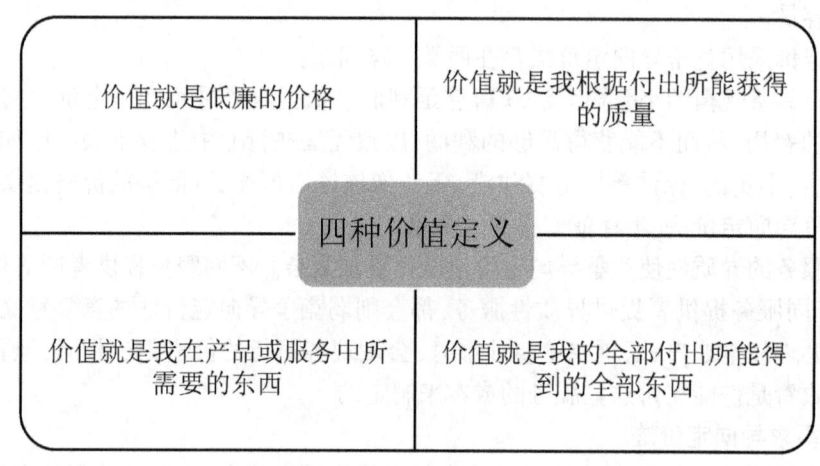

图 3-3 顾客的四种价值定义

资料来源:ZEITHAML V A. Consumer perceptions of price, quality, and value: a means-end model and synthesis of evidence[J]. Journal of Marketing, 1988, 52(3):2-22.

1. 价值就是低廉的价格

一些顾客认为,价值的大小取决于付出货币数量的多少,其价值感受中所要付出的货币是最重要的。比如,"价值就是最低的价格","价值就是那个促销价","我使用代金券时感到服务是种价值","价值就是打折的机票",等等。这么多样的评论都在显示低廉的价格意味着价值。

2. 价值就是我在产品或服务中所需要的东西

一些顾客认为,价值的大小来自于将从服务或产品中所得到的利益。在这个价值定义中,能满足顾客需要的质量或特色远远高于价格体现出的金钱的数量。例如,"价值就是我所能得到的最好的教育","价值就是高质量","价值就是能使我在朋友和家人面前看起来很棒","价值就是能看到最好的演出",等等。

3. 价值就是根据付出我所能获得的质量

一些顾客认为,价值的大小是付出的金钱和所获得的服务质量之间的对比。比如,"价值就是价格第一,质量第二","价值就是获得高品质品牌的最低价格","价值等同于质量",不,价值是付得起的质量",等等。

4. 价值就是我的全部付出所能得到的全部东西

一些顾客认为,价值的大小是所有付出的因素,比如金钱、时间和努力,与其得到的所有收益。比如,针对家政服务,"价值是我能以这一价格清理多少间房间";针对发型师,"价值是我为了得到的外表所付出的金钱成本及时间成本";针对培训教育,"价值就是在尽可能短的时间内获得良好的教育";等等。总之,顾客对付出的和获得的因人而异、对于获得的质量高低评价也因人而异,对付出的成本敏感性也不同,有的关注金钱,有的关注时间,有的关注精神价值代表得到的和付出的因素的交易,顾客会根据感受价值做出购买决定。

(二) 感知价值定价策略

1."价值就是低价格"的定价策略

当货币价格对顾客是最重要的价值决定因素时,企业应重点关注货币价格。需要注意,此时货币价格最重要,但并不意味着质量水平和本质特征不重要。该种定价策略一般有四种:

(1)折扣定价。折扣定价是服务商提供折扣价格与价格敏感的消费者进行沟通,通过打折的方式提醒顾客,正在给他们提供有价值的服务。打折现在已是常见的、普遍的服务促销手段之一。比如,阿里巴巴、京东等网络公司创造了"双十一"、"双十二"等购物节,对在购物节下单的客户提供最大当日折扣,现在的"双十一""双十二"已不仅仅是有形产品的折扣狂欢节,服务也在该节日进行打折销售。这些行为就是对价格敏感的顾客提升高价值的刺激,尤其是在一些教育机构,折扣定价已成为非常重要的营销手段。

(2)尾数定价。尾数定价是制定带有零头的价格。因为不是整数,往往会让消费者产生折扣和廉价感觉,所以会吸引那些认为价值就意味着低价格的顾客。例如,干洗店店将洗一件衬衣的价格定为18元而不是20元,健身俱乐部所定的每月费用为698元而不是700元,理发价格定在38元而不是40元。

(3)同步定价。同步定价是基于顾客对价格的敏感度,通过价格来管理顾客的服务需求,即通过定价以稳定需求或使需求和供给同步发展。有些服务,比如交通、酒店住宿及剧院等,因为时间、地点、数量及诱因差异等,会带来动态的需求,而酒店供给是稳定的,所以既有需求大于供给的时候,又有供给大于需求的时候,再比如,音乐会的前排,观看网球或篮球比赛时位于场馆中央的位置,旅游胜地的酒店里的海景房,这些都是利用地点差异实现需求定价管理。而周末时的酒店住房、淡季的健身温泉等,又是通过利用服务淡季的时间差异定价。其实批量购买给予的折扣和减价本质上就是利用数量差异带来的定价管理。

(4)渗透定价。渗透定价是指新的服务进入市场时,采用低价导入,以刺激消费者试用或广泛使用。采用此定价策略是因为,新产品进入市场时,价格下降能够带来销量大规模增加,原因是可以吸引大批对价格敏感的顾客,同时销量大规模增加又能实现规模化生产,从而降低单位成本,又能形成壁垒,防止强劲的潜在进入者。这种服务定价方式会在企业随后选择"正常"提高价格时导致问题的出现,企业要避免使服务渗透定价超出顾客的可接受价格范围。

2."价值就是我在产品或服务中所需要的东西"的定价策略

货币价格不再是主要的考虑因素,消费者对被提供的服务的"期望所得"是定价的基础,特定服务越能体现顾客理想的所得,顾客就认为该服务价值越高,服务定价也可以越高。该种定价策略包括声望定价和撇脂定价两种。

(1) 声望定价。声望定价是提供高质量或高档次服务的公司采用的定价策略,该策略体现消费者的一个观点,即高价代表着声望和高质量。实际上,高价产品或许确实能给消费者带来一些特殊的利益,比如地位、与众不同的感觉等。比如餐馆、健身俱乐部、航空公司,对经营中提供的奢华品索要高价,而消费者也确实认为昂贵的服务在表现质量和声望方面更具价值。在现实中,声望定价还会带来需求增长。

(2) 撇脂定价。撇脂定价是以高价和大量的促销投入推出新服务。该方法适用于当服务相对以往有很大改进时。这种情况下,许多顾客更关心的是获得服务而非服务的成本,服务提供商在制定价格时,可以依据消费者最愿意支付的最高价格来定价,从而得到更多利润。比如,当下的整形美容新技术或与抗衰老有关的服务,如肉毒杆菌注射和新型激光吸脂等,在刚引进时价格都很高,但依然吸引了一批又一批的消费者。究其原因,就是因为此类顾客此时价格敏感度非常低,都愿意为在短期获取这些服务而支付更多费用。

3. "价值就是我根据付出所能获得的质量"的定价策略

消费者首要考虑的是自己付出的货币价格和能得到什么质量的服务。营销人员的任务是解释质量对消费者的意义,要让质量水平和价格水平相匹配。该种定价策略包括超值定价和市场细分定价两种定价方法。

(1) 超值定价。超值定价就是"性价比最高",即少付出多获得。消费者更看重自己支付的货币成本,能够给自己带来价值的多寡,当价值高于付出的货币成本时,消费者就会认为是超值购买,反之,就会认为不值得购买。如何衡量价值与货币价格之间的关系,很多企业采用服务组合的方法,即将广受欢迎的几种服务组合在一起,而后使其定价低于分别购买每种服务的总价格。比如,通讯公司推出包含通话时长、短信数量、上网流量等产品项目组合的套餐,套餐的价格低于每项项目价格的总和。餐饮公司也是该方法的频繁使用者,麦当劳公司和汉堡王公司也采用产品组合超值定价的做法。

(2) 市场细分定价。市场细分定价是指依据顾客对服务质量水平的感受定价,不同的质量水平感知,收取不同的价格。这种定价是基于如下的假定,不同的细分市场有不同的需求价格弹性,并且对质量水平的要求也不同。在这里要注意,首先,同样的服务,不同顾客群体,所感受的服务质量可能是不同的;其次,对于不同顾客群体而言,并不是都希望以最低的价格取得基本的服务水准。在实践中,一些服务营销人员按顾客类别定价,比如健身俱乐部,同样的锻炼环境,对学生的收费、老人的收费和中年人的收费是不同的。当企业能够识别出特定顾客群所热衷的服务性能组合时,会对这一组合收取较高的价格。

4. "价值就是我的全部付出所能得到的全部东西"的定价策略

全部付出包括货币成本和非货币成本,如时间成本、精力成本、搜寻成本和精神成本,得到的全部东西就是消费者获得的全部利益。该定价策略包括四种定价方法。

(1) 价格结构。因为许多顾客自身不具有或不容易获得准确的服务参考价格,服务营销人员更可能为顾客呈现有关价格信息,以便于顾客查看、解读这些信息。顾客自然会依据价格基准和所熟悉的服务以判断眼前的服务。如果符合价格基准,他们就会接受价格和服务的组合。比如一些家庭服务,如水暖、排水沟清洗和压力冲洗等,通过提供客户熟悉的方式配置,然后报价,客户会认同符合习惯的服务组合很有价值。

(2)价格束。价格束是指一些服务在与其他服务结合在一起时会更有效地被购买;或服务与其支持的产品一起出售,比如延伸的服务保证、培训以及加急送货等。服务成组而非单独地进行定价和销售,它对顾客及服务公司双方均有好处,一方面价格束简化消费者购买和支付繁杂程度,使得顾客比其单独购买每项服务时较少付出,实现了较高的性价比,另一方面刺激了顾客对公司相关服务的需求。所以,当顾客可以发现一组相互关联的服务中的价值时,价格束是恰当的策略。价格束的有效性取决于三个方面,其一是服务公司对顾客或细分市场所感知的价值束的理解,其二是顾客对这些服务需求的互补性需求的大小,第三是从公司角度看对服务正确的选择。

(3)互补定价。互补定价是一种对高度相关联的多种服务进行平衡的定价策略。这种定价策略包括三种方法,俘获定价(Captive pricing)、双部定价(Two-part pricing)和为招揽顾客而削本出售(Loss leadership)。[7]俘获定价是指公司把产品拆分为两个部分,一个部分为基本服务或产品,另一个部分为继续使用该服务所需的供给或外围服务,公司可以将基本服务的一部分价格转移到外围服务中去。比如有线电视服务服务费分为初装服务和后续服务。初装服务收费定价很低,而后可以收取较高的外围服务费来弥补收入的损失。基本服务定价就是俘获定价。双部定价是指,把服务价格分为固定费用和可变费用,固定费用对每位消费者都是一样的,可变费用因顾客而异。比如健身俱乐部的费用分为会员和私教费,前者是固定统一的,后者是消费者自身选择的。削本出售是指为招揽顾客,公司将熟悉的服务以较大幅度的特价推出来吸引顾客光顾,然后再展示必须支付更高的价格才能享有的其他服务。比如,在节假日,服务商常常推出"跳楼价"的服务,仅仅是为了招揽顾客能驻足停留、咨询,提高其他服务的销售可能性。

(4)结果导向定价。服务业中,与价值最为相关的方面是服务的结果。比如,在个人伤害的法律诉讼中,客户最看重的是接受服务后最终的解决结果。在税务会计那里,客户看重的是节省成本的程度和数量。但是,服务业中的结果不确定性很高,而顾客又非常看重结果,所以,恰当的价值导向定价策略是结果导向定价。在实践中,很多企业也都是采用结果导向定价与消费者沟通。比如,在企业咨询服务业,咨询公司与顾客之间的协议通常都是依据收益增大程度收费,销售额增长10%,与销售额增长5%,收取咨询服务费的比率是不同的。

四、管理需求和能力

服务企业的服务能力是一般是比较稳定的,而需求呈现季节性的、周期性的变化。所以,服务企业常面临一个现状,服务需求超过服务供给,或服务供给大于服务需求。无论是服务的过度需求或需求不足,都将使服务提供者很难提供设计好的、确定的服务。当服务的需求超过最大生产能力时,服务质量将由于员工和设施的超负荷使用而降低,一些顾客可能没接受服务就离开了。在低需求的时候,企业考虑到经营成本,可能会降低价格或者砍掉一些服务项目,会面临无提供顾客所需要服务质量的风险。所有服务企业面临的一个共同挑战是,如何在能力受限制下调节供给与需求平衡。如果无法协调供给和需求的平衡,就会直接导致差距的出现。

(一)缺乏库存能力是基本问题

服务中供给与需求管理的基本问题是缺乏库存能力,服务企业不像制造企业,可以把产品储备起来应对需求的波动。缺乏库存能力归因于服务的易逝性以及生产与消费的同时性。比如,线下课堂今日教学不可能在第二天继续被感受,酒店的多余能力也不能从一个地方运输到另一个地方。缺乏库存能力与需求变动结合起来就导致了潜在结果的变化:

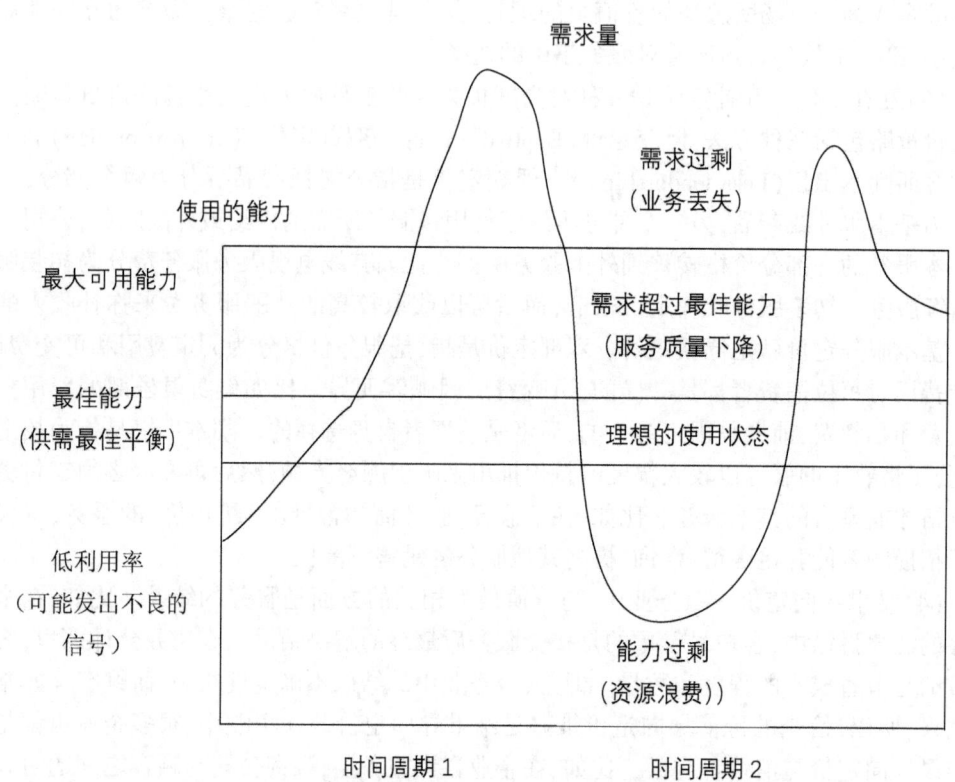

图3-4 需求相对于能力的变化

资料来源:克里斯托弗·洛夫洛克.服务营销(第六版)[M].北京:中国人民大学出版社,2011:241.

图中的水平线代表服务能力,曲线代表顾客对服务的需求。在许多服务行业中,能力是固定的,所以在一定时间里可以用水平线表示。然而服务的需求经常变化,如曲线所示。图中最高的水平线代表最大能力,比如,对于一家酒店而言,房间数量、床位数量满员的承载能力就是最大能力。第2条与第3条水平线之间的区域代表最佳能力——从顾客和企业角度来看都是最佳能力使用,注意最佳能力不等同于最大能力。能力与需求的不同组合有四种基本情形:

一是需求水平超过最大能力,即需求绝对过剩。在该情况下,一些顾客将离开,导致服务机会丢失。对于接受服务的顾客来说,由于顾客过多或员工和设施超负荷运行,质量可能无法达到承诺的水平。

二是需求超过最佳能力。对企业而言,可能没人会离开,但是由于过度使用、顾客太多或已经超出员工提供稳定质量的能力,服务质量依然会受到损害,对企业服务能力依然是挑战。

三是需求与供给在最佳能力上平衡。对服务企业而言,员工和设施都处于理想水平,即没人过度工作,又可以维护设备设备没有超负荷运行。对顾客而言,顾客可以获得高质量的服务,比如不会产生意料之外的等待成本。

四是需求低于最佳能力。对于企业而言,服务能力过剩,即劳动力、设备和设施等形式的生产资源未充分利用,生产力低下,利润不足。对顾客而言,有利有弊,有利的方面是顾客可以获得质量相当高的服务,因为他们可以充分利用设施,可以吸引员工的全部注意力。弊端在于,如果服务质量依赖于其他顾客的参与,顾客可能会失望,比如,顾客很少时,他们会担心是否选择了一个比较差的服务提供者。

为有效调节供给与需求波动管理,服务企业需要清楚地了解能力的约束条件和需求的基本规律。供给与需求管理的挑战的严重性取决于两个因素,需求随时间波动的程度大小和供给受约束的程度大小。[8]如表3-1所示:

表3-1 关于服务供应商的供给和需求

供给受约束的程度	需求在一段时间内波动的程度	
	大	小
通常不需太大的延迟就能满足需求高峰	1 电力 天然气 匪警和火警 网络服务	2 保险 法律服务 银行服务 洗衣和干洗
需求高峰通常超出能力	4 会计和税务准备 客运 旅店 饭店 医院急诊室	3 与2中的服务类似,但是不具备达到业务基本水平的充足能力

资料来源:CHRISTOPHER,H,LOVELOCK.Classifying services to gain strategic marketing insights[J].Journal of Marketing,1983,47(3):9-20.

表中列举的行业可用以阐明那些行业中的大多数企业最可能被归为哪一类。需求波动比较大的服务组织,如电信、医院、运输和餐厅等,需求波动小的服务组织,如保险、洗衣店及银行等。需求发生变化,需求高峰也可以得到满足的组织有供电、通讯等,而需求高峰可能会超出能力的组织有电影院、餐厅和饭店等。实际上,任何行业的单独一家企业都会发现,由于当时的环境不同,它可能属于任何一个单元。

(二)清晰能力限制

对许多服务企业来讲,服务能力是固定的,大小时间、劳动力、设备、设施或这些关键因素的组合,都决定了服务能力是有最大限度的。[9]需要注意,尽管有一些创造性的方法,可以在短期内扩展或收缩供给能力,但是在给定的时刻,服务能力是固定的。

1.时间、劳动力、设备和设施

(1)从服务提供者的角度看,时间是根本限制因素。例如律师、咨询师、理发师和心理咨询师等,他们出售的都是时间。服务时间总量是一定的,如果他们的时间不能有效利用,利润将减少。如果需求过剩,时间也不可能被创造出来满足需求。

(2)从公司的角度来看,劳动力是服务的根本限制因素。劳动力包括员工的数量和员工的能力水平。例如律师事务所、大学院系、咨询公司、税务会计师事务所和维修承包商等,他们的服务提供能力绝对受到劳动力的影响。如果某个时间段需求高涨,员工已经处于能力的高峰,也就不可能再通过提升劳动的能力来满足该高需求,除非雇佣新员工。

(3)从服务提供方的角度看,设备可能是又一关键的限制因素。比如,对于陆路或航空运输服务来讲,卡车或飞机等设备就是能力限制的决定因素。比如,在双十一等购物节期间,快递运输企业可能面临这一问题。对于健康俱乐部,每天的下午下班后到晚上十点之间,或一年当中的寒暑假期间,运动健身的设备都是企业供给能力的限制因素。

(4)设施也是许多企业面临的限制。比如,酒店的客房规模就是酒店供给能力的限制因素。对于航空企业而言,座位数量就是限制因素。对于教育机构来说,房间数量和教室中座位数量就是限制因素。对于餐厅来讲,餐桌和座位的数量就是其能力限制。

明确服务能力的限制因素,或这些限制因素组合,是企业处理供给与需求管理的第一步,如表3-2所示。

表3-2 能力的限制因素

限制因素	服务类型	限制因素	服务类型
时间	法律	设备	递送服务
	咨询		电话沟通
	会计		网络服务
	医疗		公共事业
劳动力	律师事务所	设施	健康俱乐部
	会计师事务所		饭店
	咨询公司		餐厅
	健康诊所		医院
			航空公司
			学校
			电影院
			教堂

资料来源:泽丝曼尔,比特纳,格兰姆勒.服务营销[M].北京:机械工业出版社,2006:282.

2.最大能力和最佳能力

(1)最大能力代表服务能力有效性的绝对限制。形成绝对限制有两种情况,第一,当限制因素是物质条件,即在设备或设施受限制的情况下,任何时刻的最大使用能力都很明显。比如运动设备对于健康俱乐部,座位数量对于飞机,存货空间对于物流交通都是最大能力的限制因素超过最大能力的影响是显而易见的。第二,当限制因素是人的时间或劳动力时,最大能力很难预测,因为人比设备和设施更灵活。尤其是当个人服务提供者的最大能力已经被超过,服务质量已降低,但这些结果可能无法立即被发现。

(2)最佳能力水平表示资源被有效使用,但没有被过度使用,顾客能及时获得高质量服务。对于企业来说,识别那些因为物质条件的限制,所产生的最大或最佳能力是相对简单的,但很难评价人的最佳能力是什么。这就导致企业可能暂时让员工超出他的最佳能力,比如,对医生来说,每天多出一些预约病人,超出医生的最佳服务能力,很容易带来医生的疲惫,但可能并未超出医生的最大能力,从而使医院考虑到质量降低、顾客和雇员的不满意导致的潜在成本。对企业来讲明确最佳和最大人力限制非常重要。

一般来讲,最佳能力小于最大能力。比如,学生并不期望大学教室的每一个座位都被占用。在受欢迎的餐厅里,最大使用能力可能导致过多的等待顾客。从顾客满意的角度出发,餐厅的最佳能力小于最大能力。当然最佳和最大能力也有相一致的时候,比如,在足球比赛里,比赛的全部价值是全部座位都销售给顾客,在这种情况下,足球队的利润是最大的。

(三)明确需求模式

在服务业中管理波动的需求,需要明确需求的模式、其变化的原因等。

1.描绘需求模式

组织需要描绘相关时间段的需求水平,如果组织拥有良好的计算机信息系统,那么可以精确地做好这项工作,否则可能只能模糊地描述需求的模式。这时间段可能是每天、每周、每月,如果存在季节性变化,那么需求水平描绘至少要用到过去一年的数据。比如,对于餐厅或健康中心,一天当中每小时的变化都可能是相关的。描绘出数据,就是为了能使需求模式明晰地显现出来,包括有规律的需求变化和没有规律的随机变化。

2.可预计的循环变化

观察需求水平的曲线是否存在可以预计的需求循环变化,包括日循环、周循环、月循环和年循环,日循环是指按小时发生变化,周循环是指按日发生变化,月循环是指按周或日发生变化,年循环是指按月或季度发生变化。比如,餐厅的需求是依据每日吃饭时间发生规律性变化,学校的教室使用需求是按照周循环发生规律性变化,旅游景区是按照年循环发生规律性变化。当然在一些情况下,可预计的规律可能在任何时刻都发生。

如果观察到可预计的循环变化,需要找出规律性的深层次原因。比如,餐厅的需求是按小时变化的,因为和大家就餐时间相关,所以午餐和一天结束的时段需求最大;教室的需求是按照学生一周的上课安排发生变化,周末教室需求量小,因为周末不上课;旅游景区的需求循环以季节性和工作节奏的变化为基础,每周的变化与工作日有关,周末大家放松去景区。当然,当可预计的需求模式存在时,一般并非一个原因,而是多个原因导致,但往往可以分析出主要原因。

3.随机的需求波动

有时,需求的变化是随机的,没有可预计的循环。即使在这样的情况下,依然可以找到变化的重要原因。例如,每天天气变化会对需求产生直接的影响,好天气通常会增加对娱乐公园服务的需求,但会降低对电影院的需求,因为天气好的时候人们不喜欢待在室内。

随机的需求还经常与健康相关的业务紧密联系,比如意外事故、心脏病以及生命的诞生都增加了对医院的需求,但是该需求水平一般不可提前确定。自然灾害,比如洪水、火灾、飓风会突然发生,增加对诸如保险、电信和健康等服务的需求。2008年的汶川大地震,立刻带来了不可能预测的社会需求,包括网络、电话、医疗、心理健康、基础建设等。

4.各细分市场的需求模式

当服务对象可以划分为不止一个细分市场时,如果组织有关于顾客交易的详细记录,就可以分辨出不同细分市场的需求,发现需求模式中的模式。经过分析或许会发现,一个细分市场的需求是可以预期的,而另一个细分市场的需求却是随机的。例如,对银行而言,企业账户的服务可以预测,而个人账户的服务却是随机的。健康诊所经常发现未预约患者或急诊病人愿意集中在星期一就诊,在其他工作日,很少有患者需要立即的诊断。许多汽车服务中心有类似的模式,比起一周里的其他日子,星期一早上往往有更多的未预约客户来进行汽车保养和维修。了解到这一模式的存在,一些诊所和汽车服务中心倾向于把预约安排在一周的其他几天(它们可以控制的几天),而把星期一的时间留给当日预约者和未预约者。

(四)平衡能力与需求的方案

当清楚地知道能力的限制因素和需求模式时,企业有可以很好地制定匹配能力与需求的方案。如表3-3所示。

表3-3 不同生产能力状况下需求管理方案

管理需求的方法	生产能力与需求相比较的状况		
	生产能力不足 (需求过剩)	足够的生产能力 (令人满意的需求)	生产能力剩余 (需求不足)
不采取任何行动	未经组织的排队效果(可能会使顾客烦躁,影响未来的使用)	生产能力得到了充分的利用(但是这是不是最有盈利能力的业务组合?)	生产能力被浪费了(顾客可能会有一次失望的服务经历,如剧院)
减少需求	更高的定价将增加利润。可以通过沟通鼓励顾客在其他时段使用服务(这种努力可以用于那些盈利能力较弱的、不太适宜的细分市场上吗?)	不采取任何行动(然而参见上述情况)	不采取任何行动(然而参见上述情况)

续表

管理需求的方法	生产能力与需求相比较的状况		
	生产能力不足（需求过剩）	足够的生产能力（令人满意的需求）	生产能力剩余（需求不足）
增加需求	不采取任何行动，除非存在刺激（和把优先权给予）盈利能力更强的细分市场的机会	不采取任何行动，除非存在刺激（和把优先权给予）盈利能力更强的细分市场的机会	选择性降价（努力避免损害现有的业务；确保能弥补所有有关的成本）。使用沟通和差异化的产品/分销策略（但是要认识是否产生额外的成本，如果有的话，还要保证在盈利能力和使用水平之间做出适当的权衡）
通过预订系统存储需求	考虑最为有利可图的细分市场建立优先预定系统。把其他顾客转移到(1)高峰期外的一个时段;(2)下一个高峰期	努力确保最有盈利能力的业务组合	清楚地表明有足够的空间和不需要任何预定
通过规范的排队系统存储需求	考虑最为有利可图的细分市场的优先地位。努力让等候的顾客有事可干并感到舒适。尽量精确地预测等待时间。	努力避免瓶颈造成的延误	不适用

备注："足够的生产能力"可以定义为现有的最大生产能力或最优生产能力，视具体情况而定。

资料来源：洛夫洛克.服务营销[M].北京：中国人民大学出版社，2001：209

第三节 服务传播

一、整合服务营销传播

（一）整合营销传播

整合营销传播（IMC）是指通过企业与消费者的沟通满足消费者需要的价值为取向，确立企业统一的促销策略，协调使用各种不同的传播手段，发挥不同传播工具的优势，从而使企业的促销宣传实现低成本策略化与高强冲击力的要求，形成促销高潮。整合营销传播意味着企业的全部信息、定位、形象以及识别标志在各种场合都保持一致，通过使企业形象和传播的信息保持一致,将会在市场中建立起强势的企业品牌认同。

(二)整合服务营销传播

精确的、一致的且恰当的企业传播(广告、个人销售、在线信息和其他非过度的承诺或表示)是使顾客感知高质量服务的关键。因为企业的服务传播承诺人们将做什么,但因为人们的行为不能像机器生产有形产品一样标准化,所以顾客期望与其对服务的感知之间不一致(差距4)的可能性就相当高。服务组织向顾客传递信息,不仅包括直接从企业传递的信息,还包括员工传递给顾客的私人信息(确保从不同来源的信息是一致的,是服务营销面临的主要挑战)。图3-5展示了服务营销三角形的扩充版本,即服务传播三角形,该模型包括外部营销传播、交互营销传播和内部营销传播。[10]

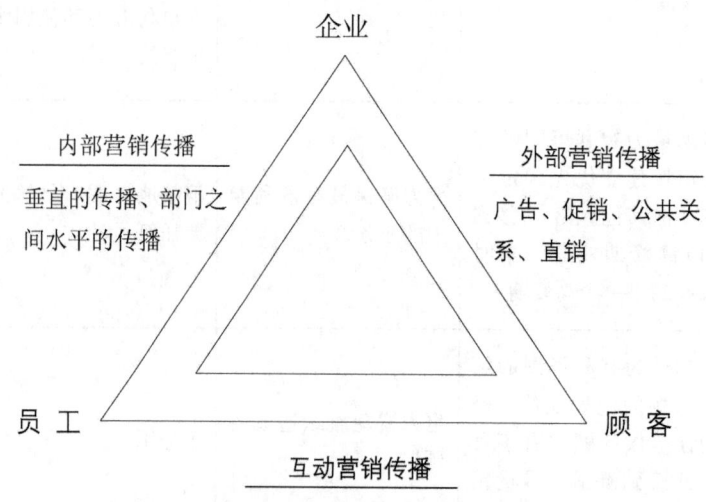

图3-5 营销传播与服务营销三角形

资料来源:BITNER M J. Building service relationships: it's all about promises[J]. Journal of the Academy of Marketing Science, 1995, 23(4):246-251.

外部营销传播是企业和顾客之间的互动,包括指传统的营销渠道,如广告、促销和公共关系;交互营销传播是企业员工和顾客之间的互动,是指员工通过人员推销、顾客服务交互活动、服务接触交互活动和服务场景来传递信息。内部营销传播是企业和员工之间的互动,包括垂直传播和水平传播,要使从企业到员工的信息是准确的、完整的,与顾客听到或看到的相一致。

服务相对于有形商品而言,需要一种更为复杂的整合营销传播。不仅要协调外部传播渠道,还必须协调外部传播渠道及交互传播渠道之间的一致性。要达到这个目的,就必须管理内部传播渠道,使员工和企业在向顾客传达信息方面保持一致。这种更为复杂的整合营销传播即为整合服务营销传播(ISMC)。整合服务营销传播要求与传播有关的两个人都清楚地理解企业的营销战略以及它对消费者的承诺。

二、服务营销传播的挑战

服务预期和服务感知之间的差异会极大地影响顾客对服务质量的评价。造成服务传播差异的因素包括五个方面。[11]

(一)服务无形性

由于服务是一种行为,而不是物体,它的本质和效益难以传达给客户,所以会造成顾客购买前和购买后的困扰。购买前,消费者很难理解他们将购买的是什么。在购买时,消费者经常不能清楚地看到服务之间的差异。购买后,消费者对服务体验的评价也存在困难。比如我们需要一份医疗服务,由于服务是一种性能,它往往无法预览或购买前预先检查,所以,我们做不到像直接在杂货店里货架上挑选那么容易,我们必须花费大量的努力,而且找到的不一定有帮助。无形的服务带来的不确定性成为服务传播的难点,研究表明,购买风险越大的服务,口碑对消费者来说是非常有说服力的服务信息来源,但它却不是供应商能够控制的。

(二)服务承诺不当

如果企业内部各组织对承诺缺少必要且准确的表述,销售人员的承诺、广告、个人服务就会大打折扣。比如,销售人员经常在新服务实际提供之前,就开始宣传服务,但是经常并没有确切的信息表明新服务何时可以面市,宣传带来的确定需求遇上不确定性的承诺,就会带来严肃的问题。需求和供给的变化也会对服务承诺的兑现产生影响,它们使服务提供在某些时候是可能的,而其他时候却不可能或很难预测。组织结构与人员是使承诺和传递变得困难的重要原因。

(三)顾客期望不当

在服务促销过程中,企业不能把服务期望提高到企业可以稳定提供的水平之上。如果广告、个人销售或任何形式的外部传播建立了不切实际的期望,实际接触就会使顾客失望。由于服务业竞争的强化,许多服务企业为了争取到新的业务,在销售、广告中,经常过度承诺。将顾客期望提高到不现实的水平,可能最初确实可以增加业务,但也往往孕育了顾客的失望。许多企业发现它们不得不主动将顾客先前的服务停止或只能以更高的价格提供。在这种情况下,或许管理顾客期望比其他任何事情都重要。

(四)顾客教育不当

很多时候,顾客不清楚服务企业如何提供服务,他们在服务传递中的角色是什么,以及如何评价他们以前从未接受过的服务。但当他们失望时,经常让服务企业承担责任,而不是他们自己承担责任(服务中的一些错误或问题,即使是由顾客造成的,仍旧会导致顾客不满。针对这一原因,企业必须承担教育顾客的责任)。比如对于高参与度的服务业,在长期的医学治疗中,顾客不可能理解和预期服务的过程。顾客不满意是因为他们既不理解过程也不认同从服务中得到的价值。企业必须教育它们的顾客,针对需求与供应不能同步的服务,如果顾客不知道需求的波谷和波峰,那就会出现服务过度和失败,或服务能力闲置。

(五)内部营销传播不一致

组织的多个职能部门联合起来提供目标服务,各部门或职能的协调或整合对提供高质量的服务是必需的,因此组织各职能部门间经常而有效的沟通至关重要。所有的服务组织都需要在销售力量和服务提供者之间进行内部沟通。比如,如果生产运营部门没有参与开发企业的广告和其他服务承诺,直接与顾客接触的员工就可能无法提供符合营销部门描绘的服务。如果了解顾客期望的人(营销和销售人员)不向接触人员传播这些信息,就会由于缺少信息而影响员工提供的服务质量。只有各部门和各分支机构在政策与程序上保持一致,才能提供优质服务。

三、服务营销传播策略

应对服务营销传播难点的原因,为了实现提供的服务要好于或等于承诺这个目标,三角关系的三方都要执行,弥补服务承诺和服务传递差距的五种策略。如图3-6所示。

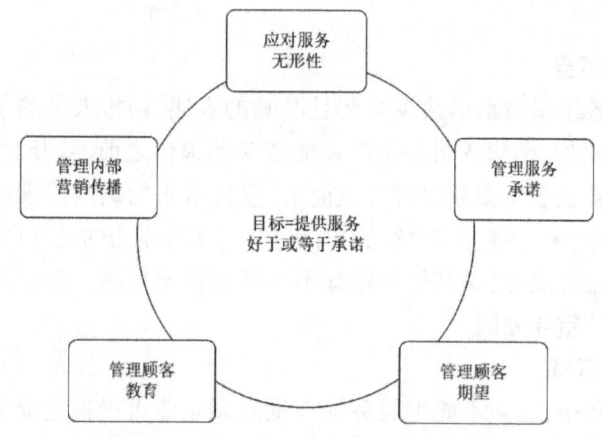

图3-6 应对服务营销传播挑战的途径

资料来源:泽丝曼尔,比特纳,格兰姆勒.服务营销[M].北京:机械工业出版社,2012:286.

(一)应对服务无形性策略

应对服务无形性的方法,核心内容是如何使消息戏剧性和令人难忘,即有益于消费者传播的策略,包括广告和口碑传播等。

1.使用叙述性的语言展示服务经历

有研究发现,对相当不熟悉的服务,消费者宁愿相信基于故事表现的广告诉求,而不愿相信罗列服务特征的广告诉求。许多服务是经验性的,以讲故事的形式可以显示消费者对服务具有现实和积极经验,通常比叙述服务的属性更有效。比如,保险公司往往就是通过讲故事的方式,引发了消费者的感同身受,产生对保险业务的需求。

2.生动的信息加工

服务越是无形且复杂,生动的信息提示就越有效。生动的信息,会使消费者产生强烈的感官刺激,形成清晰的印象,甚至描绘清晰的心理画面。生动的信息极容易唤起强烈的情感,如开心、恐惧等。禁烟的公共广告,常常通过肺部变化,生动地显示吸烟的危害性。

通过具体的语言和剧情也能够达到生动的目的。耐克的"Just do it!"这个广告简单而有力。

3.使用交互形象

形象是一种通过可视的概念或关系,强化对服务的名称或实际情况的记忆的心理活动。交互形象是指在互动中,整合两个或两个以上的形象,从而增强记忆。一些服务企业有效整合他们的标志或象征,说明它们是做什么的,比如,中国农业银行的行徽,图案为圆形,由中国古钱和麦穗构成,古钱示意货币、银行,麦穗示意农业、农村产业。

4.专注于有形资产

与服务有关的特征有形化,是另一种使广告发布者增加服务交流有效性的方式。[13] 有形资产的展示为服务的性质和质量提供了线索。依据商品理论,拥有物形象是个体特质的延伸。对企业而言,企业的有形展示就是和消费者沟通的有效方式,比如,银行的大理石柱子或黄金信用卡。

5.使用品牌图标使服务有形

一个可辨识的品牌图标,可以使服务企业在一个高度竞争的市场中获得竞争差异化和强烈的品牌认知。比如,麦当劳服务品牌的图标,一个红黄相间的小丑,它代表麦当劳及其孩子团体-罗纳德·麦当劳之家。在服务项目复杂和难以理解的行业中,品牌图标形成的心里意象加工的效应更为显著。

6.联想、实物展示、文档化和可视化

联想即把服务与某个有形的人、地方或物联系起来,在名胜古迹旅游景区常常采用该方法。实物展示即把展示直接或间接地作为服务一部分的有形物品,如雇员、建筑物或设备,在需要科学技术服务的企业常用该方法,可以增强服务的可信度。文档化意味着突出客观数据和事实资料,企业管理咨询培训企业通过展示服务企业的经营成果发展,证实自己的服务质量。可视化是服务利益或质量在脑海中形成的一幅生动画面,如表现人们在度假期间玩得很开心。

7.在传播中突出员工

与顾客直接打交道的员工是服务广告的最重要的第二受众。广告中突出正在工作或解释服务的员工,对于基本受众(顾客)和第二受众(员工)都是有效的。当那些表现好的员工出现在广告里时,他们就成为其他员工行动的标准和榜样。很多服务消费者在购买前的资料很少,这种广告可以使抽象变具体、一般变特殊、不可探寻变得清晰,通过员工可以产生口碑沟通,从而提高了信息的可信度。

8.使用口碑营销

口碑营销,也叫病毒营销,指通过客户宣传产品信息,甚至并不需要企业支付费用。相对于纯粹的广告、促销、公关、商家推荐、家装公司推荐等而言,口碑传播最重要的特征就是可信度高。在一般情况下,口碑传播都发生在朋友、亲戚、同事、同学等关系较为密切的群体之间,在口碑传播过程之前,他们之间已经建立了一种长期稳定的关系。很多服务企业都热衷于用口碑传播来培养客户。

9.充分利用社会性媒体

社会性媒体已经成为客户相互交流信息的途径,网络交互式沟通正影响到消费者购买行为的很多方面。研究发现,社会媒体正影响消费者的假期消费决定,90%的消费者相信其他消费者的推荐,相比之下,只有56%的消费者相信广告营销。

(二) 管理服务承诺

在服务中,销售和营销部门将承诺其他部门的员工能提供何种服务,所以需要更多的协调和承诺管理。

1.创建一个强劲的服务品牌

卓越的品牌可以使顾客更好地想象和理解触摸不到的产品,从而减轻购买过程中难以预估的财产、社交以及安全的风险。当企业不提供布料让你感触,不提供裤子让你试穿、不提供西瓜、苹果让你仔细检查,不提供摩托车让你试骑的时候,卓越的品牌就作为这样一个媒介,让顾客可以更好地想象和理解它们。

品牌创立的焦点在于知名度、意义以及企业的权益。企业的品牌资产由品牌意识和品牌意义构成,品牌意识受到企业品牌和外部品牌传播的影响,品牌意识能唤起客户的回忆和认可的品牌。品牌意义受到企业品牌、外部品牌传播和顾客体验的影响。企业品牌就是企业或产品本身。影响外部品牌传播和顾客体验的渠道多种多样,包括所有个人和非人格化的渠道,比如广告、品牌本身、网站、员工、设施和所有其他类型的信息,还包括企业不可控的口碑传播和宣传等。

2.协同外部传播

对任何服务企业而言,最重要而又颇具挑战性的品牌资产管理方法,是协调所有的为顾客提供信息的外部传播工具,包括整合传统外部传播工具和新兴外部传播工具。

传统外部传播工具包括广告、企业网站、促销、公共关系、直接营销和人员推销方式。广告是一种通过特定的赞助商,没有人员展示和推销企业的产品的付费形式。传统广告工具包括电视、广播、报纸、杂志、户外广告牌等。新媒体等互联网广告正在成为一种更重要的广告形式,应该和传统的广告工具进行整合。公共关系是指通过公众的注意、与新闻媒介的关系和社区关系等来塑造企业的良好公共形象。直接营销包括信件、电话、传真、电子邮件和其他用于与具体的顾客直接传播,得到直接回答的工具的使用。人员推销是一种面对面的表现形式,通过企业的销售代表制造销售额和构建与顾客的关系。

新的媒体方式有手机、数字标牌、博客、数码助理、网络广告,植入式广告等。广告噪音越来越大,向目标消费者传递过程越来越复杂。在服务中,与顾客相关的交互活动,顾客服务、服务接触和电信沟通等,都必须一致,保证不伤害品牌资产,就需要协同外部沟通,管理服务承诺。

(三) 管理顾客期望

管理顾客期望,即正确地承诺何时以及如何递送服务,是避免沟通差距的方法之一,是兑现现实的承诺。

1.可行的承诺

服务质量的传播,只有能精确地反映顾客在服务接触中的实际获得,才是有效和适当的。顾客对服务质量的评价受到顾客期望的影响,可行的承诺是塑造合理期望的保证。对营销和销售部门来讲,在对服务的可靠性做出承诺以前,要了解服务的实际水平。所有的沟通服务应该只保证什么是可能,而且不要试图让这些服务言过其实。很多企业创造知名度的方式,是通过在他们营销传播中声称他们有优质的服务,但当实际服务不能做到广告中所承诺的时,这种策略就可能适得其反。

2. 提供选择

为顾客提供选项,可以塑造预期,选项可以是包括对服务有意义的任何方面,如时间和成本。例如,心理治疗可以为顾客提供两种选择:一种是以小时为单位,制定单位价格;另一种是按次数计算,制定每次价格。在这种条件下,顾客可以选择对他们最有意义的选项,从而固定自己的预期。这一方法在两种结果属性不可兼得时最有效,比如,在 B2B 的业务中,当要求顾客企业在 3 天里提交两页的建议书,或在 1 周时间里提交 10 页建议书时,即速度与质量不可兼得时,对时间敏感的期望可以快速提交,对质量要求高的,接受 10 页的选项。提供选择项,自主选择,自我塑造了自己的预期。

3. 创造价值分级的服务产品

企业可以为不同价值感受的顾客,提供不同价格的产品。一方面,让顾客自己选择,使顾客保持特定的服务期望;另一方面,企业可以轻易地分辨出哪些顾客愿意为高水平服务支付高价格;第三,如果企业一旦提供超过合同规定的服务水平,还能实现顾客高满意。比如,构造不同的汽车,价格标签与其成本可能不相符合,但与顾客对他们的感觉价值相吻合。这一点,即价格与成本关联性不强,对于服务中定价也同样适用,并能为管理期望带来额外利益。婚纱摄影公司就提供类似的价值分级服务,定制婚纱等级不同,价格不等,服务内容就有差异。

4. 传播有效服务的标准和水平

企业建立服务标准,以便顾客评估服务。那么,接受这些标准的顾客,就会使用这些标准,去衡量提供相似业务的其他企业。举个例子,提供市场调研服务的公司,如果向消费者传递衡量服务质量的标准是:①低价格代表低质量,②企业的声誉很重要,③面对面的访谈是顾客反馈的最有效方式。接受了这个标准的消费者,就会使用该标准评价市场中其他市场调研服务公司。建立标准的企业会在消费者的评估中占据优势。

(四) 管理顾客教育

在许多有效的服务中顾客在服务中必须恰当扮演他们的角色,如果顾客忘记扮演角色或者扮演的不恰当,就会导致失望。对此,向顾客传播可以采取顾客教育的形式。

1. 让顾客为服务过程做好准备

服务结果是否满意,很大程度上取决于服务过程的质量。在现实生活中,会出现服务提供方好像没有错,消费者好像也没有错,但是结果确实是错的,这种情况可能归因于消费者没有为过程做好准备。

在购买服务时,顾客只知道自己获得的是无形的利益,但顾客可能并不知道在实现目标的过程中自己应该做哪些事情,一直不知道如何判断服务过程。那么,有效的服务提供者应该使顾客对服务过程有准备,甚至服务提供者需要为顾客创造或准备服务过程结构。比如,管理咨询服务公司在咨询之初,就要预先设立目标或标准,建立贯穿全过程的"检查点",用以引导顾客扮演过程角色,为项目的完成建立目标。

2. 使绩效符合标准和期望

当顾客不知道如何评价服务,或服务购买的决策人和使用人不同,有时即使服务商提供的服务是要求清晰明确的,但也会因为没有进行恰当的沟通,难以获得好评。

顾客不能评价服务的有效性时,通常是因为他没有经验或服务的技术性太强,服务商必须以顾客明白的语言告诉顾客,提供商采取了哪些行动。当服务购买的决策者与使用者不同时,服务提供商要明晰地告诉使用者服务购买时的承诺,让使用者有一个合理的预期。[12]多数服务有无形的支持过程,顾客常常不能了解服务场景背后为提供优质服务所做的所有事情。企业可以使顾客了解服务标准,或为改进服务所做的努力,尽可能让顾客知道企业为服务保证做的工作。

(五) 管理内部营销传播

企业内部营销传播,企业内部传播方式包括垂直传播、水平传播和创建夸职能团队。

1.创造有效的垂直传播

垂直传播包括从管理层到员工的向下传播和从员工到管理层的向上传播。传播的目的是保证员工了解将要通过外部营销传递给顾客的每件事。垂直传播做不好,顾客和员工都要受到伤害,顾客不能从员工处得到外部营销传播所领会的信息,员工则会不知情,或是不知道企业要做的事。比如,顾客向他们询问已经在外部传播,但是还没有在内部传播的服务,使员工感觉不知情、被遗忘和无助。

企业必须向接触顾客的员工提供充足的信息、工具和技能,有些技能是通过培训和其他人力资源活动提供的,有些技能是向下传播提供的。最重要的向下传播形式有企业的宣传册和杂志、企业有线电视网络、E-mail、简报、录影带和内部推广活动以及表彰活动等。向上传播也是必要的,员工在服务第一线,他们比组织中的其他人更知道传播什么是重要的,传播中存在什么问题,什么可以传播,什么不应该传播。员工与管理层之间拥有公开的传播渠道,可以在服务问题发生之前防止其发生,而当问题发生时,可以减小影响。

2.创造有效的水平沟通

水平沟通是组织中跨职能边界的沟通,目的是为了促进协调以实现服务交付。尽管这个任务困难,因为各个职能部门的功能通常在目标、观点、外表和视觉上有所不同,但是回报却不错。比如市场和运营的协调能使沟通准确地反映服务交付,从而缩小客户期望和实际服务交付之间的差距。市场与人力资源的整合可以提高每一位员工的能力,使其成为更优秀的市场营销人员。财务与市场的协调能够产生精确反映顾客对服务评估的价格。

在服务行业的公司,所有这些职能部门都需要整合到一起,以产生一致的信息并缩小服务的差距。实现目标的机制可以是正式或非正式的,可以包括年度会议策划、招聘、团队会议或者各部门澄清服务问题的专题讨论会。在这些活动中,各部门能相互配合以了解目标、能力和其他约束。让运营员工与外部客户面对面地交流,也是一种战略,它可以使操作者更容易从营销的角度理解客户需求和期望。

3.创建跨职能团队

另一种提高内部营销传播水平的手段是让跨职能团队员工的工作与顾客的需求相一致。团队成立的目的就是了解消费者需求,团队成立的目标是为了满足需求,所以成立跨职能团队也有助于提高内部营销传播水平。创建跨职能团队即由各领域的代表与客户经理汇聚一起,甚至包括顾客,共同讨论广告项目和方法以满足客户需要。每个小组成员带来各自部门的观点,公开交流。进而,所有的成员可以明确其他小组的限制和进度。比如,通信公司服务团队的营业代表正在改进与顾客的互动,后台人员(如计算机技师或培训主管)可能就是团队的一部分。

第四节 服务分销

一、服务中间商

和产品分销渠道相比,服务分销渠道几乎总是直接的,如果不是直接面对顾客,就是直接提供给向顾客出售服务的中间商。因为服务不能被拥有,不能像商品那样生产、仓储和零售,所以大多数服务的归属权利无法在分销渠道之间转移。有形产品渠道提供的许多功能,比如库存、保管和取得商品所有权,都因为服务的无形性而在服务分销中没有意义。

通过中间商提供服务的主体有两类:服务主供商和服务传递商。服务主供商,又称服务创始者,是产生服务概念的载体,类似于有形产品的生产商。服务传递者,一般就是通常说的服务中间商,在服务传递过程中和顾客相互作用。

(一)服务中间商的功能

服务中间商为服务主供商完成了许多功能。:第一,他们合作生产服务,实现服务主供商对顾客的承诺。诸如理发、配钥匙和干洗这样的特许服务,是由中间商(被特许人)利用服务主供商所开发的流程完成(由此称为"合作生产者")。第二,服务中间商使服务地方化,为顾客提供时间和地点的便利。服务中间商是服务从主供商到目标顾客的渠道商,发挥承接作用。比如,像旅行和保险这样的中间商代表多个委托人,它们把各种选择集中于一个地点,为顾客提供零售的功能。三是服务中间商在服务提供商和目标顾客之间建立信任关系。中间商在服务提供商和目标顾客之间起到桥梁作用,通过建立一种在这些复杂而且专业化的销售关系中所需要的平台,起到顾客与公司品牌或公司名称之间黏合剂作用。

(二)服务分销中可能存在的问题

1.服务质量难以控制

当多家商店共同提供服务时,委托人和中间商之间的最大问题之一就是不一致性和缺乏统一的质量。服务主供商依靠中间商把服务转移到他们的新加工产品,除非供应商能够保证中间商的目标、激励、动机和自己一致,否则会失去对顾客和服务中间商接触的控制。高度专业化的服务,诸如管理咨询或者建筑业中,这个问题尤其尖锐。在这些服务行业中,依据委托人的标准提供产品和服务或许很困难。

2.授权和控制难以平衡

授权和控制本身就是一对矛盾体。从委托人的观点来看,控制有助于建立一致性管理原则,中间商只能采用和供应商公司提供给它的完全相同的方法传递服务,这对于服务质量在传递过程中不受损是个有力的保障。但是,从中间商的角度看,他们独立的观点就必须服从服务主供商的惯例和政策。在这些情况下,他们常常感觉自己像只有很少自由的机械人,而不是在从事共同的工作。

二、服务中间商类型

传递服务的中间商主要包括两类:一类是服务提供商自有渠道,另一类是服务提供商合作的分销渠道,包括被特许人、经纪人、代理人和电子渠道。

(一) 自有渠道

许多服务仍是由供应商直接分销给顾客的。通过自有渠道分销公司能够完全把控,实现服务供给中的一致性。首先,公司可以建立标准,可以根据计划实施标准。比如,星巴克成功的主要原因之一是雇用了合适的 Barista 或者咖啡制作者。其次,使用自有渠道公司拥有自己的顾客关系。在服务行业,顾客的忠诚度非常难以确定是针对公司还是针对服务员工个人,利用公司自有渠道,公司就拥有了"中间商"和"员工",因而就完全控制了顾客关系。

然而,公司自有渠道也存在几个方面的不利因素:第一,对于大多数服务企业来说,公司必须承担全部财务风险,这可能也是最大的负担。第二,公司很少是当地市场的专家,它们知道其业务,但是不知道其全部顾客市场。当公司扩张进入另一种文化或另一个国家时,尤其如此。在这些条件下,自有渠道公司几乎总是更愿意合伙或承担风险。

(二) 特许经营

特许经营是一种最普遍的服务分销方式。特许经营涉及一种关系或合伙经营,在这种关系里,服务供应商(特许人)完成了一项服务设计,并使它尽可能完善,允许其他人(被特许人)使用其品牌名称、业务过程或模式、独特的产品、服务或商誉,收取特许使用费。在这一关系中,对于特许人和被特许人都有得有失。

通过特许经营,特许人首先可以获得更大规模的扩展,获得更大的市场份额、获取更高的品牌认知度或者得到附加的规模经济。其次,可以保持商店的一致性,特许人可以通过强有力的合同和独特的经营方式,要求中间商按照其规定提供服务。再次,可以获得当地市场知识,服务主供商尤其是全国性的连锁企业,可以和当地市场联系起来,了解当地市场及生活在该市场中的顾客。最后,中间商可以分担财务风险,免除资金负担,特许经营中的被特许人要用其自己的资金购买设备、雇佣员工,因此可以降低特许人的部分风险。

对于被特许人而言,首先,能获得作为经营基础的成熟业务模式。一位专家曾说:"服务主供方是一个事先包装好箱子里的企业家,被特许人是一位可以利用分散网络力量实现高效率的产品和服务的分销者。"[13]其次,被特许人可得到全国或地区性的品牌营销。被特许人能获得已有的广告效用和比较成熟的技能,已经建立的声誉,从而使创业风险最小化。数据表明,新企业在 6 年内失败的比例是特许经营企业的失败率的 12 倍。

(三)代理人和经纪人

一般而言,代理人是代表服务主供商的利益,有权签订顾客和委托人之间协议的中间商。经纪人是把买卖双方带到一起,并帮助谈判。代理人和经纪人都不取得服务的所有权,他们都有合法的权利代表生产者出售服务,完成一些营销功能。代理人通常为委托人连续工作,而不只是完成一次交易。经纪人向雇佣其的一方收取佣金,很少卷入财务和担保风险,不作为买方或卖方的长期代表。

通过代理人和经纪人,服务主供商可获得如下利益:首先,可以降低销售和分销成本。比如,对于旅游航空公司,相对于自己去找客户签合同,通过旅行代理人和经纪人,就可以低成本,有针对性地寻找到客户。其次,提供一揽子服务的代理人,由于他们对行业非常熟悉,拥有一些特殊技能和知识,比如知道如何获得其不具备的信息,相当于服务主供商的耳朵和眼睛。最后,可以降低财务压力。因为公司向代理人和经纪人支付佣金,而不是工资,几乎没有风险或损失,所以,通过代理人和经纪人向一个更广泛的地理范围扩展服务供给。

当然,依赖代理人和经纪人,也会面临一定的风险。首先,会失去对价格和其他市场营销方面的控制。代理人和经纪人常常被授权谈判价格、确定服务形式、改变服务主供商的市场营销活动等,如果代理人对不同的顾客给予不同的价格,而价格又是衡量质量的依据,风险不言而喻。其次,由于代理人和经纪人代理各个供应商时就经常用竞争对手的产品与服务主供商谈判。即独立的代理人代表多个供应商时,它们一方面向顾客提供了选择余地,也意味着给服务主供商带来竞争对手。

(四)电子渠道

电子渠道是唯一的不需要直接人际互动的服务分销渠道,其功能对象是那些事先设计的服务,比如信息、教育或娱乐,通过电子媒介传递这类服务。这类服务不再依赖和服务供应商面对面的接触,不可分割性和非标准化的特征越来越明显。

电子渠道分销服务可以带来如下利益:

第一,电子渠道不像有人员交互的渠道那样改变服务,如电视、电信等,它提供的服务绝对标准统一。和从一位个人供给者那里得到服务不一样,电子供给不能对服务进行解释然后依据解释执行服务,它的供给在所有传递中可能都是一样的。银行及企业的非人工咨询电话就是如此。第二,电子渠道提供了比人员分销更有效的传递方法,实现低成本运营。对比人员接触一对一服务,电子渠道可以实现一对多的服务,比如医院的挂号服务,采用电子挂号的效率要远远高于传统的人工挂号。第三,利用电子渠道,可以提高服务的便利性,顾客能够在其需要的时间和地点享受服务。比如,银行的 ATM 机。第四,通过电子渠道,因为用于信息搜集、挑选和激励的费用电子渠道要远低于非电子渠道,服务供应商能够与大量的最终用户进行交互。

电子渠道分销服务也会带来风险:

首先,顾客自己会主动搜集信息,而不是传统被动接受信息,这对于服务主供商来讲,如何精准投放信息,绝对是个挑战。其次,产品和服务之间传统的差异之一就是很难直接比较服务的价格和特征,互联网之下,服务标准化,价格差别也清晰化。这就使顾客对范围广泛的各种服务的价格比较变得简单。同时,高度标准化的电子服务没有实施顾客定制化的能力,比如,线上视频课程学习,在大多数情况下,无法和教授直接互动、提问、阐明观点和体验辩论的过程。

三、服务分销策略

服务主供商希望管理其服务中间商,提高服务绩效,巩固其品牌,提高利润和业务收入。服务主供商有各种选择,从严格的合同和指标控制到与中间商合伙,共同努力改进顾客服务,服务主供商一般会把中间商看成公司的延伸、顾客和合伙人。服务主供商一般采用三类中间商策略。

(一)控制策略

服务主供商认为,当其为中间商建立了收入和服务绩效标准、度量结果并以绩效水平为基础给予报酬和奖励时,中间商会做得最好。使用该策略,服务主供商必须是非常有影响力的渠道一方,拥有顾客急需或忠诚的独特服务,或其他形式的经济权利。比如,所有汽车交易商的销售额和服务绩效都受到制造商的定期监督,制造商制定评估计划、执行计划,并且保持对信息的控制。在这些信息的基础上,制造商对做得好的交易商及其联合网络进行奖励和认可,那些完成不好的可能受到潜在惩罚。

(二)授权策略

服务主供商相信中间商的才能发挥的条件是参与运营,而不是服从条件,从而允许中间商有更大的灵活性。服务主供商会给予中间商一系列的帮助,比如帮助搭建顾客导向的服务流程、提供需要的支持系统、培训开发中间商提升传递质量和合作管理。在服务主供商是新手或缺乏足够力量使用控制策略来控制渠道时,该策略非常有用。

(三)合伙策略

该策略是具有最高效率和潜力的策略,服务主供商与中间商利用各自的技能和优势,产生一种改善双方关系的信任。服务主供商和中间商合伙一起建立标准、改善供给以及诚实地沟通,该策略成功的前提是信任。具体方式包括目标结盟、磋商与合作。目标结盟是指在合伙一开始的时候,供应商目标和中间商目标结合,双方都有自己要达到的目标且所有成员都能够认识到它们将从最终顾客服务中受益,并在这一过程中使其各自的营业利益和利润最佳。磋商和合作不像建立目标联盟那样明显,但它在决定制定的过程中,有中间商的参与。该策略实际上能够包括任何问题,从服务质量的报酬到服务环境,供商特别重视与中间商的协商,在制定政策之前会征求其意见和看法。

关键概念:

服务质量　价值感知　定价　服务分销　整合服务营销传播

思考题:

1.服务分销与商品分销的区别是什么?
2.代理人与经纪人的区别是什么?
3.服务定价与商品定价的区别是什么?

4. 影响服务质量的因素有哪些?
5. 以你自身体验,在生活中如何体现服务质量差距模型?
6. 选择你熟悉的服务行业,了解服务的主供商如何选择分销自己的服务?
7. 最佳使用能力与最大使用能力有何区别? 举例说明。
8. 需求与供给匹配的战略有几种? 每种的具体方法有哪些?
9. 为什么内部营销沟通在服务企业中如此重要?

参考文献:

[1] PARASURAMAN, A., ZEITHAML, V.A. AND BERRY, L.L. (1985), "A conceptual model of service qualityand its implications for future research", Journal of Marketing, Vol. 49 No. 3, pp. 41-50.

[2] PARASURAMAN, A., ZEITHAML, V. A. AND BERRY, L. L. (1988), "SERVQUAL: a multiple item scale for measuring consumer perception of service quality", Journal of Retailing, Vol. 64 No. 1, pp. 12-37.

[3] 泽丝曼尔,比特纳,格兰姆.服务营销[M].北京:机械工业出版社,2012.

[4] ROY R, RABBANEE F K, SHARMA P. Exploring the interactions among external reference price, social visibility and purchase motivation in pay-what-you-want pricing [J]. European Journal of Marketing, 2015, 50(5/6):816-837.

[5] M.CHASE. Whose time is worth more:yours or the doctor's[J].The Wall Stree Journal, October 24, 1994, p. B1.

[6] ZEITHAML V A. Consumer perceptions of price, quality, and value: a means-end model and synthesis of evidence[J].Journal of Marketing, 1988, 52(3):2-22.

[7] GROTH, JOHN C. Exclusive value and the pricing of services[J]. Management Decision, 1995, 33(8):22-29.

[8] CHRISTOPHER, H, LOVELOCK.Classifying services to gain strategic marketing insights[J]. Journal of Marketing, 1983, 47(3):9-20.

[9] KIMES S E. Yield management: A tool for capacity-considered service firms [J]. Journal of Operations Management, 1989, 8(4).348-359.

[10] BITNER M J. Building service relationships: It's all about promises[J].Journal of the Academy of Marketing Science, 1995, 23(4):246-251.

[11] ZEITHAML V A. Service quality, profitability, and the economic worth of customers: What we know and what we need to learn[J]. Journal of the Academy of Marketing Science, 2000, 28(1):67.

[12] ZAIRI, MOHAMED. Managing customer dissatisfaction through effective complaints managementsystems[J]. TQM Magazine, 2000, 12(5):331-337.

[13] ABDULLAH F, ALWI M R, LEE N, et al. Measuring and managing franchisee satisfaction: a study of academic franchising[J]. Journal of Modelling in Management, 2008. Vol. 3 No. 2, pp. 182-199.

案例分析：亚马逊营销策略

杰夫·贝佐斯（Jeff Bezos）于1995年创立了"全世界最大的书店——亚马逊（Amazon.com）"，贝索斯承诺要革新零售业，数年之后，他开辟了电子商务创新的新路，引来众多高管学习研究，无数公司纷纷效仿。

（一）产品

亚马逊最初通过提供比传统书店更多的有用信息及更多的选择，为每位消费者创造个性化的书店界面。读者可以对图书发表评论，并通过一个1—5颗星的系统进行打分，而浏览者可以依据有用程度对读者的评论打分。亚马逊个人推荐服务汇总了购买习惯数据，并据此推测某位顾客可能会喜欢哪本书。亚马逊也引入了具有变革意义的一键式购物，即让顾客只需点击一次就可轻松完成购买。

亚马逊在20世纪90年代末开始对自己的产品线进行多样化扩充，首先加入了DVD和录像带，然后开始销售消费性电子产品、游戏、玩具、软件、电子游戏和礼物。公司一直在扩大自己的产品种类，在2007年推出了"亚马逊视频点播"（Amazon Video On Demand）服务，消费者可以租赁或购买电影电视节目，然后在自己的电脑或电视上观看。2007年末，亚马逊推出了Amazon MP3，直接与苹果的iTunes竞争，而且争取到了所有主要主流唱片公司的参与。

亚马逊推出的最成功产品是著名的电子阅读器Kindle，它可以在数秒内获取成百上千的图书、杂志、微博和报纸。阅读器轻薄得如同一本杂志或平装书，从2009年起就一直是亚马逊最畅销的产品。如今，亚马逊网站上的产品几乎应有尽有。所有类型商品的卖家都可以在网站上销售，因此亚马逊成功成为全球最大的网上零售商。

（二）合伙

除了核心业务，亚马逊还运行"联盟"（Associates）计划，该计划允许独立卖家和商家以不同方式向顾客推荐亚马逊产品，包括直接加链接、横幅广告，还有利用可以展示亚马逊产品多样性的小型应用Amazon Widget，并且顾客完成最终购买后，它们都可以收取佣金。联盟会员只需承担低风险，并不要任何其他成本或编程知识，就可以轻松开设由亚马逊负责运营的网店。一个名为"亚马逊物流"（Fulfilment by Amazon，FBA）的服务负责为顾客分拣、包装和运送商品。

（三）体验

亚马逊一直可以取得成功的关键在于愿意投资最新技术，使购物对顾客和第三方商家来说更快，更容易，也更个性化。在2012年旺季，亚马逊每秒卖出大约306件商品，也就是每天2600万件。有这么多的货物要运送，亚马进一直寻找提高运货效率的方法也就不足为奇了。缴纳99美元年费成为亚马逊高级服务Amazon Prime的高级会员后，就可以享受亚马逊为百万件商品担供的无限次免费快递。虽然免费快递和价格折扣有时不受投资者欢迎，但贝佐斯相信这么做能提高顾客满意度和忠诚度，并且增加他们的购物频率。

亚马逊在扩充商品线的过程中自始至终都保持竞争力和低价。公司深知坚持低价的重要性，这样才能推动使亚马逊成为市场领军者和地域扩张所需的销量。然而，亚马逊以极低的折扣价销售图书的做法让其出版业的一些渠道伙伴深感不安，因为此举表明亚马逊有意成为独立出版商。

（四）交叉销售

2013年，亚马逊宣布和美国邮政总局合作，开始在周末送货。贝佐斯在电视节目（60分钟）（60 Minutes）中也预测不久以后，亚马逊可能会在距离配送仓库较近地区使用无人机提供轻商品同日送达服务。从一开始贝佐斯就强调，虽然亚马逊是以在线书店起家，但他希望最终将其建成一个向所有人售卖一切商品的平台。公司继续大力投资于科技，着眼长远，通过业务广泛的Amazon Web Services将自己成功定位为一家科技公司。这种基础服务的不断完善可以满足几乎所有规模的虚拟零售企业的需求。亚马逊已经多次成功实现自我革新，为全世界的商家创造了一个重要渠道，使它们能接触到全球2.44亿消费者。

1. 当很多公司失败的时候，为什么亚马逊的网上业务成功了？
2. 亚马逊是服务提供商还是服务中间商？为什么？

第四章　服务营销策略(下)

100多年前创办的 Mayo Clinic 是世界历史最悠久,也是最大的营利性综合型医疗中心。Mayo Clinic 之所以能够取得如此大的成功,主要归功于该诊所的两个核心价值观念,即患者利益至上和团队协作。

Mayo Clinic 提供了极为优秀的医疗救治方法,并且在很多领域都处于美国领先地位,如癌症、心脏病、呼吸系统疾病和泌尿外科。Mayo Clinic 非常重视患者体验,把患者体验的每一方面都进行了细致的考虑。当患者走近 Mayo Clinic 的任何一处医疗设施时,就会感到与其他诊所的不同,甚至在医疗建筑的设计方面都很细心体贴。用一位建筑师的话来讲就是:"患者在见到医生之前,看到这样的建筑,就会感觉病情有所减轻。"例如,在亚利桑那州的 Mayo Clinic 大厅里有一个室内瀑布,透过玻璃墙可以俯瞰远处的群山,让患者觉得能快速平静下来。

Moyo Clinic 诊所的 Rochester 园区21层的冈达楼的创新中心的使命就是"改变医疗护理的交付和体验"。为了帮助实现这一目标,员工一方面要观察患者,另一方面要采访家属,并进行团队研究、测试和提出可能的解决方案。例如,员工和病人可以测试新的环境布局,并识别出对病人最有效、最友好的方案,由此产生了具有特色的"Jack and Jill"房间,测试场地从两个对话空间的中间分出来,空间的两边都有家庭成员的房间。

Mayo Clinic 服务于患者的另一大特色是团队协作理念。只要病人一来,包括主治医生、外科医生、放射肿瘤学家、放射科医生、护士、住院医生或其他有特定技能、经历和知识的专家团队就会组合在一起,共同研究患者的病情,分析患者的诊疗问题,讨论检测结果,团队制定治疗方案。因此,患者得到全方位、多维度针对其个人的关注和治疗,医生之间也形成彼此合作、共同成长的局面。

第一节　有形展示

服务本身是无形的,顾客常常在购买之前通过有形线索或者有形展示来对服务进行评价,并在消费过程中的有形线索以及消费完成后的有形展示对服务进行评价。有形展示不仅对于信任属性较高的服务,如汽车修理业、医疗行业的传播尤其重要,而且对于饭店、医院和主题公园等体验特征占主导的服务也很重要。[1]有形展示在传播服务质量特征、设定顾客期望以及创造服务体验方面都发挥着重要的作用,有效地设计有形展示对缩小差距至关重要。

一、有形展示内涵

(一)有形展示概念

有形展示是指进行服务传递、企业与顾客进行交互所处的环境以及有利于服务执行或传播交流的实际有形商品,服务执行、传递、消费所处的实际有形设施被称为服务场景。

有形展示包括所有有形设施(服务场景)及传播的所有有形形式。有形的服务场景要素包括外部特征(如标志、停车场地和周围景色等)和内部特征(如设计、布局、设备和内部装潢等)。企业可以利用这些形式传播服务体验,使服务在购买前后对顾客都有相应的载体可见。有形展示一般包括如下要素,如表4-1所示:

表4-1 有形展示的要素

服务场景	其他有形物	服务场景	其他有形物
外部设施	名片	内部设施	手册
外部设计	文具	内部设计	网页
标志	收费单	设施	虚拟场景
停车场地	报告	标志	
周围景色	员工着装	布局	
周围环境	制服	空气质量/温度	
		声音/音乐/气味/光照	

资料来源:瓦拉瑞尔·A.泽丝曼尔,玛丽·乔·比特纳.服务营销(第3版)[M].北京:机械工业出版社,2006:193.

在生活中,所有有形展示要素都可以向顾客传播对应于该服务的有关信息,有助于服务的执行。比如,医院、旅游胜地、儿童保育等,这些服务主要依赖于有形展示进行宣传。表4-2给出了不同服务背景下一些有形展示的示例。

有形展示能够对顾客在服务层面的体验产生深远影响。因为顾客会赋予有形展示意义,所以服务的有形展示会影响体验的传递、顾客的满意度、顾客与企业之间的感情,影响顾客口碑传播的影响力。如何在有形的空间里,创造确定性的体验,促使有形展示如何与顾客取得联系,并影响其体验形成,是营销人员与企业的战略制定者应该非常关注的重点。

表 4-2　顾客角度的有形展示举例

服务	服务场景	其他有形物
保险	不适用	保险单
		收费单
		最新资料
		公司手册
		信笺/卡片
		索赔表
		网站
医院	建筑物外部	制服
	停车场地	报告/文具
	标志	收费单
	候诊区	网站
	住院处	
	护理室	
	医疗设备	
	监护室	
航班	登机口	机票
	飞机外部	食物
	飞机内部(装潢、座位、空气质量)	制服
	登机自助设备安检区	网站
邮政快递	取件服务包装箱	包装
		运输车辆
		制服
		手持设备
		网站
体育运动	停车场地	门票
	体育馆外部	队服
	售票处	赛程单
	入口	团队吉祥物
	座位	网站
	休息室	
	特许的场地	
	运动场	
	记分牌	

资料来源：瓦拉瑞尔·A.泽丝曼尔,玛丽·乔·比特纳.服务营销(第3版)[M].北京:机械工业出版社,2004:175.

(二)有形展示类型

依据环境心理学,人类与人为环境、自然环境和社会环境之间存在着相互影响的关系。依据服务场景的复杂性和服务场景的用途,对服务组织进行分类,如表4-3所示:

表4-3 基于服务场景的形式和用途的差异划分服务组织的类型

服务场景的用途	服务场景复杂性	
	复杂的	精简的
自助服务 (只有顾客自己)	水上乐园 冲浪现场	ATM机 大型购物中心的信息咨询处 邮局 互联网服务 快件速递
交互性服务	饭店 餐厅 保健所 医院 银行 航班 学校	干洗店 热狗摊 美发厅
远端服务 (只有雇员自己)	电话公司 保险公司 公用事业 众多的专业服务	电话邮购服务台 以自动语音信息服务 服务传递

资料来源:BITNER M J. Servicescapes: The impact of physical surroundings on customers and employees [J]. Journal of Marketing, 1992, 56(2):69-82.

1.服务场景的用途

服务场景的影响对象有三类:顾客、员工和这两个群体兼而有之,依据这一维度,有三种类型的服务组织。

首先,是针对顾客的自助服务场景。在这场景下,顾客自己完成大部分活动,即使有员工参与,员工的参与度也非常低,如ATM机、电影院、丰巢快递取件设施等。该类环境场景中,服务场景应专注于为客户创造渴望的服务体验,诸如吸引适当的细分市场、使设施吸引人并便于使用等。

其次,是针对员工的远端服务。在该场景下,顾客很少或根本没有卷入服务场景中,如通信服务、公共服务、金融咨询、社论和邮购服务等。在这些远端服务中,服务设施可以近乎完全专注于员工的生活和脑力劳动进行设计,所建立的场所应能激励员工、有利于提高生产率、加强团队合作、提高工作效率以及其他人期望的组织行为目标,基本不需要考虑顾客。

最后,针对员工和顾客两者的交往性服务。该服务介于上述两个极端之间,顾客和员工都置身于服务场景中,比如饭店、餐厅、医院、教育设施及银行等。这些服务场景的设计必须能够同时吸引、满足、便利于顾客和员工二者的活动。对于服务场景必须能够支持顾客和在此工作的员工,而且要便利于这两个群体间的交互。

2.服务场景的复杂性

基于服务场景的繁琐程度,服务场景分为复杂的服务场景和精简的服务场景。精简的服务场景是指因素、空间和设施都有限的环境。比如,大型购物中心的信息咨询处和联邦快递的递送设施都可以被认为是精简的环境。精简的服务场景设计决策相对简单,一般情况下,员工、顾客间没有交互。复杂的服务场景包含很多因素和很多形式。比如医院,该场所有很多楼层很多房间,还有复杂的设备以及有形设施,及执行功能的复杂可变性。在这种复杂的环境中,理论上通过认真的服务场景管理可以达到所有的营销目标和组织目标。例如,病人的病房可设计得既让病人感觉舒适、满意又同时保证医护人员的工作效率。

(三)服务场景的作用

1.包装作用

与有形商品的包装一样,服务场景系统是组织的外在形象,基本上也是服务的"包装",服务场景是无形服务的有形表现,以其外在形象向消费者传递内在信息。服务的有形部分通过很多复杂的刺激,对树立某种特殊形象、并形成用户的期望意义重大。有形环境的包装作用,通过服务人员的着装及其外在形象等其他因素向外延伸,对希望树立某种形象的服务组织来说,服务场景包装为这样的组织提供传递想象的机会。现在,有很多公司都在服务的包装设计中投入大量的关注和资源,比如苹果、星巴克、联邦快递和万豪等,花费了很多时间与金钱,向顾客提供鲜明的视觉隐喻和服务包装以传达其品牌定位。

2.辅助作用

服务场景是提升服务便利性的一种辅助物。环境的设计能够促进或阻碍服务场景中活动的进行,使顾客和员工更容易或更难达到目标。良好的服务设施设计可以使接受服务的顾客更加愉悦,可以使提供服务的员工也心情舒畅。与此相反,不理想的设计会使顾客和员工双方都感到失望。比如,乘国际航班的旅行者如果没有得到及时、准确的信息指示牌,他会觉得非常不满意,同时,也会增大员工的服务工作量,会降低员工的工作积极性。

3.交际作用

服务场景有助于员工和顾客双方的交流,可以帮助传递所期望的作用、行为和关系等。服务设施能够让顾客了解自己和员工的职责是什么,迎接他们的服务场景应该怎样,员工所处的服务场景应该怎样,他们在该环境下的行为应该怎样。例如,星巴克为了鼓励社交活动,在一些地方转向更加传统的咖啡屋环境,配备有舒适的长沙发桌椅,以鼓励顾客间的交互,并将音乐融入其革新的咖啡屋中,这一音乐场景促使顾客在这里停留更长时间。星巴克目的是成为顾客的"第三场所",当顾客不工作或者不在家的时候,花费时间思考的地方。

4.区别作用

有形设施可将一个组织同其竞争对手区分开来,也可以区分同一个服务组织中不同区域。有形设施能清晰表明该服务所指向的细分市场,比如,在购物中心,装潢和陈列中使用的标志、颜色,还有店堂内回荡的音乐等都能表明其期望的细分市场。所以,可使用有形环境的变化来重新占有或吸引新市场。同一组织内,也采用有形设施进行不同区域区分。比如,大饭店可提供几种不同档次的宴会,其中的价格差异常常通过有形环境的设计来体现。飞机上较大的座位,意味着更大空间、更多有形设施,也往往意味着价位较高。

二、服务场景对行为的影响

(一) 基本理论框架

服务场景对行为的影响理论框架遵循"刺激-有机体-反应"理论。如图4-1服务性组织中环境-用户关系框架所示:

此图表明外部环境因素对顾客、员工的影响涉及多种类型的个体内在反应(比如认识、情感和生理上的)以及不同的外在行为反应。

(二) 服务场景对行为的影响

服务场景对行为的影响分为两类,对个人行为的影响和对社会交往行为的影响。

1.服务场景与个人行为

环境心理学家认为,个人对地点做出的反应会体现出两种很普遍但又截然不同的行为方式:靠近或远离。[2]靠近行为是指在某一地点产生的正面行为,包括逗留、研究、操作使用以及发生联系。远离行为则反映一个相反过程,不愿逗留、不愿研究、不愿操作使用及不相发生联系等服务场景对个人行为的影响包括对员工行为的影响和对顾客行为的影响。研究发现,零售环境中顾客会带来的靠近行为包括对他人友善可亲、花钱、花费时间浏览以及研究购物商店等环境感知。服务场景中适当的空间、便利设备以及适宜的温度和空气质量等,都有利于提高员工的舒适感和工作满意度,能够使员工工作效率更高,工作时间更长,使他与其他员工更好地相处。

2.服务场景与交互行为

服务场景会影响顾客与员工间交流的质量,比如交往持续时间和实际进展。研究发现,身体接近状况、座位安排、空间大小和可变通性等有形场景因素会影响顾客与员工,或顾客之间交流的可能性和限度。比如,嘉年华游船就通过服务场景设计有效地规定了交往规则、习俗和期望,并由此而引导社会交往的类型。一些研究者指出重复出现的社会行为方式是与特定的有形场合相联系的,每当人们处于典型场合中,就可以预见其行为。

(三) 服务场景引起的内部反应

周围的有形环境会对员工和顾客的认识、情感和生理上产生很多影响,行为其实是这些影响的外在表现。

1.环境与认识

服务场景是一种非语言的交流形式,通过所谓的"客观语言"传递信息。[3]服务场景感知能影响人们对某个地方及该地方的人和产品的信任度。比如,特别的环境如办公家

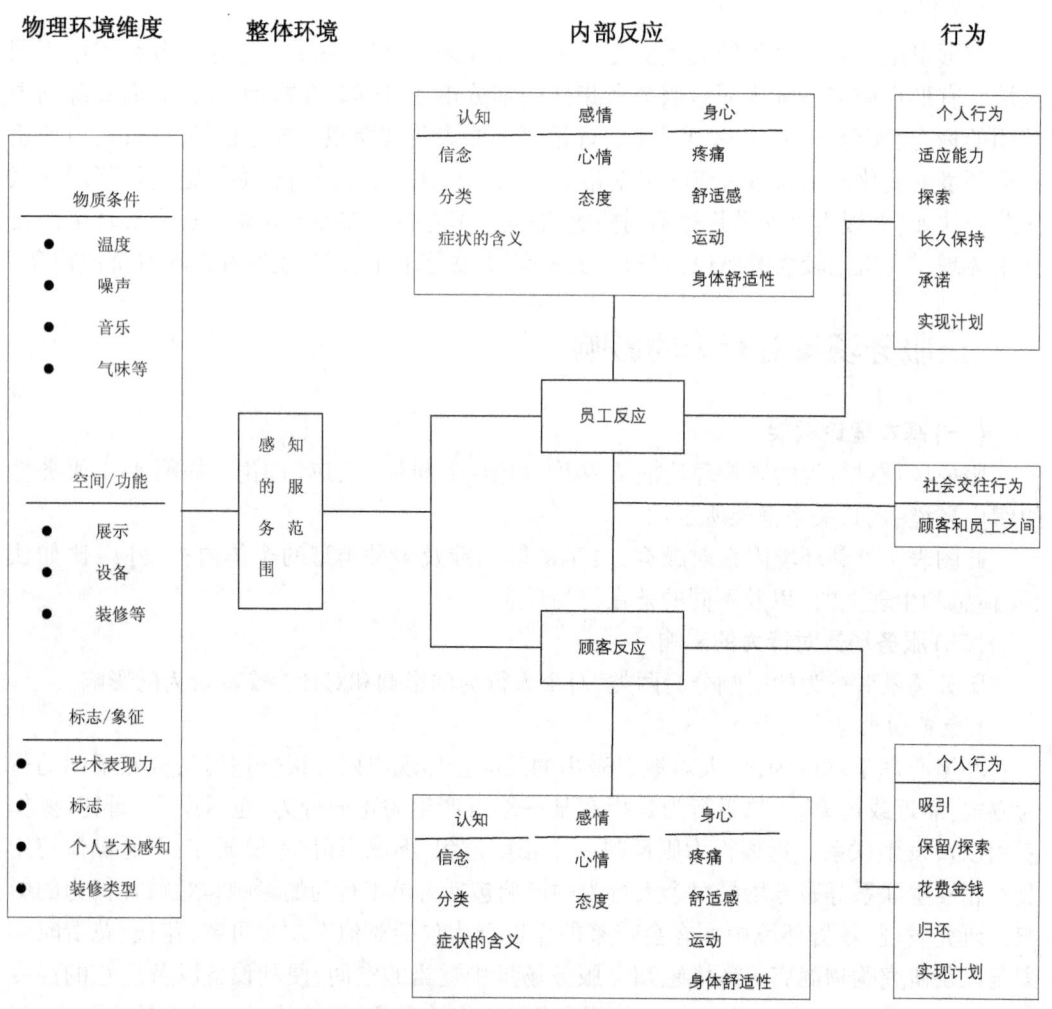

图 4-1　服务性组织中环境-用户关系框架

资料来源:BITNER M J. Servicescapes:The impact of physical surroundings on customers and employees [J]. Journal of Marketing, 1992, 56(2):69-82.

具和装潢以及佩戴的配饰等,可以影响潜在当事人对该咨询师的整体印象。消费者的一项调查显示,不同的店堂气氛会改变顾客对该店出售的某种产品(如香水)的印象。另一项调查发现,旅行社办公室的装潢会影响顾客对旅行社行为的判断和信心。如果旅行社看上去井井有条、很专业,那么人们对它的印象就比看上去混乱且又不精通业务的旅行社好很多。

2.环境与情感

心理研究发现,任何环境,自然的或人为的,都会引发人的两种情感,高兴与否程度和刺激兴奋程度。颜色、装潢、音乐和其他气氛因素,可以使我们感到高兴、愉悦和放松,也可能使我们感到难过、沮丧和消沉。比如,诊所的白大褂、听诊器会使一些人感到恐惧和焦虑,而对有些人来说,这些刺激反而能让他感到安全,促使他平静和镇定。这些对环境的基本情感反应,可以用来预测、置身于某一场景中的顾客和员工可能产生的行为。

3.环境与生理

服务场景会对人的生理方面带来影响。太大的噪声会引起生理上的不适,房间温度不适会使人发抖或大汗淋漓,空气质量不好会使人呼吸困难,光照过强会减弱视力并造成身体不适的感觉。所有这生理反应都会直接影响人们是否愿意在某环境停留并是否喜欢该环境。比如,餐厅中椅子的舒适度会影响人们在那里停留的时间,快餐店的硬面座位会使多数人在可预期的时间内离开。星巴克咖啡厅中的柔软座椅就鼓励人们待在咖啡厅中。同样,环境设计和相应的生理反应会影响员工很好地完成其工作。

总的来说,人们对环境的反应包括认识的、情感的和生理的,并且这些反应将影响他们在该环境中的行为。但是,每个人、每一次的反应又不完全相同。个性差异以及一些临时条件,都会引起人们对服务场景的不同反应。比如,个人的唤起性寻找特质会影响人对环境的反应,唤起性寻找者喜欢并寻找高水准的刺激,而回避唤起性寻找者往往倾向于低水准的刺激。置身于服务场景的特定目的也会影响人们对服务场景的反应。相对于乘飞机越洋飞行14个小时的乘客来说,乘飞机飞行一个小时的乘客不太会受飞机上气压的影响。

(四)服务场景中的感知服务场景

感知服务场景一般是指环境因素,环境因素包括所有客观的、能被该服务组织控制以强化或约束员工与顾客行为的有形因素。有形环境因素的类型数不胜数,如照明、色彩、标志、构造、材质、家具风格、布局、墙面装饰和温度等。这些因素一般被分为三类:周边条件、空间布局与功能、标志和象征及制品。

1.周边条件

周边条件主要是指环境的背景特点,如温度、照明、噪声、音乐、气味和颜色。一般来说,周边条件会影响人的五种感知:听觉、嗅觉、味觉、触觉和视觉。所有这些因素都能影响人们的感觉、想法和反应。研究显示,相对于没有音乐,顾客在音乐背景下,主观感知购物时间较短,且音乐音量小、节奏慢的音乐会使顾客感觉更悠闲,花的钱也更多。面包房、咖啡厅的香味也会减弱人们对停留时间的意识,增加人们的停留时间。反之,周边条件表现为极端状况时,不适感会反向影响人们的情感、行为等反应。比如,在音乐厅听交响乐时如果空调坏了,空气既热又不流通,人们就会感到不舒服,他们的不适会影响他们对音乐会的感觉。

2.空间布局与功能

空间布局是指设备、设施和家具陈设的摆放,这些东西的大小、自身形状以及它们之间的空间关系。功能是指同样的设施给顾客和员工带来便利性和能力。服务场景的存在一般是为了满足顾客某种特殊的目的或要求,有形环境的空间布局与功能就显得非常重要。对顾客而言,在自我服务的环境中,不能依赖工作人员的帮助,在这里一切都要靠他们自己完成。因此自动柜员机、自助饭店、自助加油油泵和互联网购物等这一切都是通过提供顾客方便而实现顾客满意的。

3.标志、象征和制品

有形环境中有很多展示明显地起着交流者的作用,传达清楚或含蓄的信息给它的使用者。有些标志传达直接信息,比如,公司名字、商店名字的标签等传递着公司自身的信息;入口、出口的标志表达着方向含义信息;禁止吸烟、孩子要由大人照看的标志传递着行为规范信息。传递象征意义信息的制品等虽然不像标志那样可以直接交流,但它就地点和准则以及在此环境中所希望的行为给使用者以暗示。标志、象征和制品在形成第一印象和交流新服务概念时十分重要,当顾客对一种新的服务设施不熟悉时,会寻求环境的提示来帮助自己分析和判断。

三、有形展示策略

(一)认识有形展示的战略影响

有形展示在决定服务质量期望和感觉方面发挥着非常重要的作用。有效的展示策略一定要和企业(或机构)的总体目标或愿景明确相结合。计划者一定要知道战略目标是什么,然后决定对展示策略如何提供支持。至少基本的服务概念要明确,企业对未来的构思要明确,向内部目标市场和外部目标市场传递的信息要一致。很多服务场景展示的决定与时间和费用相关,因此,必须专门地计划和执行。

(二)画出服务有形展示地图

有效描述服务展示的方法是应用服务图或蓝图。画出服务过程和有形展示中的所有重要因素,通过服务蓝图可以看到人、过程和有形展示。从图上可以看到服务传递所涉及的行为、过程的复杂性、人们交往作用的点,这些点提供了展示的机会和每一步的表示方法。服务蓝图特别能够从视觉的角度显示有形展示。为使这张图更有用,有的企业用整个过程的照片或录像开发形象蓝图,期望提供一种出自顾客角度的有形展示的逼真画面。

(三)澄清服务场景的作用

基于服务场景的复杂程度和服务场景服务对象的不同,企业要确定服务场景的作用。比如,服务场景是一种交互性服务,那么该服务场景就必须考虑顾客和员工的双重需求。一家幼儿园的场景设计,就要考虑儿童的需求,幼儿看护者的需求。在生活中,有些消费者会觉得有些服务场景在提供服务或营销中好像不起作用,比如,在电信服务和邮政特快专递服务中,其实,在这些情况下,某些物理特征,比如标识、标志等发挥着无声沟通的作用。

(四)确认和评定有形展示机会

了解现在的展示形式和服务场景的作用,需要考虑的下一个问题是,有没有错过提供服务展示的机会。确认和评定有形展示机会,其实就是向顾客明确表示他们付钱的基础。确认和评定有形展示机会,也是再次梳理企业的有形设计是否和企业形象、企业战略目标一致。例如,一家餐厅设计本来建议以高价位的家庭用餐为目标,梳理有形展示机会,发现餐厅的设计与其高价位不一致,这样,餐厅的总战略价格和设备的设计上都需要改变。

(五)展示更新和现代化

有些方面特别是服务场景,要求经常至少是周期性更新和现代化。即使企业的愿景、目标不变,有形展示也会随着时间而发生改变,因此有必要进行更新和现代化。同时,这又涉及一个很隐性的因素,即随着时间的推移,不同的颜色、设计、款式表示着不同的信息。所以,很多企业在做广告战略时,都不会忽视有形展示的多种因素。

(六)跨职能工作

企业向市场传播形象依赖于展示的各种信息。企业各种形式的展示,首先应该发送一致的、相互协调的信息,其次应该提供目标顾客想要的,并能够被理解的有形展示。展示目标的实现,各种展示的决策,经常是在一段时间内由多种职能部门做出的。例如,有关雇员制服的决定由人力资源部门做出,服务场景设计的决定由设备管理部门做出,加工设计决定主要由业务经理做出,广告和定价决定由营销部门做出。不同的部门,承担不同的职责,往往会做出的有形展示不一致。因此,在对服务场景做决定时,需要多部门合作。

第二节 服务流程

一、服务流程概念

服务往往是有一系列复杂而繁多的行动完成的,顾客判断服务质量的依据,来自于顾客体验到的实际的步骤,或者服务的动作流。服务中的步骤、环节、过程每个部分都会对顾客体验产生影响。为满足顾客对整体解决方案价值的追求,企业要将原来各司其职的各部门,如核心产品生产、产品宣传和传递、顾客抱怨处理、日常结账工作及产品档案管理等不同要素,整合到一个有机的管理流程之中。

流程或过程管理,与传统的职能管理有很大区别。按照传统的职能管理模式,各部门专业化程度较高,而部门之间相互合作的水平相对较低。各部门的努力方向都是各部门的绩效最优化,其整合起来却难以满足顾客对价值的追求。例如,一流的技术和成本低廉的货物运输也许从供应商的角度来看是非常理想的状态,但是对于顾客来说,这样的供应商很有可能是不可靠的。为了更好地向顾客提供价值,企业必须将流程管理融入整个组织运营工作中。

二、服务流程模型

(一)服务系统模型

服务系统模型是一种将各种质量生成资源,以某种方式系统地结合在一起,用于分析和规划服务过程的模型。如图4-2所示:

该模型可以分为四个部分,模型右侧是影响顾客期望因素,如顾客的个人需求与价值、顾客之前的消费体验、整个企业和地区分支机构的形象、口碑和社交媒体、外部计划性营销传播和沟通缺乏。模型的左侧部分是企业使命和与之相关的形如伞状的服务概念,这些对服务系统的规划和管理起指导作用。底部是企业文化,是一种共享的价值,可以左右组织中员工的思想和对事物的评估。组织总存在某种文化,有时对员工行为可产生实

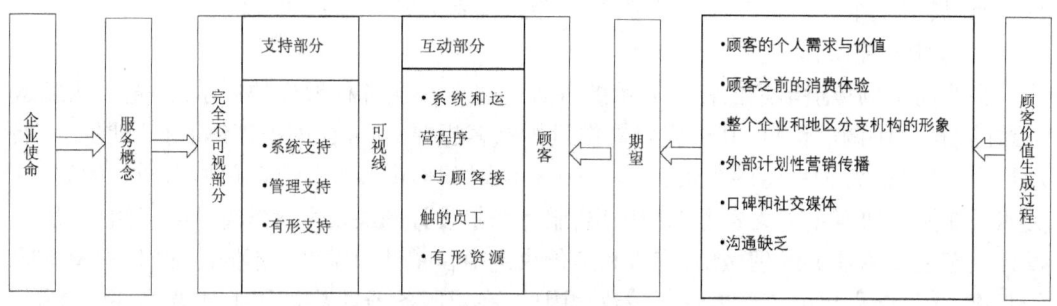

图 4-2 服务系统模型

资料来源：克里斯廷·格朗鲁斯.服务管理与营销[M].北京：电子工业出版社，2019：253.

质的影响，但有时就没有那么直接。如果组织文化不具有服务导向性，那么在组织提供服务的过程中就有可能产生障碍。

该模型的中间部分，是顾客眼中的服务生产组织和顾客组成的生产资源。顾客在服务过程中与组织的各个部分进行互动，所以顾客是服务过程中的一种生产资源。从生产者的角度看，这其中包含几个职能或部门，但是顾客只能看到一个整体化的过程或系统。从顾客是否可见的角度看，以可视线为界，生产资源划分为顾客可视部分和不可视部分。

1.互动部分

互动部分即系统模型中的可视部分，反映的是顾客与服务企业的直接接触。它由顾客和其他质量生成资源共同组成，关键时刻就在此发生。互动部分中的质量生成资源包括参与服务过程中的顾客、与顾客直接接触的员工、系统和运营程序和有形资源和设备。

参与服务过程中的顾客，会影响服务过程，可能会对服务过程带来负面影响，会影响服务系统的有效性。服务生产和消费的本质，决定了顾客并不是简单被动的消费者，而是会作为合作生产者，直接参与服务系统中。服务组织必须意识到，的确存在行为不当的顾客，并且要做好应对这些顾客的准备。此外，有时服务过程的设计也有可能引发顾客产生不当行为。

直接和顾客打交道的员工被称为与顾客接触的员工，也被称为"服务员工"或"一线员工"。与顾客接触的员工占有很重要的地位，是服务提供者最关键的资源。在关键时刻，他们通过观察、提问及对顾客行为做出反应，来识别顾客的愿望和需求。并且，他们还要进一步追踪服务质量，在发现问题时及时采取对策。

系统和运营程序，包括组织的日常运营工作，和由系统和规章构成的所有运营和行政体系。比如排队系统、呼叫中心系统、银行中的支票兑现系统、自动售货机操作系统、在线购物系统等，这些系统和日常程序都会影响消费服务和执行任务的方式。因为顾客和员工都必须和这些系统进行互动，所以，这些系统和程序对服务质量有双重影响，一方面会直接影响顾客的感知服务质量，另一方面，系统和程序会影响工作效率等方面。

有形资源与设备包括服务系统使用的所有资源，计算机、文件、工具都属于此类。这些有形资源会对功能质量产生影响，因为顾客可以凭借自助服务时的难易程度来判断一个服务界面是否友好。有形资源和设备构成了服务过程中的服务环境组合，顾客、与顾客接触的员工、系统和资源在此相互作用。所有这些因素共同构成了服务过程的可视部分。

如果要打造良好的服务质量,那么服务过程的每个部分,包括顾客,都必须与整体系统相匹配。

2.支持部分的影响

在互动部分的背后,就是可视线,现处于可视部分和不可视部分的中间,顾客几乎看不到在这条线背后所发生的事情。尽管在很多时候顾客可以感受到可视线后可能发生的事情,且对服务生产有重要作用。因为看不到具体发生了什么,就会带来一些问题,首先,顾客并不能正确评估可视线后面发生的事情。比如,质量一般或较差的互动,会掩盖后台好的质量,特别是技术质量。当然,接触良好的员工服务意愿也会遮挡后台糟糕的支持。其次,由于顾客看不到后台的支持系统发挥的作用,所以,企业很难向顾客解释清楚高价服务的原因,顾客就可能不理解某种服务的定价因素。尤其当服务生产过程的可视部分非常简单的时候,顾客就无法理解服务的成本和高价格。

3.后台服务系统

组织的不可视部分就是后台服务系统,后台支持往往是提供优质服务的重要先决条件。互动服务生产的后台支持系统包括管理支持、有形支持和系统支持。

管理支持指每个经理和主管对他们员工的支持。经理和主管对工作群体、团队、部门的共享价值、思考方式和工作情况负责。比如,如果企业想培育一种服务文化,经理和主管就决定该文化是否能够落地。如果作为团队领导的经理没有为团队提供一个好的典范,没有能力鼓励团队关注顾客和具备服务意识,那么组织为顾客提供优质服务的兴趣就会减弱,随之而来的就是逐渐下降的功能服务质量,甚至也无法保证服务产出的技术质量。

有形支持是指与顾客接触的员工常常依赖的内部支持,这些支持由企业的各种职能或部门所提供,该种支持无法被顾客直接观察到。在服务营销三角形中,与顾客接触的员工是企业的内部顾客,这些支持员工必须将与顾客接触的员工视为自己的内部顾客。内部顾客必须和外部顾客享受同等的待遇,内部服务质量必须与提供给最终顾客的服务质量一样出色,否则顾客感知服务质量就会受到损害。接触顾客的员工借助服务系统背后的支持职能获得相应的帮助,保险单处理账目和仓库装货就是有形支持的实例。

系统支持与前两种在本质上有所差别,包括常见的计算机系统、信息技术、办公大楼、汽车、工具、设备和文件等。系统支持尽管对员工不可视,但是对塑造员工满意度方面有着非常重要的影响。如果组织购置了一套系统不可靠、运转速度缓慢的计算机系统,就无法及时为与顾客接触的员工方便快捷地提供更新过的顾客信息,内部顾客的服务质量感知降低,肯定会降低外部顾客的体验感,削弱服务质量。有一种特别的系统支持,就是员工的知识体系,这就是企业为什么要为员工提供培训。

(二)服务蓝图模型

服务蓝图是详细描绘服务系统的图片或地图,它提供了一种把服务合理分块的方法,再逐一描述过程的步骤或任务、执行任务的方法和顾客能够感受到的有形展示。服务过程中涉及的不同人员,无论他的角色或个人观点如何,都可以通过服务蓝图,理解服务过程,客观使用它。服务蓝图直观上同时从服务实施的过程、接待顾客的地点、顾客雇员的角色、以及服务中的可见要素几个方面展示服务。服务蓝图的重要特征,就是包括顾客及站在顾客视角看待服务过程。如图4-3所示。

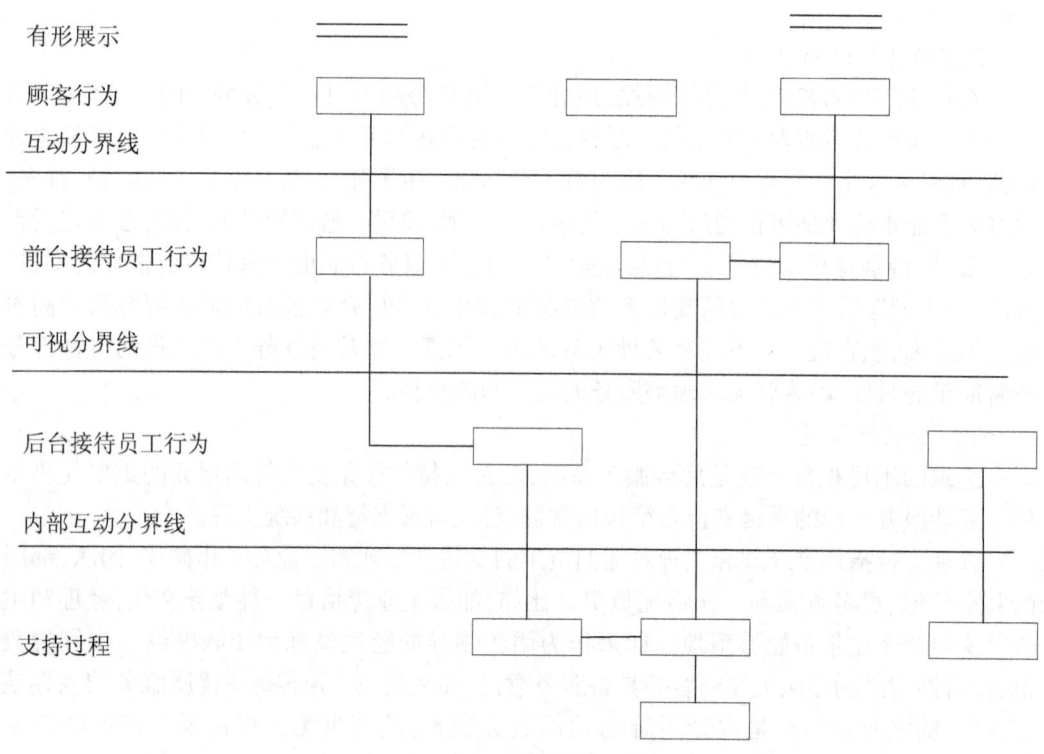

图4-3 服务蓝图构成

资料来源:泽丝曼尔·V.A,比特纳,等.服务营销[M].北京:机械工业出版社,2006:159.

1.服务蓝图的构成

服务蓝图主要包括四个重要行为和三条分界线。四个主要行为是顾客行为、前台员工行为、后台员工行为和支持过程,三条分界线是互动分界线、可视分界线和内部互动线。

顾客行为是指顾客在购买、消费和评价服务过程中的步骤,包括选择、行动和互动。例如,依据消费者决策模型,购买决策包括需求认知、信息搜集、方案评估、决定购买、购后评价。前台员工行为是指那些顾客能看到的,服务人员表现出的行为和步骤。例如,在教学服务中,学生可以看到的教学行为是课堂教学、试卷和最终成绩。后台员工行为是指那些发生在幕后、支持前台行为的支持行为。在上例中教师为上课做的任何准备,包括备课中的查阅资、做PPT、课堂安排讨论等都属于这一部分。支持过程部分包括内部对前台员工行为的服务和支持。在上例中,任何支持性的服务,诸如教室安排、课表安排、师资培训等都包括在内。

互动分界线是表示顾客与组织间直接的互动,处于顾客行为和前台员工行为之间。一旦有一条垂直线穿过互动分界线,即表明顾客与组织间直接发生接触或一个服务接触产生。可视分界线把顾客能看到的服务行为与看不到的服务行为分开,是极关键的一条分界线。一方面,这条线衡量出多少服务在可视线上发生,多少服务在可视线下发生,从而轻松得出顾客被提供了多少可视服务;另一方面,这条线还把服务人员在前台与后台所做的工作分开。比如,在医疗诊断时,医生既进行诊断和回答病人问题的可视或前台工作,也进行事先阅读病历、事后记录病情的不可视或后台工作。内部互动线是区分服务人员的工作和支持服务工作的人员或系统工作。穿过内部互动线的垂直线表明发生内部服务接触。

2.开发建立服务蓝图

蓝图的开发需要涉及许多职能部门的代表和来自客户的信息,绘制或建立蓝图并非一项可以责成个人或某个职能部门单独完成的任务。建立服务蓝图一般需要六个步骤:

第一,识别需要制定蓝图的服务过程。绘制服务蓝图的出发点,是建立服务蓝图的意图。蓝图可以在不同水平上进行开发,所以,这需要在出发点上达成共识。比如,基于基本概念水平上的蓝图,几乎没有什么细节,基于细分市场的变量或特殊服务也没有列出。而细节式的蓝图更倾向于对问题或瓶颈现象更细节的过程展示,就会对服务流程中的具体的节点进行更为清晰的描述,以便于分析。概念式的蓝图就是框架,细节式的蓝图就是对框架进行装修。

第二,识别顾客对服务的经历。不同细分市场的需求是不同的,企业在满足不同细分市场的需求时,所要提供的产品或服务也是不同的。如何确立蓝图中的细节,要分析识别顾客的服务经历。如果经过抽象,在概念的水平上,各种细分顾客纳入一幅蓝图中也是可能的。假设服务过程因细分市场不同而变化,这时就要基于特定的顾客或某类细分顾客进行蓝图开发。这时,为了使需要达到不同水平,开发单独的蓝图就一定要避免含糊不清,并使蓝图效能最大化。

第三,从顾客角度描绘服务过程。从顾客的角度识别服务,可以把注意力集中在对顾客有影响的过程和步骤上。该步骤解决两个问题:首先确定谁是顾客;其次确定顾客如何感受服务过程,该过程包括顾客在购物、消费和评价服务中执行或经历的选择和行为。有时,从顾客角度看到的服务起始点并不容易被意识到。比如,在医疗服务中,病人把打电话预约、开车去诊所、停车、寻找诊疗部门都视为服务经历,但是医师可能认为提交病历本是首要步骤。在为现有服务开发蓝图时可以从顾客视角把服务录制或拍摄下来。因为经理和不在一线的工作人员并不确切了解顾客在经历什么以及顾客看到了什么。

第四,描述前台和后台服务雇员的行为。基于互动线和可视线,从顾客和服务人员的角度出发,辨别出前台服务过程和后台服务过程。对于可视线上下的服务过程,可以向顾客和一线服务人员询问,从而判断确定可视行为和非可视行为。在进行技术传递服务或者要结合技术和人力传递的情况下,技术界面所需要的行动也要绘制在可视线的上方,如果服务过程中完全没有员工参与,那么这个部分要标注上"前台技术活动"。如果是同时需要人员和技术的交互活动,这些活动之间也要用水平线将"前台员工接待活动"和"前台技术活动"分开,使用这种辅助线可以帮助阅读和理解服务蓝图。

第五,把顾客行为、服务人员行为与支持功能相连。画出内部互动线,识别出服务人员行为与内部支持职能部门的联系。在这一过程中,内部行为对顾客的直接或间接影响方才显现出来。随后从内部服务过程与顾客关联的角度出发,它会呈现出更大的重要性。如果顾客经历与主要内部支持服务的关联并不明显,则该过程中有些步骤看起来就并不重要了。

第六,在每个顾客行为步骤上加上有形展示。最后在蓝图上添加有形展示,说明顾客看到的东西以及顾客经历中每个步骤所得到的有形物质,包括服务过程的照片,幻灯片或录像在内的形象蓝图在该阶段也非常有用,它能够帮助分析有形物质的影响及其与整体战略及服务定位的一致性。

3.使用服务蓝图

不同的意图,服务蓝图可以用不同的方法阅读。如果你的意图是了解顾客对过程的观点,可以从左到右阅读,跟踪顾客行为部分的事件进行。随之可以解决以下问题:顾客是怎样使服务产生的?顾客有什么选择?顾客是被高度涉入服务之中,还是只需要其做出少数行为?从顾客角度看,什么是服务的有形展示?这与组织的战略和定位始终一致吗?

如果意图在于了解服务员工的角色,也可以水平阅读蓝图,集中在可视线上下的行为上。可以解决过程合理、有效率而且有效果吗?这类问题谁与客户打交道,且何时进行,频率如何?一位雇员对顾客负责到底还是顾客会从一位雇员转到下一位雇员?假如在一家医院,从服务蓝图中发现病人会在几乎无人看护的情况下从一位科室转到另一科室,医院就可以重新组合,实现每位病人都被指派一位"陪伴"(通常是护士或助手),满足其从住院到离开的所有要求,而且提高了病人的满意度。

如果意图在于了解服务过程不同因素的结合,或者识别某一员工在大背景下的位置,服务蓝图可以纵向分析。这时就会清楚什么任务、哪些员工在服务中起关键作用,还会看到组织深处的内部行为与一线服务效果之间的关联。完善解决系统配合问题,比如为支持客户互动的重要环节,在幕后要做什么事?什么是相关的支持行为?整个过程从一位雇员到另一雇员是如何发生的?

如果意图在于对服务进行再设计,可以全面阅读蓝图,了解过程的复杂程度以及如何改变它,并从客户角度观察什么变化会影响员工和其他内部过程,或者反过来考虑。也可以分析有形展示,看它们是否和服务目标一致。蓝图也可以用来解决服务过程中的失误点和瓶颈点。这些环节一经发现,就可以深入探究服务蓝图并对系统中那些特定的部分进一步进行细致入微的剖析。

三、服务流程再造

提升顾客的服务质量感知,是企业所有部门的共同目标,现代管理是流程管理模式,企业要将这些部门整合为一个有机的业务流程。为了更好地向顾客提供价值,仅仅有流程管理模式是不够的,整个组织必须认可这种模式。对原有的组织流程进行重组是提高顾客价值的重要手段。

(一)服务流程再造的含义

服务流程再造。从需求出发,对服务流程进行根本性的思考和分析,通过对服务流程的构成要素进行重新组合,产生出更为有价值的结果。通过对服务流程彻底地重新设计,使服务组织业务流程的绩效获得极大改善和提高。

(二)服务流程再造特征

1. 服务流程再造的出发点是面向客户并满足客户需求

流程再造的直接驱动力是服务组织为了更快更好地满足顾客不断变化的需求,有效地提供顾客满意的产品和服务。服务流程再造其活动全过程中必须将客户需求和利益放置首位,即从客户实际需求出发分析已有业务流程,站在客户立场上思考和关注客户希望获得的服务内容和要求。服务组织经过再造后,员工绩效应取决于业务活动流程运作结果,始终将客户满意度作为评价员工业绩高低的重要标准。

2. 服务流程再造的对象是服务组织的业务流程

业务流程是指为完成某一目标(或任务)而进行的一系列逻辑相关活动的有序集合,强调工作如何进行。在传统的劳动分工原则下,服务组织职能部门把业务流程割裂成一段段的环节,人们关注的焦点是单个的任务或工作。服务流程再造对象是服务组织的业务流程,重点思考和改造的对象就是服务组织的业务流程,以流程为核心是服务流程再造的理论精髓。

3. 服务流程再造的任务是对服务流程根本性反省和彻底再设计

服务流程再造以最大限度满足顾客需求为思考的出发点,是对现行工作方式进行根本性反省和革命性创新。服务流程由活动、活动间的逻辑关系、活动的实现方式及活动的承担者四个要素共同构成。彻底设计要求重新组合这些要素,以产出更有价值的结果;可以利用先进的信息技术重新构筑各活动之间的逻辑关系,使活动间的关系更符合工作的内在逻辑;削减出于监督心理而加设的活动,从而使活动间的关系更为简洁,活动的转换更为通畅,从而使服务组织的运作效率大为改善。

4. 服务流程再造的目标是服务组织绩效的巨大飞跃

服务流程再造所追求的目标是通过服务流程的彻底革命,促进管理发生质变。服务流程再造所追求的目标不是渐进提高和边际进步,而是实现组织绩效的巨大飞跃。如福特汽车公司采购流程再造曾走一段弯路,即开始时仍采用传统方法,将其中的事务处理活动由计算机来处理,结果使雇员人数下降了20%,尽管取得了效益,由于目标不明确,导致效益未发生飞跃性突变;通过目标修正后,服务流程再造结果不仅使雇员人数减少了80%,而且大大降低了工作差错,提高了工作效率。

第三节 服务参与者

一、服务中的员工

在服务营销中,人员是服务营销组合中非常重要的要素之一。服务组织曾经有一句名言:"在服务组织中,如果你没在服务顾客,那么你最好马上服务一个是顾客的人。"所有人员——一线员工和支持他们的幕后人员,对任何服务组织的成功都至关重要。服务营销组合中人的要素包括企业员工、顾客和服务环境中的其他顾客。

(一) 员工的重要角色

1. 员工就是服务

在很多个人化服务中,服务员工单独一人提供全套服务,员工就代表着服务质量。比如,理发、健身训练、看护幼儿、保洁、维修、轿车保养维护、律师和法律服务等,员工作为服务的传递者、执行者、有形展示者,对于顾客而言,员工本人就是服务质量的代表。类似于制造业对产品改进,服务企业对服务员工进行投资,目的就是为了改善服务。

2. 员工就是组织

即便服务人员并没有自始至终地执行整套服务,在顾客眼中,他仍然可能成为企业代表。比如,对于病人来讲,看病的医生代表了医院;对于一个起诉人而言,一个律师代表了一家律师事务所的水平。这一个医生、一个律师,在服务的过程中所作的每件事、所说的每句话都会形成顾客对组织质量的感知。如果他们对顾客表现得不够专业或言辞不恭,顾客对组织的感知就会大打折扣。

3. 员工就是品牌

顾客与员工的接触会形成对企业的最初印象。公司的品牌形象不仅靠产品销售和广告来建立与维系,员工对品牌的创造能力更不容小觑。每一位员工都在客户脑海中创造公司形象,如果接触到的员工是知识渊博的、善解人意的、关心顾客的,顾客将会把该组织视为服务的优秀提供者。比如,迪士尼坚决要求其员工只要出现在公众面前,就必须永远保持台上的工作态度和行为。只有下班后在顾客看不到的真正的幕后或"后台",才可以放松其行为,其原因就在于此员工真的是品牌。

4. 员工是营销者

由于服务人员代表组织,能够直接影响顾客满意度,他们也就扮演了营销者的角色。他们的举手投足都会使产品具体化。从促销的立场看,员工是活的公告栏。有些员工看似从事着和营销非直接关系的工作,其实也可能扮演更多的传统销售的角色。比如,在海底捞,有多少顾客对扯面表演给予了极大的兴趣,那么扯面的员工其实就是营销者。

(二) 员工行为对服务质量的影响

1. 员工行为影响可靠性

可靠性程度依赖于是否按承诺传递服务,经常在一线员工的完全控制之下。即便在自动化服务的情况下,如自动取款机、自动售票机或自动加油机,后台员工的工作也对确保系统正常运作起着至关重要的作用。一旦服务失误或出现差错也主要由员工使服务回到正轨,并凭借自身判断决定进行服务补救的最佳途径。

2. 员工行为影响响应性

响应性感知依赖于员工是否愿意通过他们个人的助人意愿和及时的服务。试想,在零售店中,你需要找人帮助找到某件特定服装,不同商店的服务员做出的反应会大相径庭。有人会无视你的存在,有人会提供帮助,并向其他的分店打电话要求把这件衣服送来。有人会及时有效地帮助你,有人对即便非常简单的要求也会迟疑良久。

3. 员工行为影响保证性

保证性高低依赖于员工是否有能力传播其可信性,并激发顾客的信任与信心。顾客对企业的信任程度,一方面受到组织的信誉的影响,另一方面,与顾客互动的员工个人,确认并建立了顾客对组织的信任,或者减损了组织信誉,或者破坏了顾客信任。尤其是对刚起步或不知名的组织,可信性、信任感及自信心将完全与员工行为联系在一起。

4.员工行为影响移情性

移情性取决于员工如何向顾客提供"关怀的、个别关注的"服务。很难想象,没有员工,一个组织如何实现对客户的关心。员工在为个别顾客传递其所需要的服务时的专注、聆听、具有适应性和灵活性就是顾客感受移情性的重要行为表现。例如,当顾客有需求时,如果员工是顾客导向的,能够表现出敏感专注的倾听技巧时,顾客对服务的评价将更高。

5.员工行为影响有形性

有形性是服务营销组合中非常重要的一个组合因素,员工的外表与着装就是有形性的一个重要体现。得体的衣装也是员工外在行为的一种表达,该有形展示会形成顾客对组织的第一印象中的第一印象。员工外在行为也是企业有形性的一个展示,比如,很多单位为了提升服务品质,都会制定员工仪容仪表规范、行为举止规范等。

(三)通过员工提供服务质量的策略

从服务三角形内部营销的角度看,企业通过员工传递服务质量,实现以顾客为导向、以服务为理念。促使员工能够传递优质的服务,就需要从各个角度做好员工激励。企业的人力资源管理经常从四个角度做好员工激励工作,雇用正确的员工、培训开发员工、提供必要的支持系统和留住最好的员工。如图4-4所示:

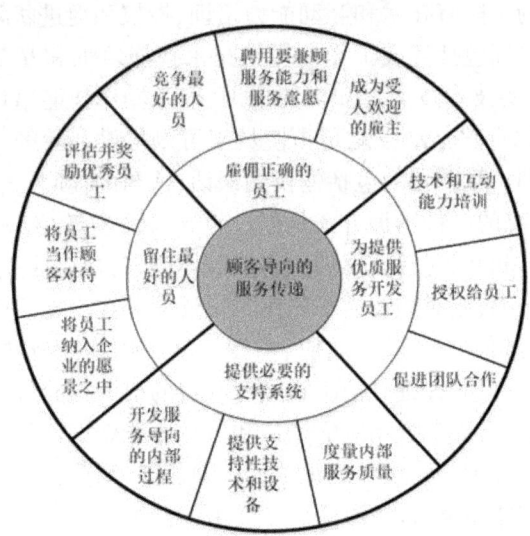

图4-4 通过人传递服务质量的人力资源管理

资料来源:泽丝曼尔·V.A,比特纳,等.服务营销[M].北京:机械工业出版社,2011:204

1.雇用正确的员工

雇佣正确的员工,不仅是关注员工的技术、专业知识等资格证书,还要关注他们的顾客和服务价值取向。企业可以从三个方面招聘到正确的员工:竞争最好的人员、聘任兼顾服务能力和服务意愿的员工、成为受欢迎的雇主。

首先,竞争最好的人员,又称为智能市场份额竞争,是指组织识别出最好的人员,并与其他企业竞争以雇用这些人员。[6]该种方法是把招聘当作企业的一项营销活动,营销的产品是岗位,把要招聘员工当作市场细分对象。企业通过提供产品(岗位)及工作晋升机会来吸引那些潜在的长期员工。

其次,聘任兼顾服务能力和服务意愿的员工。这类员工需要具备两种互补的能力:服务技能和服务意愿。服务技能是指从事工作所必备的能力与知识。在一些情况下,资格证是技能的一种证明,比如,会计资格证、律师资格证等。服务能力是指工作的一些基本的技能,平面设计师必须能够熟练掌握相关软件,有时工作经验也是能力的一种证明。

服务意愿即员工对从事相关服务工作的兴趣,这反映了他们对服务态度以及在某种岗位上服务顾客或其他人的看法。顶尖的服务企业在招聘中更看重积极的态度,而非特殊技能。比如,海底捞餐饮中的服务人员,可以感受得到,他们对服务工作本身态度积极,工作意愿程度较高,对顾客所呈现的微笑,不是职业式微笑,而是由内而外的愉悦微笑。

最后,成为受欢迎的雇主。能够竞争得到最优的员工,吸引最佳人员的一种方法,就是成为受欢迎的雇主。有助于成为受欢迎雇主的策略包括,提供广泛的培训、职业和升职机会、优良的内部支持、有吸引力的激励措施,并提供令员工可为之骄傲的产品和服务。比如,万豪酒店通过使用员工股票期权、社会化服务指导网络,提供日托服务、工作福利培训班以及英语和阅读课程等,成为高度竞争的饭店业中受人欢迎的雇主。

2. 培训开发员工

一旦招聘到合适的员工,组织必须着手培训这些员工,从而确保服务绩效。企业经常采用的培训开发员工的手段有技术和互动能力培训、授权和促进团队合作。

技术和互动能力培训包括完成工作所需的技术技能培训和互动技巧培训。[7]技术技能是指,员工需要的必要技术技能与知识的培训,以及操作技能培训。会计系统、数据分析系统等都属于技术培训。互动技能是指使员工可以提供礼貌的、关心他人的、负责的、热心的服务的能力培训。互动技能包括愉快的谈话、适当的提问、幽默的交流以及和顾客搞好关系。比如,星巴克的一种培训方式是通过教导与顾客有直接联系的员工即兴发挥,以提高他们的沟通能力和聆听技巧,读懂顾客的肢体语言,快速建立与顾客的友善关系。

授权给一线员工,使其能对顾客需求做出灵活反应并在出现差错时及时补救,该手段的目的是要真正做到对顾客需求及时反应。[8]授权就意味着把为顾客服务的意愿、技能、工具和权力交给员工,授权的关键是把决定顾客利益的权力交给员工。需要注意的是,单方面权力给予不够,员工需要掌握相应的知识和工具才能做出这些决定,而且还要有激励措施以鼓励员工做出正确决定。如果组织单纯告知员工:"你现在有权做任何可以使顾客满意的事",这种授权根本不能成功。

促进团队合作是因为很多服务工作的性质决定,服务工作经常令人感到沮丧、费神和具有挑战性。通过促进团队合作,组织能够加强员工传递优质服务的能力,因为员工之间的支持,一方面会增强他们作为优秀服务提供者的意愿,另一方面也有助于减轻压力和紧张感。[9]在服务蓝图中,就向员工展示了他们在为最终顾客提供优质服务的过程中团队合作是必不可少的有效工具。

企业常采用的促进团队合作的方法是团队的目标和回报,即当团队整体被嘉奖,而不是按每个人的成绩和表现进行嘉奖时,团队的努力和团队精神就会受到鼓励。

3.提供必要的支持系统

没有以顾客为中心的内部支持和顾客导向的系统,无论员工意愿如何强烈,也几乎不可能传递优质服务。[10]比如,一位银行出纳员要在银行业务中分毫不差,同时使顾客满意,需要强大的背后支持,比如需要能很容易地得到顾客近期的资信资料,而且要求银行人员配备完整,以及愿意支持他以顾客为导向的上司和后勤人员。企业经常采用的提供支持系统的方法有度量内部服务质量、提供支持性技术和设施、开发服务导向的内部过程。

度量内部服务质量是指,对内部支持系统的服务质量进行评估。通过核查,内部组织可以识别自己的顾客,确定他们的需求,评估自身服务情况以及改进服务。评估并集中精力于内部服务质量和内部顾客的一个风险是,人们可能会在满足内部顾客的需求中迷失方向甚至忘记了他们是在为最终的外部顾客服务。[11]因此,在评估内部服务时,一定要注意时时把内部服务的传递与其如何支持传递给顾客的最终服务联系在一起。服务蓝图将有助于展示这些关键的联系并使之形象化。内部服务评估成为实现内部服务质量文化的一种工具。

提供支持性技术和设施是指,有效率、有效果的服务工作,需要合适的设施与技术。如果员工得不到合适的设施或者设施不能得心应手,他们传递优质服务的愿望就可能受挫。采用合适的技术和设施可以扩展到工作地点和工作站设计的战略中。比如,银行ATM机就很好地节省了柜台工作人员的工作时间,大大提高了工作效率。现在很多企业采用数据库等计算机系统,该系统能提供复杂的有关仓库中的产品库存信息,使客服代表能够向顾客提供及时的信息和选择。

开发服务导向的内部过程是指,按顾客价值和满意度设计内部过程,以支持服务人员在一线传递优质服务。在许多企业,驱动内部过程的是官僚规章、传统、成本效益或内部员工的需求。因此,提供服务导向和顾客导向的内部过程可能意味着对系统进行彻底的重新设计。这种彻底的系统和过程重新设计被称为"流程再造工程"。尽管通过再造工程开发服务导向的内部过程看似合乎情理,但它可能是一项最难实施的战略,对那些在传统中沉浸已久的企业更是如此。

4.留住最好的员工

员工的流动,尤其是最好的服务人员流失,可能会对顾客满意度、员工士气和整体服务质量造成严重影响。企业经常采用的留住最好的员工的方法有将员工纳入企业的愿景之中、将员工当作顾客对待、评估并奖励优秀员工。

首先,将员工纳入企业的愿景之中。整天传递服务的人员需要理解他们的工作是如何融入组织及其目标的宏大蓝图之中的。员工在某种程度上受工资和其他利益的激励,但是最好的员工如果不忠于组织的愿景,就会被其他的机会所吸引。但是,如果员工不知道企业的愿景是什么,他们就不可能忠于该愿景。这意味着在实践中,组织的愿景不断在员工中进行传播。[12]当使命和发展方向很清晰且有很强的能动性时,员工就更愿意留在公司里沿着公司的使命坚强地走下去。所以要激励并使员工对追随和支持组织目标感兴趣,就必须让他们理解和分享组织的愿景。

其次,将员工当作顾客对待是指如果员工感到他们有价值、他们的需求被人重视,这样就会更愿意留在组织中。把员工当作顾客的观点,就是要把基本的营销方法直接应用于员工。组织提供给员工的产品是岗位、各种利益和工作生活的质量,组织要定期进行内部营销调查,要确定员工对岗位和工作生活的需求是否被满足,评估员工的满意度和需求。为确保员工的满意度、生产力和保留率,企业可以更多地协助员工的私人生活和家庭,比如扩展的员工辅助计划、儿童看护、家庭休假、家人生病陪护日、灵活的回报、改进兼职员工的利益、弹性工资等,以支持其工作。

最后,评估并奖励优秀员工是指及时地奖励优秀的服务表现,尤其是对企业系统看重的生产力、数量、销售额或其他一些对优质服务有影响的方面。如果付出了努力并提供了好的服务却不被人重视、得不到回报,即使那些容易受鼓舞传递优质服务的员工也会在某时泄气并开始留意跳槽机会。奖励系统必须与组织愿景相联系,与真正重要的结果相联系。如果认为保留顾客是关键的结果,就要重视和奖励能增加顾客保留率的服务行为。

传统奖励的方法有高工资、升职和一次性货币奖励或奖金都可能激励服务绩效。其他类型的奖励包括,为提高顾客满意度或达到顾客保留目标而举行特殊的组织和团队庆祝。在大多数服务组织中,不只是一些重大的行动,日常的、坚持不懈的小事和对细枝末节的注意都能推动组织不断前进,因此意识到"做好小事"也非常重要。在许多情况下,一位顾客与某一位员工建立关系,这种关系可能比与企业的关系更坚固。如果这个员工离开了,企业不能与这位顾客取得联系,企业与这位顾客的关系也就随之消失。很明显,企业应该努力保留具有如上特点的员工,但是尽管如此,有些优秀员工还是会离开。

二、服务中的顾客

服务是典型的生产和消费同时进行的活动,在任何服务中都不可避免地有一定程度的顾客参与。顾客本身会影响供应商提供的服务是否能符合他们的要求,他们能控制或增加自己的满意度。在许多情况下,员工、顾客甚至服务环境中的其他人员相互影响,生产出最终的服务产品。顾客是价值的共同创造者,顾客参与能够产生创新战略。[12]

(一)顾客的分类

所有参与服务传递并影响到顾客感知的角色,包括公司的全体员工、顾客以及服务环境中的其他顾客。本书中顾客分为接受服务的顾客和服务环境中的其他顾客两类。

1.接受服务的顾客

由于接受服务的顾客参与了服务传递过程,他会通过自己适当或不适当的、有效或无效的、活跃或不活跃的行为对服务质量"差距"产生影响。服务类型不同,导致顾客参与水平或低,或中,或高。如表4-4所示:

表4-4 不同服务中的顾客参与水平、特性和例子

低:服务传递时要求顾客在场	中:服务完成需要顾客投入	高:顾客共同生产服务
商品是标准化的	顾客投入使标准产品定制化	积极的顾客参与指导定制化服务
服务提供时不考虑顾客	提供服务,要求顾客购买	离开顾客的购买和积极参与不能完成的购买

续表

低:服务传递时要求顾客在场	中:服务完成需要顾客投入	高:顾客共同生产服务
付款可能是唯一要求的	顾客投入(信息、资料)是必需的,但是服务企业提供服务	顾客投入是必需的,并由顾客来共同创造结果
最终消费者举例		
航空旅行	理发	婚姻咨询
汽车旅馆	年度体验	个人培训
快餐店	全方位服务的餐厅	减肥计划
企业顾客举例		重大疾病或手术
统一的清洁服务	创造性的广告代理活动	管理咨询
虫害控制	工资代发	行政管理培训
室内草木维护服务	货物运输	计算机网络安装

资料来源:BITNER, JO M. Zeithaml, et al.Service marketing: integrating customer focus across the firm [J]. Computer Network, 2000.

低水平参与是指顾客仅仅出现在服务现场,企业员工将基本完成全部服务工作。比如交响音乐会,去听交响乐的人只需到场接受娱乐服务,一旦他们就座,就不需要再做什么了。高水平参与是指顾客卷入服务的生产,顾客扮演着不可或缺的生产角色,如果不能实现该角色,就会影响服务产品的性质。比如一些复杂的咨询服务约定,顾客必须参与识别企业问题、解决共同的难题的不断沟通,及执行方案等过程中。中等水平参与是介于低水平和高水中之间的一种参与,顾客要投入信息、精力或者有形物,以帮助服务组织完成服务。

2.服务场景中的其他顾客

在大多数的服务环境中,对服务质量造成影响的人的因素,除了员工、接受服务的顾客,还包括服务现场的其他顾客,这些其他顾客的行为会增加或降低顾客满意度和顾客对服务质量的感知。[14]

其他顾客展示的某些行为方式,如破坏性的行为、引起耽搁、过度使用、过度拥挤和明显不兼容的需要,会消极地影响服务体验。比如,在餐厅、饭店、飞机等环境里,哭泣的婴儿、抽烟的同伴以及高声喧哗、不守秩序的群体,都会破坏或减弱其他顾客的服务体验。同时接受服务但是有不兼容需要的顾客也会彼此产生消极影响。比如,顾客不能遵守明确的或暗含的"行为规则"时,在公共场合,大家默认不能抽烟,一个抽烟的行为就会带来对其他顾客的消极影响。

其他顾客增加同伴顾客满意和质量的行为也很多。有时,仅仅是其他顾客的出现就会增强顾客的服务体验,比如,体育比赛现场、电影院和其他一些娱乐地点,人数规模与体验强度成正比。在另外一些情况下,顾客彼此互相帮助,会有助于达到服务的目标和效果。由一家专业健身房所做的一项研究表明,顾客从其他健身者身上获得过帮助的,会更积极地参与保持健身房清洁、与他人配合、同情他人,并鼓励别人加入健身队伍中来。在游乐场所,顾客在排队等待照相、照顾孩子以及找回丢失物品时,彼此之间的友好对话提高了顾客的满意度,愉快顾客的在场创造了一种可增强旅游乐趣的娱乐气氛。

(二)顾客的角色

在服务传递中,顾客扮演三种主要角色,顾客是一种生产资源、顾客是质量和满意度的贡献者、顾客是竞争者。

1. 顾客是一种生产资源

该角色把顾客被看作组织的"兼职员工",是增加组织生产能力的人力资源。[15]一些管理专家建议,考虑到顾客作为服务系统的一部分,组织的边界应该扩展。如果顾客为服务生产付出了努力、时间或其他资源,他们应该被视作组织的一部分。顾客的投入会从服务质量和服务数量两个方面影响组织的生产力。

顾客如何影响服务产品的质量和数量,有两种观点:一种观点认为顾客参与意味着不确定性。服务传递系统应尽量和顾客投入隔离,减少顾客的选择权、避免顾客态度和行为等难以控制的因素带来的不确定性。对于任何不要求顾客接触和介入的服务活动,完成时都应远离顾客,顾客和服务系统的接触越少,该系统高效率运行的潜能越大。另一种观点把顾客真的看作兼职员工,并依据使顾客对生产过程的贡献最大化,来设计顾客的参与角色,促使他们可以有效地提供服务。带领顾客学会目前他们还没有做的相关服务活动,或者指导他们更有效地完成目前他们已经在做的相关服务活动,组织的生产力就能提高。

2. 顾客是质量和满意度的贡献者

该角色是指顾客本身是其满意度及其所接受服务的最终质量的贡献者。[16]顾客或许不关心因他们的参与提高了组织的生产力,但是他们可能非常关心自己的需要是否得到满足。有效的顾客参与会提高满足顾客需要的可能性,而且顾客实际上也得到了他们寻找的利益。比如,保健、教育、个人健康和减肥这样的服务中,服务的产出高度依赖顾客的参与。

研究表明,在交互服务中,有效完成自己任务的顾客更容易对服务感到满意。比如,在一项对银行业所做的研究中,要求银行顾客依据他们做了什么和他们怎么做的对自己进行评定,那些对这些问题回答积极的顾客,也是对银行服务比较满意的顾客。另一个研究显示,顾客质量感知随着参与水平的增加而提高。即更积极主动地参与活动的顾客比较少参与的顾客,给各方面服务质量的评分更高。负责任的顾客,以及鼓励顾客在识别、满足其需求时成为合作伙伴的供应商,双方会共同实现较高水平的服务质量。

3. 顾客是竞争者

在某种程度上,顾客是提供该服务的企业的竞争者。比如,如果自助服务顾客被看作企业的资源,或者是"兼职员工",他们也可以部分或全部地为自己提供服务,而不再需要供应商。[17]能自己为自己提供服务,如照顾孩子、维修住宅、修理汽车,还是选择其他人为自己提供这些服务,从这个角度对企业而言,顾客就是企业的竞争者。

类似地,就采用内部资源还是外部购买也是企业会遇到的问题。企业常常选择外部服务资源,诸如工资发放、数据处理、研究、会计、维修和设备管理。它们发现集中于核心业务,把这些基本的支持服务留给具有更多专业知识的人对企业更有利。那么,外部采购服务对企业内部对应职能部门而言,就是竞争关系。作为一种选择,企业可以决定停止购买外部服务,在企业内部完成服务生产。无论是一个家庭,还是一家企业,是选择自己为自己服务,还是通过合作从外部获得服务,依赖于多种因素,比如专长能力、资源能力、实践能力、经济回报、精神回报、信任和控制等,而这些因素也正是顾客是否是企业竞争者的判断标准。

(三)提高顾客参与的策略

在服务过程中,顾客的参与水平会影响组织的生产力、组织的服务质量和顾客满意度。企业对顾客参与的总目标,总是期望能提高生产力和顾客满意度,同时降低由于不可预测的顾客行为产生的不确定性。

1. 定义顾客角色

基于服务工作中顾客参与的水平,组织要确定顾客在工作中承担的角色。[18]顾客可能承担的角色是由服务的特征事先确立的:帮助自己、帮助他人和为企业促销。

帮助自己,即顾客成为一种生产资源,完成一些在此之前由员工或其他人完成的服务工作。比如在餐厅自助取餐,在银行自助存取钱等。在每一个例子里,顾客都有实现自己的角色所必须完成的任务,结果是提高了企业的生产力或提高了服务质量和顾客满意度。

帮助他人,即有时可以邀请顾客帮助正在接受服务的其他人。许多大学建立了特别辅导员项目,在项目里相同背景的、有经验的学生帮助新成员进行调整,尽管常常是非正式的。通过帮助别人自己也会提高服务质量感知。在完成这类角色时,顾客为组织实现了生产功能,提高了顾客满意度和保留率。同时,让顾客扮演辅导员或促进者,能提高他们的满意度。

为企业促销是指,在某些情况下,顾客的工作可能包括销售或促销的成分。基于口碑传播,顾客更相信已经使用过该服务的消费者的体验,所以在决定试用某一位供应商时,他们更愿意从那些使用过这些服务的人那里得到推荐,而不仅仅依赖广告或其他非个人传播的形式。来自朋友、亲戚、同事甚至熟人的积极推荐,可以为积极的服务体验铺平道路。

当然,个体差异决定了不是每个顾客都想参与服务过程。[19]在定义顾客的工作时,记住不是每位顾客都想参与这一点非常重要。有些顾客喜欢自助服务,享受自己给自己带来的各种愉悦感,而另一些顾客,却更喜欢享受别人提供服务的过程,愿意安全地让别人为他们提供服务。做咨询的公司经常面临这样两类顾客:一类顾客希望能够参与咨询方案的设计过程中,一类顾客希望咨询公司提供独立完整的咨询方案。由于这些偏好上的差异性,大多数公司发现它们需要为不同的市场提供选择。例如,银行定制的服务,可以同时选择运用自助提款机或是人工服务。

2. 吸引、教育和奖励顾客

一旦顾客的角色定义清楚,企业就要考虑采用何种方法,降低由于顾客参与带来的不确定性引发的产品质量不稳定。企业开发了许多提高稳定性的方法:吸引合适的顾客、教育和训练顾客、奖励顾客的贡献。

吸引那些和角色要求相适的顾客。服务机构在其广告、人员推销和其他的企业信息资料中,往往会清楚地描述所期望的角色和相应的责任。让顾客通过判断他们在服务过程里的角色,以及在服务过程中工作对他们的要求,从而自行判断如何承担这份责任扮演好该角色。吸引合适的顾客带来顾客自我选择的结果,一方面会提高顾客对服务质量的感知,另一方面会降低组织的不确定性。

教育顾客使顾客能有效地完成他们的角色。该过程是一个适应化过程,包括向顾客传递服务组织的价值观,培养顾客完成角色所必需的能力,理解顾客的期望和要求,获得与员工及其他顾客互动的技巧和知识。顾客教育计划可以采取各种形式,如提供印刷品、服务环境中的直接提示或标志、向员工或其他顾客学习。很多企业都编写载明顾客角色和责任的材料以及顾客手册,来完成顾客教育的初始阶段。如果不能有效地得到培训,企业就要承担顾客带给企业的不确定性风险。

奖励顾客,他们将更愿意有效地完成自己的角色或积极参与。对提高服务传递过程的控制、节约时间、节约金钱等都要奖励或回报。例如,自行完成银行自动柜员机顾客,可以领一点小礼品,就是对顾客参与便捷过程得到的回报。提前一段时间在网上预订机票的乘客也能得到相应的票价折扣,或者一部分现金奖励。服务机构需要阐明能够给予顾客的回报和可能利益。需要注意的是,同样类型的回报不能激励所有的顾客。一些顾客可能重视所能获得的更多权利和时间的节约,另外一些可能重视金钱的节约,还有一些可能追求对服务结果的更大范围的个人控制。

3. 管理顾客组合

在服务的供给和消费过程中,顾客之间常常相互影响,所以要对同时接受服务的顾客组合进行有效管理。有效管理顾客组合,更多针对的是不同的顾客群体的需求不同,而可能带来的冲突管理。比如,社交聚会的单身大学生和带着小孩需要安静的家庭,两者的需求很难融合。当然,对这些细分顾客群进行管理,使其彼此相互不影响是可能的,比如让他们分区就座,或者在一天的不同时间里招待这两类顾客。

对多样的、有时是冲突性的细分顾客群的管理过程称为兼容性管理,兼容性管理首先是一个吸引同类顾客进入服务环境的过程,其次是对有形环境以及顾客之间的接触进行主动管理,以此来增加令人满意的接触,减少令人不满意的接触。表4-5列举了可提高服务企业的兼容性管理的相关服务企业特征。

表4-5　提高兼容部分重要性的服务企业特征

特征	解释	举例
顾客彼此有身体接触	当顾客之间有身体上的接触时,他们经常彼此注意,受到彼此行为的影响	飞行航班、娱乐、体育活动
顾客之间在语言上相互影响	交谈(没有交谈)是相遇的顾客满意或不满意的一个组成因素	全方位服务的餐厅、鸡尾酒会上的休息室、教育场所
顾客从事大量的、不同的活动	同一服务设施在同一时间里支持各种活动,各种活动可能是不一致的	图书馆、度假饭店、健康俱乐部
服务环境吸引异质顾客组合	许多服务环境,尤其是那些向公众开放的服务环境,会吸引不同的顾客群体	公园、公共交通、开放式大学
核心服务一致	核心服务可调解和培养顾客之间的一致关系	兄弟会/姐妹会、减肥小组计划、心理健康支持团体

续表

特征	解释	举例
顾客必须经常等待服务	排队等待服务可能使人产生厌倦或者焦虑,这种厌倦或者压力可能放大或减弱,这取决于顾客之间的一致性	诊所、旅游胜地、餐厅
顾客彼此之间需要分享时间、空间或服务设施	分享空间、时间和其他服务设施在许多服务中非常普遍,但当顾客群对于分享感到不适,或彼此之间感到不自在,或者由于服务能力的限制,使分享的需要加剧,就会产生问题	高尔夫课程、医院、退休团体、飞机

资料来源:HUO J,HONG Z.Operation Management[M]// Service Science in China. Springer Berlin Heidelberg, 2013.

提高兼容性管理,一方面,通过认真的定位和精准细分,最大限度地吸引相似的顾客群。很多酒店就是用该种策略,比如一家主要目标是高级旅行者的酒店,广告宣传定位传递给市场,顾客自己选择是否入住酒店。然而,即使在这种情况下,也存在潜在的冲突,比如,酒店同时接待大型商务会议团队和度假者。在这种情况下,常常使具有一致性特征的顾客被安排在一起,尽可能减少顾客群之间的直接影响。另一方面,规定顾客的"行为规则",诸如抽烟规定和着装规则。最后,训练员工观察顾客之间的相互影响,对潜在冲突具有敏感性。也可以培训员工识别机会,在特定环境下促进积极的顾客接触。

关键概念:
有形展示　服务流程　服务蓝图　边界跨越者

思考题:
1.什么是情感劳动?它与体力劳动和脑力劳动有什么区别?
2.以个人经历,描述高、中、低三类顾客参与水平的例子,你是如何介入三种不同的服务形式的?
3.你作为顾客是否感受到自己是生产资源的一部分?如何体现。
4.以你的亲身经历,讨论顾客对服务质量的影响如何体现。
5.以你的亲身经历,讨论顾客作为竞争者的角色如何影响服务质量。
6.以你的亲身经历,讨论服务环境的其他顾客如何提高你的服务质量感知,如何降低了你的服务质量感知。
7.什么是有形展示?有形展示对服务质量的影响如何?
8.以你的亲身经历,描述影响你的情感的服务场景因素有哪些。
9.为什么服务场景对不同的人影响不同?
10.服务流程对服务质量如何产生影响?

参考文献：

[1] 瓦拉瑞尔·A.泽丝曼尔,玛丽·乔·比特纳著, et al. 服务营销(原书第3版)[M]．北京:机械工业出版社,2004.

[2] MEHRABIAN A. Russell J A. An approach to environmental psychology[M]. MIT, 1974.

[3] GARDNER M P, SIOMKOS G J. Toward a methodology for assessing effects of in-store atmospherics[J]. Advances in Consumer Research, 1986, 13(1):27-31.

[4] SPELMAN D H.The managed heart: commercialization of human feeling[J]. Symbolic Interaction, 2011, 8(2):317-319.

[5] HARTLINE M D, FERRELL O C. The Management of Customer-Contact Service Employees: An Empirical Investigation[J]. Journal of Marketing, 1996, 60(4):52-70.

[6] BERRY L L. Relationship marketing of services—growing interest, emerging perspectives[J]. Journal of the Academy of Marketing Science, 1995, 23(4):236-245.

[7] PIERCY N F. Customer satisfaction and the internal market: Marketing our customers to our employees[J]. Journal of Marketing Practice Applied Marketing Science, 1995, 1(1): 22-44.

[8] ARGYRIS C. Empowerment: The Emperor's New Clothes[J]. Harvard Business Review, 1998, 76(3):P.98-105.

[9] PIERCY N F. Customer satisfaction and the internal market: Marketing our customers to our employees[J]. Journal of Marketing Practice Applied Marketing Science, 1995, 1(1): 22-44.

[10] BITNER, JO M. ZEITHAML, et al. Service Marketing: Integrating Customer Focus Across the Firm[J]. Computer Network, 2000.

[11] WIRTZ J. Book Review: Winning the Service Game[J].Asia Pacific Journal of Management, 1997, 14(1):103-106.

[12] SIEBEL T. High tech the old-fashioned way. An interview with Tom Siebel of Siebel Systems. Interview by Bronwyn Fryer[J]. Harvard business review, 2001, 79(3): 118-25, 165.

[13] GROVE S J, FISK R P, BITNER M J. Dramatizing the service experience: A managerial approach[M]// Advances in Services Marketing and Management: Research and Practice. 1992.

[14] GROVE S J, FISK R P. The impact of other customers on service experiences: A critical incident examination of "getting along"[J]. Journal of Retailing, 1997, 73(1): 63-85.

[15] MILLS P K, CHASE R B. Margulies N. Motivating the Client/Employee System as a Service Production Strategy[J]. Journal of Library Administration, 1984.

[16] JOHNSON R T, JOHNSON D W. Active Learning: Cooperation in the Classroom (Seminars Planned by the Organizing Committee)[J]. Annual Report of Educational Psychol-

ogy in Japan, 2008, 47:29-30.

[17]LUSCH R F, BROWN S W, BRUNSWICK G J. A general framework for explaining internal vs. external exchange[J].Journal of the Academy of Marketing Science, 1992, 20(2): 119-134.

[18]BOWEN D E. Managing customers as human resources in service organizations[J]. Human Resource Management, 2010, 25(3):371-383.

[19]HWANG Y, KIM D J. Customer self-service systems: The effects of perceived Web quality with service contents on enjoyment, anxiety, and e-trust[J]. Decision Support Systems, 2007, 43(3):746-760.

案例分析:迪士尼营销策略

自从1923年创立以来,迪士尼(Disney)的名字一直代表着全家人的优质娱乐场所。能够像迪士尼那样密切联系顾客的公司不多。今天,沃尔特·迪士尼公司的业务已经遍布世界,公司经营的业务包括主题公园、电影制作、电视网络、戏剧制作、消费品和不断增加的网上业务。迪士尼曾经说过:"我的兴趣不在于'表达'自己,不在于给人留下不知所以的创造性的印象。相反,我致力于娱乐大众,给人们带来快乐,特别是笑声。"

现在,迪士尼公司共有五个业务部门:沃尔特·迪士尼工作室(The Walt Disney Studios)制作电影、唱片和戏剧;公园和度假村(Parks and Resorts)专门运作迪士尼的11个主题公园、游船公司和其他与旅游有关的资产;迪士尼消费品公司(Disney Consumer Products)销售所有迪士尼品牌产品;媒体网络公司(Media Networks)经营迪士尼的电视网络,如ESPN、ABC和迪士尼频道;还有一个是互动媒体集团(Interactive Media)。公司当前以核心家庭作为目标市场,并将新的领域扩展到老受众。

目前,迪士尼面临的最大挑战是,如何保持这个有90年历史的品牌和其核心观众,并同时坚守其传统和品牌核心价值。在内部,为了达到高质量和易识别,迪士尼一直专注于迪士尼差异化。这源于迪士尼的名言:"无论你做什么,都要把它做得很好。如果做得够好,人们就想重新光顾看你再做一次。他们会把其他人也叫上来看你事情做得有多棒。"

迪士尼努力在多层次上通过每一个细节与顾客保持联系。例如,在佛罗里达的迪士尼世界(Disney World),培训"演员"或员工要"亲切热情",要挥舞米老鼠的大手迎接游客,分发地图给成人,分发贴纸给孩子,勤奋地清理公园使之很难找到一块有垃圾的地方。迪士尼的动画师甚至教会了保洁人员用简单的扫帚和水桶,在地上画大狗古菲和米老鼠的形象,对于客人来说,它在烈日下蒸发之前的那一分钟是一个魔法时刻。

迪士尼调整了其各方面的业务与能力,从多重途径高效而经济地贴近受众。一个成功的范例就是,迪士尼专门针对青少年制作了一部系列电视剧《汉娜·蒙塔娜》,然后将其开拓至各个富有创意的部门,最终为公司打造出了一个重要的连锁产品系列,包括销售额数以百万计的CD、电子游戏、流行消费品、电影、世界巡回音乐会和正在中国香港、印度与俄罗斯的国际迪士尼度假村进行的现场表演。

拥有这么多品牌和人物的迪士尼还应用新兴技术来保证不同平台的顾客体验。它以邮件、博客和网站等创新形式来联络顾客。它是最早开始以播客视频定时发布电视节目的公司之一,也是最早开始发布即时产品新闻以及公司员工与管理者访谈的公司之一。迪士尼的网站提供诸多电影预告片、电视片段、百老汇表演和主题公园的虚拟体验等。

迪士尼近年来的营销活动都集中在可以形成难忘家庭记忆的活动上。名为"让记忆开始"(Let the Memories Begin)的营销活动让客人真正享受在迪士尼各处游乐设施中的神奇经历。迪士尼公园和度假村的全球营销执行副总裁莱斯莉·费拉罗(Leslie Ferraro)阐述了迪士尼的目的:"这一灵感来自我们的客人。每一天都有人们在公园中留下难忘的回忆,将它们发布到网上,与朋友和家人分享。"

根据内部研究,迪士尼公司认为消费者每年"沉浸"于迪士尼品牌产品的时间总计达130亿小时。世界各地的消费者会花100亿小时收看迪士尼频道的电视节目,花在迪士尼度假村和主题公园的时间为8亿小时,还有12亿小时用于在家中、电影院或电脑上观看迪士尼电影。

1. 迪士尼的员工在服务传递过程中扮演了什么角色?
2. 迪士尼的服务场景细节体现在哪些方面?对顾客如何产生影响?

第五章　服务补救

英国航空公司总部设在英国伦敦希思罗机场,以希思罗机场作为枢纽基地。英国航空公司的历史追溯到 1924 年成立的帝国航空,是英国历史最悠久的航空公司。20 世纪 80 年代,英国航空公司从一个认为允许大众乘坐其飞机是施人恩惠的官僚集团变为一家对顾客反应迅速的世界级的服务提供商。其成功很大一部分原因是以新的方式倾听顾客心声并处理顾客抱怨。

公司首席执行官马歇尔先生加入该公司做的第一件事就是在希思罗机场设立了一个小录像间,这样一来,不满的顾客就可以马上在机场进入录像间,直接向他抱怨。马歇尔先生对抱怨系统和员工培训做了一系列改变,以对客户的抱怨进行鼓励和快速反应。用他的话来说:"我热切地相信,顾客的抱怨对我们是珍贵的机会,这既可保住顾客,防止他们把业务带到别处,又可以从中获悉哪些问题需要改进。"

最初,英航确实进行了研究,了解不满意或碰上麻烦的顾客在业务上的影响。研究发现那些没有向英航抱怨其所遇到问题的顾客,有 50%转到了竞争对手那里,而那些告诉英航他们所遇到麻烦的顾客有 87%留在了英航。显然,抱怨应该被鼓励,考虑到一位商业旅行乘客的平均生命价值为 15 万美元,鼓励抱怨和保留住业务就显得非常重要。英航通过建立一种"使顾客感到很好"的模式做出反应。新系统的目标是:①更有效地使用顾客反馈来改进质量;②通过团队合作努力预防未来的服务失误;③按顾客而不是公司的要求赔偿;④用实际行动而不仅仅是宣言来保留顾客。

最基本的目标就是防止顾客离去。为实现这个目标,英航设置了一套四步骤的流程:①向顾客道歉并接受这个问题——不是要指责某人,而是成为顾客的代言人;②反应迅速,处理问题绝对不超过 72 小时,并且最好是立即解决;③让顾客相信问题正在得到处理;④尽可能通过电话处理抱怨,英航发现遇到问题的顾客喜欢单独同可以解决其麻烦的顾客服务代表谈话。

第一节 服务失败

一、服务失败内涵

服务失败(Service failure)是指消费者在服务体验期间发生的任何与服务相关的灾祸或麻烦。这种灾祸可能是身体上的伤害也可能是心理上的伤害,这种麻烦可能是财产上的损失也可能是精力上的消耗。同时,服务失败可能是服务真的失败了,也可能是顾客感知服务失败了。不管是真的失败了还是顾客感知失败了,它都会带来顾客不满或顾客流失,企业需要同等对待。[1]

服务失败通常可划分为结果失败与过程失败两大类,前者是指在服务接触过程中,顾客并未得企业承诺的服务或对实际获得的服务并不满意,而后者是指在服务接触的过程中,由于服务人员服务态度不好或顾客没有被公正对待等而使顾客不满。

全面质量管理提倡的是"零缺陷"以及"在第一时间把事情做好",也就是所谓的"一次成功"。事实上,服务提供者很难达到这个近似苛刻的标准。对于企业来说,服务过程完美无缺是一种理想的状态,但是,在现实中这一点几乎无法达到。员工免不了会犯错误,服务的技术系统也会出现故障。一些顾客的行为会对另外一些顾客造成麻烦。而且,有些情况下,服务失误并不总是企业造成的,顾客可能不了解如何有效地参加服务过程中,或者正在服务的过程中临时改变所要求的服务内容。

由于以上种种原因,规划非常好的服务过程并不能完全按照企业原先设想的方向有计划地进行。不管服务失误由谁造成的,对于企业来说唯一要做的就是承担服务的责任,并采取相应的措施,及时纠正失误,让顾客满意。否则,顾客就会不满,企业就会面临顾客流失的危险。

二、漏桶效应

漏桶效应(Leaky bucket effect)是指有一个体积固定的桶,它的桶底下有一个小洞会不停地漏水出去,而桶的上方有个水龙头也不停地往桶里注水。如果你不断地通过水龙头从上面往桶里加水,但又从底下洞里把水漏掉了。这时,你处理这个问题的方法可能有三种:一是直接把桶换成新桶,这个成本相对较高;二是加大水龙头放水的速度,让进水量大于出水量,这个你会觉得很浪费;三是把桶底下的漏洞堵住,这时桶里的水量会迅速增加。

服务失败会导致顾客不满,顾客不满会导致顾客流失。对服务企业而言,服务失败就是导致企业市场份额下降的一个大漏。如图5-1所示:A企业和B企业,每年都有10%的新顾客,假如,但是A企业和B企业的顾客流失率不一样,A企业约每年5%的顾客流失,也就是说,她的顾客保留率是95%,B企业每年顾客的流失率是10%,也就是说它的顾客保留率是90%,如果按照这样一个顾客流失速度来测算,14年后,A企业的市场规模会增加一倍,而B企业14年以后的公司规模,仍维持不变。

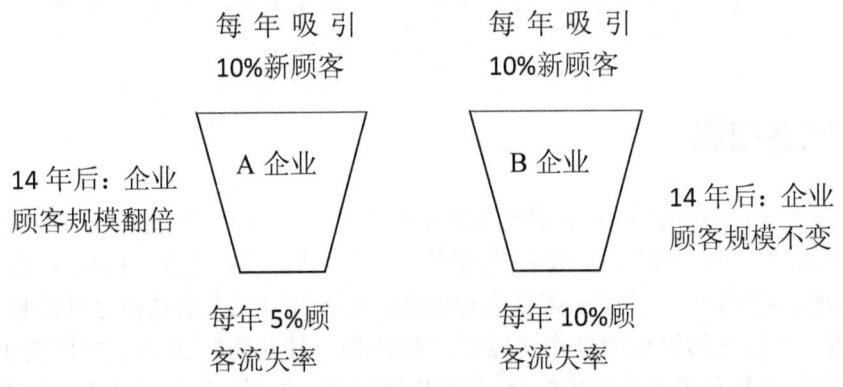

图 5-1　漏桶效应

正如哈特(Hart)在1990年所说:在非成长性市场上,竞争是围绕着失望顾客展开的。[2]在成长性高的市场上,由于不断有新顾客的涌现,顾客不满可能对企业的销售总量影响不大,但是在一个非成长性市场上,企业之间的市场份额之争基本上是一种零和博弈,就像一个馒头,就这么大,你吃多了,别人就会吃少。[3]比如说像麦当劳和肯德基,麦当劳的市场份额多了,肯德基的市场份额就会减少,而肯德基市场份额减少的部分通常是对肯德基的服务失望的顾客。考虑到吸引一个新顾客的成本往往是保留一个老顾客成本的5倍,因此,减少服务失败从而减少顾客流失,对企业的持续竞争力非常关键。

美国联邦快递(FedEx)在此方面是个成功的典范,该公司利用Powership自动系统跟踪有关货件的行踪资料,以了解服务类别、送货时间及地点。这样服务人员可以及时了解到是否发生服务失误,并在第一时间采取补救措施。同时,服务人员记录和分析顾客的投诉以评估服务补救的效果,并以此了解服务失误发生的原因并做出相应的改进措施。之后把这些信息收集整理,建立数据库,用于改进内部工作程序,以减少下次服务失误的发生。当顾客打电话给联邦快递的时候,只要报出发件人的姓名和公司的名称,该顾客的一些基本资料和以往的交易记录就会显示出来,极大地提高了服务补救质量。

在这一服务补救过程中,美国联邦快递公司制定了非常严格的服务标准。由于公司承诺肯定于第二天上午10:00前送达物件,这样顾客会很清楚地了解其应获得的服务水准。同时公司也非常重视员工的培训与授权,组织学习等。公司有相当好的培训制度,每时每刻联邦快递都有3%-5%的员工在接受培训,在员工培训方面的花费每年约为1.55亿美元。特别是对于一线服务员工,服务和服务补救技巧是必不可少的培训内容。同时,公司大胆对一线服务员工授权解决顾客问题。公司注重从补救经历中学习,通过追踪服务补救的努力和过程,服务人员能够获知一些在服务交付系统中需要改进的系统问题。

第二节 顾客抱怨处理

一、顾客抱怨

既然服务失误在所难免,赢得顾客满意也毋庸置疑,剩下的问题就是怎样有效地处理失败,争取做到"二次成功"。一般来说,服务失败发生后,顾客会有三种反应:顾客抱怨、传播负口碑、顾客沉默。[4]人们一般认为对服务失败而言,"没有消息就是好消息"。其实不然,正像一本流行的管理学著作的标题,"抱怨是一件礼物",因为它可以提供改正错误,改善过程、系统和满足顾客的机会。[5]如果顾客保持沉默,企业压根就不知道"水桶"哪里漏水了。如果服务失败后,企业采取"不抱怨不处理"原则,顾客传播负口碑问题可能会更严重。

如果顾客采取抱怨的方式,他会有四种途径:一是向企业抱怨,由顾客服务部等专门处理顾客抱怨的部门来加以解决。服务失误的处理仅仅是限于与顾客服务部相关的工作。二是联合抵制。某个顾客联合其他遭遇服务失败的顾客一起抵制提供服务的企业。这种抵制往往伴随着各大媒体的报道,影响往往会越来越大。三是顾客投诉。遭遇服务失败的顾客向工商部门、技术监督部门、消费者协会等机构和组织进行投诉,寻求行政等手段解决。一旦媒体参与其中进行报道,局面将会难以收拾。四是法律诉讼。遭遇服务失败的顾客向法院提起诉讼,诉讼不仅费用高,而且耗时长,对企业负面影响更大。(见图5-2)

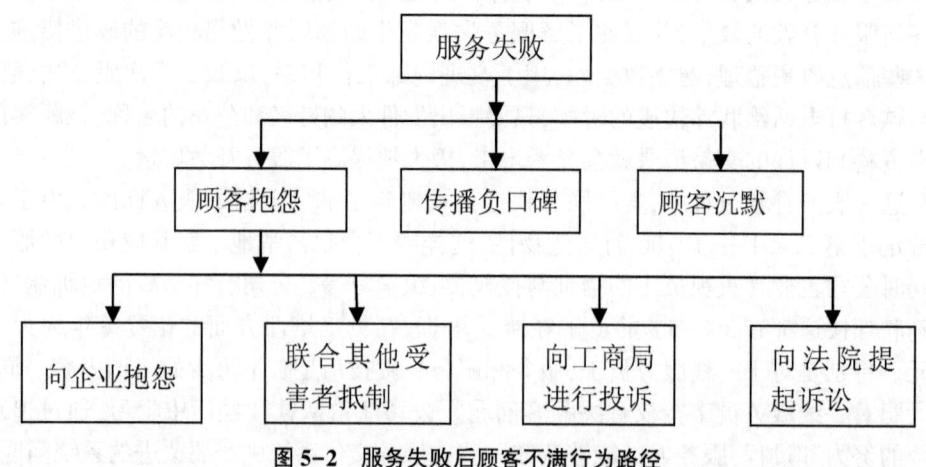

图5-2 服务失败后顾客不满行为路径

资料来源:瓦拉瑞尔·A.泽丝曼尔等.服务营销(第二版)[M].北京:机械工业出版社,2002:159.

从上面的分析可以看出,除了向企业抱怨还会给企业以弥补的机会外,其他情况将会给企业的形象带来巨大的损伤。来自技术协助调查程序(TARP)的资料证实:不满的顾客中只有4%对企业进行了确切的抱怨,其他96%有意见的顾客只是不满,平均9%-10%的人将其不满告诉他人。

服务失败后顾客为什么选择沉默?其主要原因有以下几方面:服务失败发生后,顾客根本不知道向谁抱怨,也不知道怎样做;顾客认为抱怨需要投入时间和精力,从经济上考虑不划算;顾客认为是自己没配合好,因为服务"不可分性"决定了服务失败可能与顾客自己有一定的相关性;在面对面服务接触中,顾客当着服务提供者的面会感到不好意思。

服务失败后顾客为什么选择传播负口碑?其主要原因有以下几方面:顾客报复服务提供者,一报还一报的心理;顾客想释放心理压力,服务失败造成不良情绪,说出来可以缓解一下;顾客想获得同情,检验其他顾客是否也有同感;顾客想创造一种不可侵犯的印象,避免再次遇到同类失败。一般情况下,经历过服务失败的顾客会告诉9-10人他们糟糕的服务经历,然而,满意的顾客仅仅告诉4-5个人他们满意的经历。

二、顾客抱怨管理

顾客抱怨管理是公司设立的一个系统,它为顾客不满的解决提供了一个机会,它旨在努力使顾客抱怨更容易。许多公司没能意识到抱怨顾客的价值和不满顾客不抱怨的危险,实际上,许多公司在鼓励减少顾客抱怨,错误地认为更少抱怨意味着更好的服务,更多的抱怨意味更差的服务。更有甚者,许多企业防止高级管理者接受不满意的顾客,在这个过程中,实际上拒绝了很多重要而且能够产生修正措施的信息。

企业时常通过顾客抱怨的数量度量服务失败,然而,这会严重低估出现的问题,因为不满意顾客中只有很小部分会抱怨。长期以来,很多企业遵循的做法是当顾客投诉无法解决的时候,就把他们"升级"到更高一层。如果一线员工只能解决很小部分顾客投诉的话,这样做就会给企业高层带来一个沉重的负担。

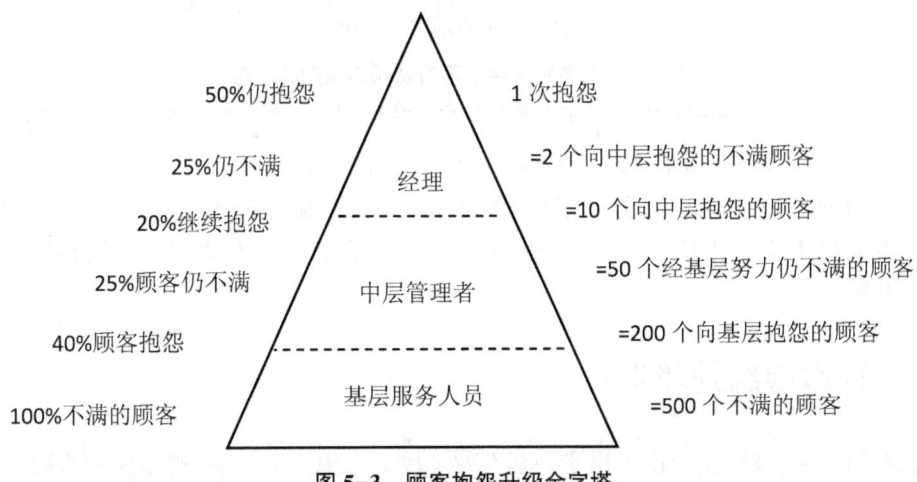

图 5-3 顾客抱怨升级金字塔

资料来源:詹姆斯·赫斯克特,小厄尔·萨塞等.服务利润链[M].北京:机械工业出版社,2005:150.

根据TARP的研究得到一个简单的例子就能够说明这一点。假如,有40%的不满意顾客向一线服务提供者比如销售代表或者服务代表投诉,这些顾客当中有25%仍然不满意,然后就"踢给"中层管理者,而这些顾客只有1/5会真正向中层管理者投诉。而在那些选择对中层管理者投诉的顾客中,有1/5的人仍然不满意。如果这些不满意的顾客中有一半把他们的投诉交给(或者是让别人转交给)一位经理,那么就会产生如图5-3所示的金字塔,在此我们看到经理每接到一个投诉就表示有500名不满意的顾客存在。

服务失败对企业顾客保留的影响可从两方面衡量:一是服务失败的严重程度;二是企业对服务失败的处理方式,主要包括抱怨快速解决、抱怨解决、抱怨没解决、顾客沉默。如果是一个小的服务失败,企业快速解决了,顾客保留的比例能达到95%;抱怨仅仅是解决了,顾客保留比例是70%;抱怨没有得到解决,顾客保留的比例不到一半,只有46%;如果顾客压根就没抱怨,顾客再来的比例只有37%。如果是一个大的服务失败,企业快速解决了,顾客保留的比例是82%;抱怨仅仅是解决了,顾客保留比例是54%;抱怨没有得到解决,顾客保留的比例不到一半,只有19%;如果顾客压根就没抱怨,顾客再来的比例只有9%。(见图5-4)

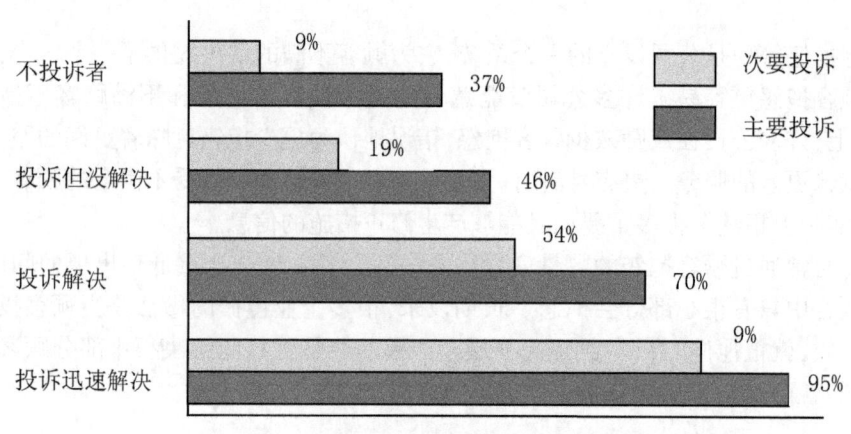

图5-4 在各种条件下不满意顾客重购的意愿

资料来源:詹姆斯·赫斯克特,小厄尔·萨塞等.服务利润链[M].北京:机械工业出版社,2005:161.

曾获得美国服务业质量管理奖的瑞兹·丽兹(Ritz Carlton)酒店,其总裁Patrick Mene创造了所谓的"1-10-100"的服务失败处置法则。意思是服务失误出现后,当场处置可能要使企业支出1美元,随后处置这笔费用会是10美元,而不予处置带来的潜在损失会上升到100美元。

三、顾客抱怨处理步骤

长期的服务实践,企业摸索出了一套有效解决顾客抱怨的步骤,遵循这种步骤可提高顾客抱怨处理的效率和效果。具体步骤如下:

步骤1:拥有积极态度。通常说,态度决定一切,没有一个积极态度,顾客抱怨很难处理妥当。

步骤2：安抚顾客。服务失败给顾客造成生理、心理或财产上的损失，顾客通常会很恼怒，而人在恼怒的情况下很难正常思维。安抚顾客，使顾客冷静下来，使问题在正常思维下找到有效处理的办法。

步骤3：建立移情性。就是要求换位思考，假定"如果是我遇到这种服务失败，我将会怎么做……"。当顾客由于服务失败而受到伤害时，他会认为自己受到不公正的对待，对对方的容忍度会变小。建立移情性，理解认同顾客的感受，有助于缓解顾客的情绪。

步骤4：赔礼道歉。承认错误，不要太多辩解和争论，这会阻碍聆听顾客的观点，并且不利于平息顾客的怒气。正如英国航空公司顾客关系部负责人查尔斯·怀瑟缩所说："98%到99%的顾客都确信自己的批评是正确的。"

步骤5：识别问题和原因。顾客心情平静下来后，和顾客沟通到底发生了什么？性质有多严重？产生这一问题的原因（服务人员态度、服务系统性能、其他顾客干扰）是什么？

步骤6：顾客要求或提供备选解决方法。针对具体的问题及其产生的原因，让顾客提出自己有什么要求（很多情况下，顾客仅仅需要的是一个道歉），以及向顾客提出企业解决这个问题的备选方案，供顾客自己选择。

步骤7：解决问题。向顾客阐明解决问题需要的步骤并让其了解问题解决的进度。在问题不能当场解决的情况下，告诉顾客企业计划如何行动，表明企业正在采取修复性的措施。同时，要把问题解决的进度及时告诉顾客。因为，心理学的研究表明：不确定性会导致人的紧张和焦虑，这样会加大顾客解决问题的心理成本。

步骤8：补偿和感激顾客。在顾客没有得到他们花钱购买的服务结果，或遭到了严重的不便，或因为服务失败而遭到了时间、精力和金钱的损失时，正确的做法是赔偿或提供同样的服务。这一做法还可能有助于减少恼怒的顾客采取法律行动的风险。这里强调的是一定要感激顾客，纯粹的补偿顾客的感觉像是在施舍。

步骤9：监控最终满意。顾客抱怨处理完毕后，一定建立回访制度，确认顾客对这次服务失败处理满意程度。这对企业和顾客之间建立长期关系，赢得顾客重购非常重要。

第三节　服务补救策略

一、服务补救

顾客抱怨处理就是企业要求那些遇到服务失误的顾客向企业提出抱怨，企业分析这些抱怨，查找服务失误的原因和责任人（可能伴随着事后对员工的惩罚），并在此基础上改进服务设施、调整服务规范，从企业内部管理的角度对其进行处理。通常情况下，不管服务失误是谁造成的，企业一般不会对顾客做出赔偿，即使做出赔偿也非主动或心甘情愿。也就是说，顾客抱怨处理所关注的是企业内部效率，尽可能地以较低的成本来解决顾客抱怨，除非无法避免。虽然顾客抱怨处理在一定程度上也反映了服务提供者的顾客导向,但从本质上说,抱怨处理绝对不是建立在顾客导向基础上的。[6]

服务补救(Service recovery)是服务提供者在发生服务失败后所做的一种即时的和主动的反映。它和抱怨处理不同,他所关注的是外部效率,企业的形象,着眼于与顾客建立长期的关系,而不是短期的成本节约,服务补救是建立在顾客导向基础上的问题处理方式。[7]具体说来,相对于顾客抱怨,服务补救主要特点表现在以下几个方面:

一是全员性。服务失误的补救不仅仅是顾客管理部门的职责,它是服务企业所有员工共同的责任。它要求职权和职责尽可能向下委任,并尽量接近顾客,以便使问题发生时就得到解决,因为,一个未被解决的问题可能很快会升级。

二是主动性。服务失误出现后,不等顾客提出来被动地解决,而是主动补救,同时,它绝对禁止各个职能部门相互推诿或扯皮。

三是及时性。出现服务失误后,不等整个服务流程结束,顾客也不必到规定的部门去正式提去意见,问题就会得到解决。因为,服务补救建立在对员工培训和授权的基础上。

四是经济性。从为企业树立良好的口碑以及顾客的终身价值考虑,对服务失误给顾客造成的损失进行赔偿在经济上是合算的。由有效补偿所带来的收益将是补偿成本的数倍。

五是关系性。服务补救着眼于培育顾客的忠诚度,而不仅仅在于处理顾客的一次抱怨。企业把处理服务失误当作强化顾客关系的一次机会。一些学者认为,那些不满意的顾客若经历了高水平的、出色的服务补救,最终会比那些第一次就获得满意的顾客具有更高的满意度,并更可能再次光顾。

六是学习性。服务补救并不仅仅是补救有缺陷的服务和加强与顾客的关系,它同时也是有助于改进顾客服务规范性有价值的信息来源。通过追踪服务补救的努力和过程,管理层能够获得一些在服务交付系统中需要进行改进的系统问题。因此服务补救是企业学习的动力源和信息源。(见表5-1)

表 5-1　服务补救与顾客抱怨处理的特点比较

服务补救	顾客抱怨处理
基于企业形象考虑	基于企业收益考虑
学习型组织	交易型组织
长期的关系维持	短期的成本节约
企业的整体活动	顾客管理部的活动
主动补救	被动处理
事中发现并补救	事中发生,事后处理

二、服务补救与顾客满意

公平交易是市场经济的基础,顾客支付了费用而没有得到相应的服务(过程和结果),这违背了市场经济公平交易原则。服务提供商的服务补救不是对顾客的施舍,而仅仅是维护市场经济公平交易原则的基本要求。服务补救要想赢得顾客满意,只有服务补救结果超出顾客期望值,而要想赢得顾客,重购补救结果只有大大超出顾客期望后才会发生。图5-5阐述了服务失败后服务提供商如何通过补救赢得顾客满意的机理。

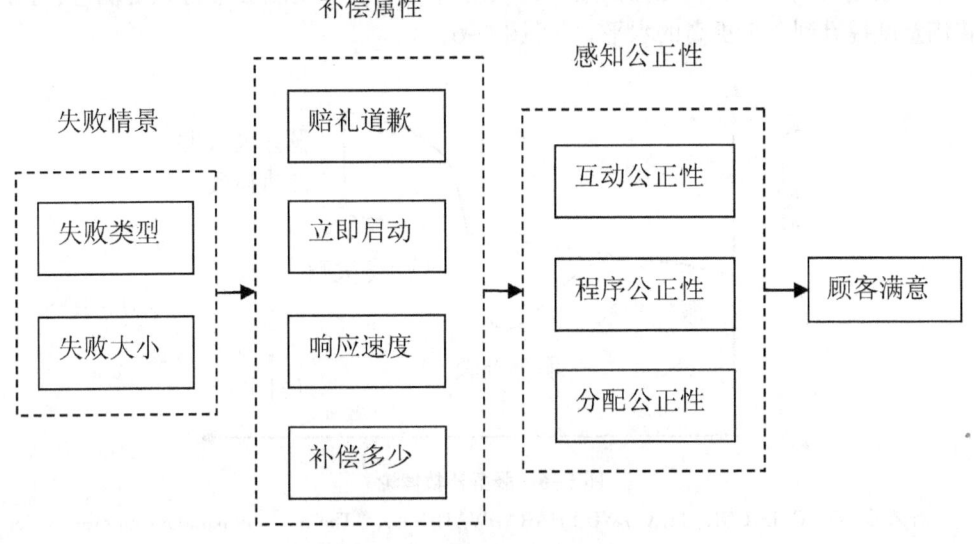

图 5-5　服务补救与顾客满意

资料来源:Amy K. Smith, Ruth N. BOLTON, And JANET WAGNER..A model of customer satisfaction with service encounters involving failure and recovery[J].Journal of Marketing Research Vol. XXXVI (August 1999), 356 – 372.

首先,服务补救对顾客满意影响与失败情景相关联。失败情景包括两个维度:一是服务失败的类型,有两种类型服务失败即技术失败和功能失败,在技术失败中,服务提供商没能提供顾客需要的服务结果,比如,汽车修理店由于技术水平问题没能或没完全修好汽车;而在功能失败中,服务提供商在服务传递过程存在某种缺陷和不足,比如,服务人员态度不够友好,汽车维修不及时等。二是服务失败的程度,是一个非常严重的失败还是一个小的服务失败,服务失败越严重,同等的服务补救带来的顾客满意水平就会越低。

其次,服务补救对顾客满意影响与补救属性相关,一般来说,服务提供商补救属性主要包括道歉,即承认自己的过错以征得对方的理解和原谅;启动,即开始着手解决问题,而不是推到随后解决;响应速度,即在解决问题过程中不相互推诿、扯皮;补偿,即对服务失败给顾客带来的损失给以财务上的补给。不同的补偿属性会影响顾客感知的公平性。顾客感知的公平性主要包括:互动公平(包括诚实、礼貌、努力、移情等)、程序公平(包括决策过程的公平、透明等)、分配公平(包括各种形式的补偿,比如折扣、优惠券、退款、赠品、更换等)。[8]

三、服务补救悖论

所谓悖论是表面上同一命题或推理中隐含着两个对立的结论,而这两个结论都能自圆其说。服务补救悖论(Service recovery paradox)是指服务失败后服务提供商采取的补救措施为顾客带来的满意度超过正常服务的顾客满意度。[9]这个结论似乎违背常理,但正如《淮南子·人间训》所说"塞翁失马,焉知非福",服务失败并不必然导致顾客不满,是服务补救的失败导致顾客不满。服务失败后的及时有效补救不仅能够维持顾客满意,甚至还能将满意度提升到一个更高的水平。(见图5-6)

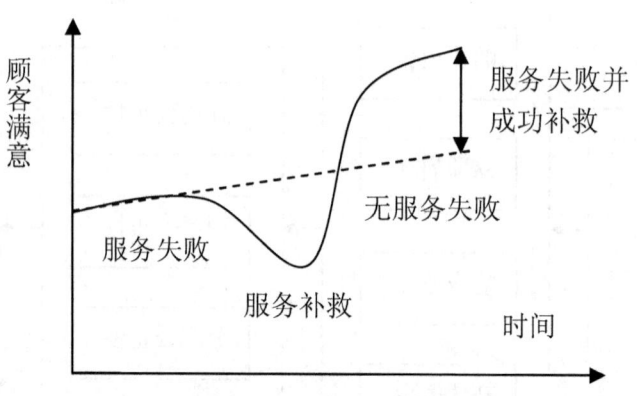

图5-6 服务补救悖论

资料来源:MCCOLLOUGH, M.A. AND BHARADWAJ, S.G., "The recovery paradox: an examination of consumersatisfaction in relation to disconfirmation, service quality and attribution based theory", in Allen, C.T. et al. (Eds), Marketing Theory and Applications, American Marketing Association, Chicago, IL, 1992, 119.

服务补救悖论之所以存在的主要原因在于信任,服务失败可能毁掉顾客对服务提供商的信任,也可能建立起更高的信任,这就是俗语所说的"不打不成交"。由于服务本身的特性,服务失败不可避免,这是一种共识,当顾客体验到服务提供商能够诚实地面对失败并采用补救手段时,信任就会很快建立起来。当服务补救结果超出顾客期望时,顾客满意度就会相应提高。比特勒(Bitner)和波姆斯(Booms)研究发现,在航空业、旅馆和饭店产业中超过23%难忘的满意接触都直接与员工对服务失败反应密切相关。

既然有效的服务补救可大大提升顾客满意度,那么,我们能否通过人为制造服务失败来提升顾客满意度呢?答案是否定的。一是服务补救是有相当高的成本,为了有效处理服务失败,要么重新提供服务,要么提供补偿,而且还会消耗服务提供人员的时间和精力,这会大大提高服务运营的成本;二是服务失败后经过有效补救虽然会提高顾客满意度,但这种满意度的提升是建立在牺牲服务质量的基础上的,因为,服务的可靠性是服务质量的重要维度,特别是对医疗服务、航空服务等而言,服务失败往往意味着人员伤亡,第一次就把事情做对永远是服务提供商的座右铭;三是人为制造服务失败,还存在营销道德风险,因为这里蕴含着不诚实、欺骗等不良风气,正如《论语·颜渊》中所说"己所不欲,勿施于人";四是从总体和长期来看,服务失败一方面会降低顾客感知的服务质量(顾客满意度只考虑一次服务接触,服务质量考量的是总的和长期的服务接触),另一方面又会增加服务运营的成本,正反两个方面就会大大减低顾客感知价值。

四、服务补救管理

与顾客抱怨处理不同,服务补救关键点在于"第一线的员工",顾客抱怨处理是顾客关系部门的职责,而服务补救则把重任放在一线员工身上。英国航空公司的经验表明:不满顾客中只有8%的人会把不满告知公司顾客接待人员,23%的人直接告诉最近的公司一线员工,69%的人不对公司的任何人讲。因此,一线员工不仅要处理好向自己投诉的顾客不满,而且要努力识别出来69%不向公司任何人投诉的不满顾客,这一切都要求做好服务补救管理:

一是挑选具有高"情商"的一线员工。对于从事服务业的人员来说,"情商"是一项非常重要的因素。尤其在服务补救时更是如此。正如美国西南航空公司的首席执行官赫布·凯莱赫所说:"雇佣从寻找拥有良好态度的人员开始——那才是我们要找的——愿意为他人服务的人。"罗森布鲁斯(Rosenbluth)国际旅游公司的总裁也说"我们所要寻找的不是技术能力,我们要寻找友善的人,我们可以培训人员具有专业技术,但是我们无法使他们变得友善。"

二是对一线员工进行服务补救意识和能力的培训。服务业的金科玉律是:"第一次做好,第二次绝对不能出错。"服务失败后顾客的容忍度会降低,企业一定要避免在服务补救中出现服务质量与顾客期望的再次背离。因此,与顾客接触的员工必须明确为什么要关注服务失误,为什么要对其做出及时的补救,也必须明白他们所担负的职责。培训的目的是培养员工的补救意识和处理此类问题的技巧。及时做好受挫顾客的工作、迅速改正错误并做出赔偿。如果不这么做,员工对服务补救的看法可能就是五花八门的,难以形成统一的认识。

传统方法   非传统方法

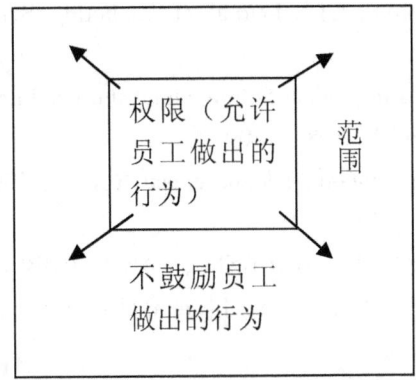
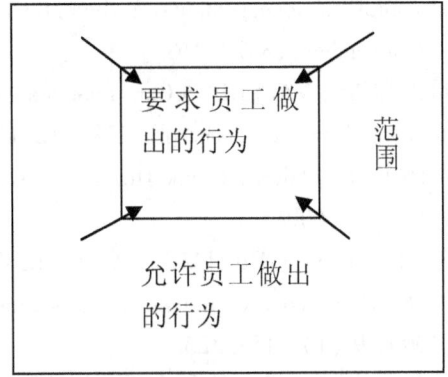

图 5-7 赋予员工权限和范围的两种方法

资料来源:詹姆斯·赫斯克特,小厄尔·萨塞等.服务利润链[M].北京:机械工业出版社,2005:101.

三是对一线员工进行充分的授权。罗伯特·西蒙(Robert Simons)说:"授权就是对行动自由度和限制度的一种规定"。[10]服务补救对员工的自由度和限制度的理解不同于顾客抱怨处理。相对于顾客抱怨处理的阻挠行为,它更强调许可行为。具体一点来说,顾客抱怨的要求是,"你必须怎么做(上报顾客管理部处理)"。而服务补救是,"你可以怎么做(现场自己怎么处理)"。前者在于定义限制度,不能超出范围;后者在于定义自由度,在范围之内员工可自由裁量。(见图5-7)

关键概念

服务失败　顾客抱怨管理　服务补救　服务补救悖论

思考题

1.结合自己的服务消费经历,说明服务失败顾客的行为路径。
2.服务失败后,企业应如何处理顾客抱怨?
3.相对于顾客抱怨,服务补救主要特点有哪些?
4.利用市场公平交易原则,分析服务补救与顾客满意模型的合理性。
5.讨论企业能否通过人为制造服务失败来提升顾客满意度?
6.结合实际谈谈企业如何做好服务补救管理?

参考文献

［1］GOODWIN, CATHY AND IVAN ROSS.Consumer responses to service failures: influences of procedural and interactional fairnessperceptions［J］. Journal of Business Research, 1992,25(2), 149 – 63.

［2］HART, CHRISTOPHER W., JAMES L. HESKETT, AND W. EARL SASSER JR. The profitable art of servicerecovery［J］. Harvard Business Review, 1990,68 (July/August), 148 – 56.

［3］FORNELL, CLAES AND BIRGER WERNERFELT.Defensive marketingstrategy by customer complaint management: a theoreticalanalysis［J］. Journal of Marketing Research, 1987,24 (November),337 – 46.

［4］FOLKES, VALERIE S.Consumer reactions to product failure:an attributional approach［J］.Journal of Consumer Research, 1984,10(March), 398 – 409.

［5］HARARI, OREN.Thank Heaven for Complainers［J］.Management Review, 1992, 81 (January), 59 – 60.

［6］SPRENG, RICHARD A., GILBERT D. HARRELL, AND ROBERT D. MACKOY.Service recovery: impact on satisfaction and intentions［J］.Journal of Services Marketing, 1995, 9 (1), 15 – 23.

［7］马勇.超越顾客抱怨实施服务补救［J］.经济管理,2003(9):56-59.

［8］DEUTSCH, MORTON. Equity, equality, and need: what determines which value will be used as the basis of distributive justice?［J］.Journal of Social Issues, 1975, 31 (3), 137 – 49.

［9］MCCOLLOUGH, M.A. AND BHARADWAJ, S.G."The recovery paradox: an examination of consumersatisfaction in relation to disconfirmation, service quality and attribution based theory", in Allen, C.T. et al. (Eds), Marketing Theory and Applications, American Marketing Association, Chicago, IL, 1992, p. 119.

[10] 詹姆斯·赫斯克特等.服务利润链(中译本)[M].北京:华夏出版社,2001.

案例分析:星巴克服务补救的代价

2017年5月20日,美国佛罗里达州一名女子被一杯盖子突然脱落的星巴克咖啡严重烫伤,陪审团要求这家连锁咖啡巨头赔偿10万美元(约合68.8万元人民币),星巴克公司表示考虑上诉。

多家美国媒体19日报道,现年43岁的乔安妮·莫加韦罗2014年7月在佛州杰克逊维尔市一家星巴克外卖店购买了一杯热咖啡。当莫加韦罗从一名店员手中接过咖啡,准备递给车内乘客时,杯盖脱落,她的大腿和腹部被190华氏度(87.8摄氏度)的咖啡烫伤,按照原告律师的说法,系一度和二度烫伤,留下永久疤痕。

莫加韦罗指认星巴克方面没能把杯盖盖得"足够"紧。她的律师说,星巴克本该提醒顾客,杯盖可能会脱落。陪审团18日认定,星巴克应当为这起事件承担80%的责任,应向莫加韦罗赔付1.5492万美元医药费和8.5万美元精神损失费。莫加韦罗购买的超大杯派克市场咖啡售价大约2.5美元。

上述事件不禁让人想起了20世纪90年代星巴克的一次服务失败。

1995年4月,吉里米-多罗森花299美元从伯克利的一家星巴克买了一台咖啡机,回家后发现这台咖啡机有问题,于是,他带着咖啡机到星巴克去维修。由于维修需要时间,星巴克就借给他一台咖啡机使用,那台有问题的咖啡机留在星巴克进行维修。多罗森是星巴克的忠诚客户,很喜欢星巴克的咖啡机,刚好有一个朋友不久要再婚,而这位朋友之前得了癌症,顽强地与病魔战斗了很久才得以康复,再婚将是她新生活的开始,多罗森想送她一台咖啡机作为再婚的礼物。

大约两周后,多罗森到星巴克换回那台维修好的咖啡机。他看到一款410型号的咖啡机很好,于是就决定买这种咖啡机送给将要再婚的那位朋友。可是,星巴克的服务员告诉他,他看好的这台咖啡机已经被别人预定了,星巴克没有现货,如果他要买的话,需要预定,等几天才行。

过了几天,多罗森去取货时发现,咖啡机的包装好像是被打开后又重新用胶纸粘上的。星巴克的服务员说,由于咖啡机是从欧洲运输过来的,所以包装看上去有点损坏,但是咖啡机一定是原装的,没有人动过。多罗森让服务员另外换一台咖啡机,但是服务员说,现在店里只有这一台了。多罗森相信了星巴克服务员的话,买了这台咖啡机。每一台咖啡机都配送1/2磅的咖啡,当多罗森向收银员索要配送的咖啡时,收银员说,没有免费配送的咖啡给他。多罗森说他买的咖啡机应该得到配送的1/2磅的免费咖啡,但收银员就是不给他,让他感觉到很不舒服,此后,抱怨渐渐在心底里积累。

朋友收到这份结婚礼物后发现,咖啡机没有说明书,而且有些地方还生了锈。她的朋友以为他是买了一台二手的咖啡机呢。这让多罗森十分没有面子,明明是花了189美元买的新咖啡机,可得到的却是一台二手的咖啡机,他的形象在朋友面前严重的受到损害。多罗森越想越气愤,前后他买了两台星巴克的咖啡机都是坏的,这都是星巴克惹的祸。于是,他又来到星巴克找到店里的经理投诉。经理说,他可以退货。但是多罗森认为退货于事无补,由于星巴克的过错,他已经受到了精神上损害。

多罗森来到星巴克位于旧金山的地区总部进行第二次投诉,多罗森在旧金山没有得到满意的答复。多罗森给星巴克位于西雅图的总部打电话开始第三次投诉,多罗森提出:①星巴克应该给他朋友一封道歉信;②用星巴克目前价值2459美元的最好咖啡机换回原来那台生锈的410型咖啡机,作为对他造成精神损害的一种补偿。

星巴克总部负责客户关系的主管没有答应多罗森的要求,认为这种要求有点离谱。他告诉多罗森:①发送一台价值269美元的新咖啡机换回多罗森最早买的那台价值299美元的咖啡机;②给他的那位新娘子朋友写一封道歉信;③发送一台价值269美元的咖啡机换回生锈的价值189美元的410型号咖啡机。多罗森对这位客户关系主管提出的解决方案表示不满。坚持星巴克要用一台价值2459美元的咖啡机来补偿由于星巴克的过错给他以及朋友带来损害。

谈了两次,星巴克依旧不答应多罗森提出的解决方案。多罗森气愤到了极点,他向星巴克发出最后的通牒,两个小时的最后期限,要么是星巴克提供一台2459美元的咖啡机,要么他就要将他所遭受的损害公之于众,并且在《华尔街日报》报刊登广告,征集其他对于星巴克不满的客户,共同与星巴克战斗。但是,最后的通牒遭到星巴克的那位客户关系主管的断然拒绝。

1995年5月5日,多罗森首次在《华尔街日报》(西海岸版)上刊登广告:"你在星巴克遇到什么问题了吗?你并不孤单,有兴趣吗?我们谈谈。"紧接着,5月10日,多罗森第二次在《华尔街日报》(西海岸版)上刊登广告。广告像一记耳光,重重的打到了星巴克的脸上。当星巴克的高层已经意识到问题严重性的时候,已经晚了。

星巴克告诉多罗森,他们正在按照多罗森的要求准备道歉信和顶级咖啡机,很快就会送到多罗森那位朋友的家中。多罗森回复说,星巴克提供的补偿太少了,也太晚了。多罗森决定提高赌注,他要求星巴克在《华尔街日报》(西海岸版)上刊登一个整版广告,承认自己明明知道但仍旧用二手的咖啡机充当新的咖啡机在卖,他希望广告上有星巴克董事会主席的亲笔签名,不仅如此,多罗森还要求亲自审核广告的最终内容。星巴克又一次拒绝了。

于是,多罗森分别于5月19日和5月23日继续在《华尔街日报》(西海岸版)上刊登广告。连续四轮的广告多罗森花去了将近4000美元,显然,现在的多罗森已经不是在为了钱和星巴克战斗了,星巴克陷入了严重的困境。

而多罗森却成为媒体的宠儿,新闻和脱口秀节目让多罗森一夜之间成为名人。多罗森成为美国人心目中敢于捍卫消费者权益的英雄。随着多罗森越来越有名,他向星巴克提出的要求就越来越苛刻,他要求星巴克为一个出走儿童中心提供资金帮助。星巴克拒绝了。

多罗森办了一个网站 starbucked.com,至今网站仍然在运行。多罗森还应邀到一些大学去发表演讲,讲述他与星巴克战斗的故事。

(案例来源:《女子遭咖啡烫伤　星巴克被判赔偿10万美元》胡若愚/新华社,2017年,5月22日)

1. 结合案例阐明服务补救和顾客抱怨处理的区别。
2. 结合案例并利用"服务补救公正与满意"模型,解释多罗森不满意的原因。
3. 结合案例说明服务失败与服务补救的"1-10-100"效应。

第六章　关系营销

乐购(Tesco)作为零售品牌,20 世纪 80 年代初期,它还是一家被视为"薄利多销"的英国食品杂货连锁商店,且远落后于当时更为高档的零售商 Sainsbury's。

1990—1992 年,乐购开展了一项名为"点滴皆有助益"(Every Little Helps)的活动,公司提出了 114 项改进店铺质量的方案,包括增加婴儿更衣室等。公司通过 20 个广告来宣传这些改进措施,每个广告都针对不同的方面展现"为顾客做对的事情"。到 1995 年,乐购吸引了 130 万新顾客,使乐购在 1995 年超过 Sainsbury's 成为市场领袖。

1996 年开始,乐购的会员积分卡 Clubcard 提供折扣和为每一顾客量身定制一些服务。利用 Clubcard 的数据,乐购为每个顾客建立了"DNA 档案"。该 DNA 档案包含顾客购物习惯的 40 多个维度,比如价格、品牌、环保、便利性、健康性等。乐购的 400 万名顾客每个季度都能收到内容不同的、有针对性的 Clubcard 说明,包括特别报价和其他促销信息。

跟踪持有 Clubcard 顾客的购买情况,公司了解顾客的价格弹性,从而设置促销时间表,这为乐购节省的费用超过了 5 亿美元。基于顾客数据,乐购调整确定每家店铺类型、产品范围和备货风格,甚至新店选址。形成了乐购商店的七大类型,Tesco Extra 是出售一系列食品及非食品产品和服务最大型商场。Tesco Superstores 是出售非食品产品的标准化的大型超市。Tesco Express 则是出售高盈利率产品及日用必需品的社区便利店。

到 1999 年,该公司在英国的市场份额已经上升到 15%,同一年被评选为英国最受欣赏的公司。接下来的几年里,乐购继续运用私人贴牌及顾客数据的制胜模式称雄英国零售版图。

第一节 关系营销内涵及利益

一、关系营销内涵

(一)关系营销定义

关系营销的研究始自 20 世纪 80 年代。1983 年,贝利(Berry)率先把关系营销的概念引入市场营销理论。贝利指出,关系营销的目的在于挽留顾客,因为挽留老顾客往往比获取新顾客的成本低得多,而且对企业利润的正面影响较大,有时还易于从老顾客那里获得积极的口碑[1]。后来又有学者指出,关系营销是一种有关承诺和信任的理论。[2]通过建立、发展和保持一种成功的关系交换,企业与顾客共同创造价值。综上所述,关系营销是识别、建立、维护和巩固企业与顾客及其他利益相关者关系的一系列活动。企业通过努力,以诚实交换与履行承诺的方式,使双方的利益和目标在关系营销活动中得以实现。[3]

(二)关系营销的核心变量

关系营销理论强调,关系建立过程中信任、承诺和吸引这三个变量非常重要。[4]

在顾客和企业之间,信任就是顾客对一家值得信赖的公司所给予的信心。依据来源不同,信任有四种类型:一般性信任、系统性信任、个人的信任和过程信任。[5]一般性信任是来自社会准则的信任。例如,一个顾客如果知道一家大型的供应商有良好的信誉和较大的规模,那么他会觉得与这家供应商签订长期协议很放心。系统性信任则既取决于法律、行业规则和协议,也取决于对方的职业化程度。例如,一家具有良好服务技能、雄厚研发实力的企业也容易与顾客建立起良好的信任关系。个人的信任是合作双方基于对方的个人品德给予的信任,并在此基础上开展合作。如果一个顾客认为另一个代表某个组织的人的语言或陈述是可以依赖的,那么,信任就会随之产生,这个顾客就会成为这个组织的合作伙伴。过程的信任是由双方所具有的行业经验或过去的经历所决定的。如果一个顾客曾经与某个企业打过许多年交道,而且对他们合作的情况表示满意,那么,他必然会对这家企业产生信任感。

承诺是指关系中双方都乐于维系相互珍视关系的持续性愿望,即一方与另一方合作的积极性程度。关系承诺涵盖经济、情感和时间三种维度。[6]

承诺是双方相互的,企业对顾客承诺可以向顾客显示自身的可信性和解决问题的能力,顾客对供应商做出承诺,如付款方式等可以向企业表达自身的态度。双方以实际行动履行自己的承诺更重要,比如,企业被证实能够准时和无误地排除企业的机器设备故障,顾客及时按约定付款,都会加深双方的信任。如果服务提供者能够在即使企业人力资源紧张的情况下,如服务高峰期,为顾客提供良好的服务,那么,顾客对企业的承诺会更好。

吸引是指合作的双方都具有某些吸引对方进行合作的要素。相互吸引力,比如,双方能给对方带来利益价值,是关系的建立和发展的基础和前提。在服务企业,价值共创就是建立关系的基础,比如,定于服务定制化产品的企业,基于目标对象个性化需求定制产品,就是吸引因素。有时双方相互珍视的社会交往,也会转变成建立经济合作关系的吸引力。无论是在 B2B 还是在 B2C 市场上,商业伙伴合作过程中存在的信任和承诺对于顾客来说非常重要,那些关系导向的顾客会非常重视合作过程中的信任与承诺,而不是每次单个交易的满足。

(三)企业实施关系营销的阶段

1.价值过程阶段

关系的存在是因为顾客和企业双方,能够共创提供产品、服务、价值和创造附加值[7]。关系营销也意味着要比交易营销付出更多的精力和努力,为关系双方创造出更大的顾客价值。由于服务的特性,顾客价值的感知体现在服务整个过程,所以关系的建立涉及一个长期过程。且顾客价值的创造、交付与评价,往往是在这个过程的时间内发生的。企业要想在关系营销实践中获得成功并得到认可,必须设计并切实实施得到顾客认可的价值过程。

2.交互过程阶段

企业和顾客之间的关系一旦建立,关系的延续就得在交互过程中发展。能够解决顾客的难题,并使顾客的心理需求与社会需求得到满足,是关系营销中好的方案的评价标准。关系营销的方案涉及实体产品或服务产出的交换或转移,包括有助于交换和转移的一系列服务要素,比如服务过程、服务系统和技术、电子商务过程、管理和财务过程等。没有这些服务要素,实体产品或服务产出可能只存在有限的价值,或对顾客根本没有价值可言。顾客和这些过程之间的互动就是交互过程或互动过程。企业要想把关系延续,就必须把握好与顾客的互动过程。[8]

3.对话过程阶段

持续的关系能够为顾客提供安全感、信任感并降低交易风险。[9]关系的延续来自于企业能为顾客带来价值,顾客价值是企业能够解决顾客的问题,如何解决问题,如何更好地解决顾客问题,企业必须与顾客进行信息共享,相互沟通才能得到能够满足需求的解决方案。沟通发生在关系互动的各个环节,如产品交付、抱怨处理、发送货物和了解个人情况等。在关系营销中,市场营销沟通的特点是试图创造双向的甚至是多维的沟通过程。沟通最明晰的一种方式是对话,在实践中,企业与顾客的对话沟通形式多种多样,如销售活动、大众沟通、直接沟通和公共关系等。不论企业通过哪种途径与顾客进行沟通,其目的都应该是在沟通过程中,努力从互动或对话中得到某种形式的反馈,获得更多的信息。[9]

二、关系营销带来的利益

(一)顾客利益

顾客感知价值代表了顾客在"得到"与"给予"之间的平衡。企业不断从顾客的观点出发提供价值,企业就会得到顾客给予的激励,即愿意保持这个关系。这种关系利益比核心服务的特性更能吸引顾客保持对企业的忠诚,在长期服务关系中,顾客可体验的利益包括信任利益、社会利益和特殊对待利益。

1. 信任利益

信任利益是信任的感觉或对供应商的信心。首先,提升顾客和企业之间的关系,可以降低顾客的焦虑,提升顾客和企业之间的关系可以促使企业更了解顾客,顾客会被很好地对待。当接受到的服务低于预期,顾客也不会感到过分很焦虑,顾客知道,有问题也会被处理的。

其次,当顾客在某种关系上有了相当大的投资时,大多数顾客是不愿意更换服务提供者的。尤其是当现有的服务提供者了解顾客的偏好,并且长期为满足他们的需求而特别定制服务,那么更换服务提供者就意味着高成本,包括货币成本、精神成本和与时间成本。而当顾客同服务提供者建立信任并维持一种关系时,顾客就可以节省时间解决其他关注的或优先的问题。

2. 社会利益

经过长期来往,顾客同其服务提供者,建立一种社会关系。形成一种家庭式的感觉。在一些长期的顾客企业关系中,提供服务的企业可能就是消费者的社会支持系统的一个部分。这些关系形成的社会支持利益对于提高顾客的生活质量,无论是个人生活还是工作都非常重要,甚至达到或超过服务所提供的技术利益。

在服务提供者和顾客之间产生的亲密的个人和专业关系常常是实现顾客忠诚的基础。这些关系使顾客很少更换供应商,即使他们得知一位竞争对手可能提供更高的质量或更低的价格。这种顾客关系也同时意味着,一位有价值的员工离开企业以后会带走他的顾客,这会使企业面临失去顾客的风险。[10]

3. 特殊对待利益

特殊对待包括获得或有利益、得到特殊的交易或价格、得到优先接待等事项。比如,顾客一直都保持着良好的信用,总是在免息期结束前,按时付清自己的信用卡账单。有一次,顾客的付款没有按时到账,当时顾客打电话给银行,在查过顾客的历史记录后,银行意识到顾客总是提前付清欠款,然后就免去了的利息费。这种或有收益,或被特殊对待带来的收益,会提高顾客对公司的忠诚度。

有趣的是,特殊对待利益虽然很重要,但总体上看相对于在服务关系中获取的其他类型的利益,却又不太重要。比如,对于经常乘坐航班的旅客而言,特殊对待利益,贵宾休息室,更换机票免费等,对于顾客忠诚非常重要。而在一些行业,如医药服务或法定服务,特殊对待利益对顾客来说不是最重要的。

(二) 企业利益

对于一个组织来说,一个忠诚的顾客关系的维护和发展,所产生的利益可以有很多种。除了常常提及,最显性的经济利益外,企业还常常能得到顾客行为及人力资源管理等各种隐性利益。

1. 经济利益

顾客保留所带来的最常见利益之一就是不断增加的销售额,如图 6-1 所示。它说明在过去一段时期内,各行业的顾客花费在其特定关系伙伴上的资金在逐年增加。当顾客渐渐了解一家企业比其竞争对手提供的服务更令人满意时,他们将会把更多的生意给这家企业。同时,研究也指出高度满意的顾客愿意支付得也更多。

长期关系所带来的另一个利益就是成本降低。一些评估表明,固定顾客的重复购买能够节省90%的营销费用。开发新顾客需要更多的启动成本,包括广告和其他促销费用、设置账目和系统的运作费用、了解熟悉顾客的时间成本。从短期来看,这些初始基本费用会超过从新顾客那里期望获得的销售收入,所以建立长期关系对于企业来讲是有利的,甚至维持现有关系的费用从长期看可能会下降。

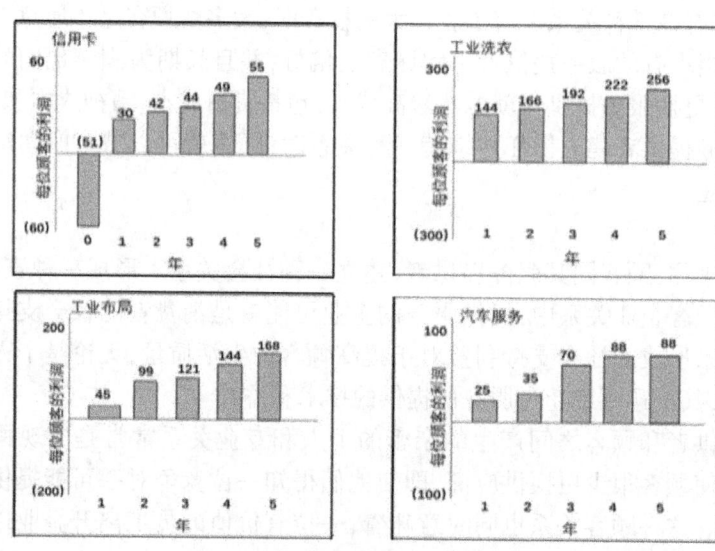

图6-1 一个长期顾客产生的利润

资料来源:F.F. REICHHELD, W.E.SASSER. An exhibit from Zero DefectionQuality Comes to Services [J]. Harvard Business Review, 1990(September-October):68.

2.顾客行为利益

长期顾客的口碑对企业来讲是一笔宝贵的财富,满意的忠诚顾客一般会为企业做强有力的口头宣传。当一种产品很复杂、很难进行评价时,购买也意味着风险时,大多数顾客会听从别人的建议。这时,口碑传播就成为企业的免费广告,该方式比企业采用的其他形式的付费广告更有效,并且有附加利益,即减少了开发新顾客的成本。

在某类服务中,一些忠诚顾客可能会以各种形式对其他顾客提供社会利益。比如,在一家康复中心,对于一个在做膝盖康复的病人而言,其他病友鼓励的语言或行为,就会在情感上对他产生支持,他对这家医院的评价也会更高。所以,忠诚的顾客,有的时候就是一名出色的顾问。

3.人力资源管理利益

忠诚的顾客还可能为企业提供人力资源管理利益。一方面,忠诚的顾客有与企业接触的经验,对企业有一定的了解,所以可以成为生产资源的补充力量,成为提升企业生产率的协同者,往往是越有经验的顾客会使员工的工作越容易。例如,在学校,每年接待新生,老生就是非常重要的接待力量补充源,老生非常清楚所在学校的学习生活制度、规则等。

另一方面,顾客保留还能影响员工保留率。一家企业如果有稳定的满意顾客,就更容易保留员工,因为人们更愿意为有着幸福且忠诚顾客的企业工作。员工个人其实也更加满意,且有更多的时间培养与顾客的关系而非寻找新的顾客。同时,顾客更加满意,顾客就会继续在该企业投入,就成为更好的顾客,就像一个不断向上的螺旋。由于员工在企业停留的时间长,服务质量得到了提高,而工作成本降低,这使得企业获得更多的利益。

第二节 关系质量

一、关系质量内涵

(一)关系质量定义

关系质量是顾客和企业在长期的互动关系中所形成的动态的质量感知。[11]关系质量是企业和顾客对关系属性的一种感知状态,是在互动过程中通过信息、服务和其他有价值的东西进行交换形成的,反映的是总体的关系属性及其满足关系各方需求与期望的程度。

关系质量包括关系强度和关系长度两个维度[12]。关系强度衡量关系的牢固程度,由购买行为、沟通行为、忠诚行为等顾客的积极承诺来衡量,较大的关系强度能够阻止顾客流失。顾客满意度、承诺、转移成本会增加关系的强度。转移成本是顾客为建立与企业的联系所付出的所有投入,包括时间、金钱、感情等,转移成本对顾客存在约束作用。顾客承诺建立在顾客意图和预期计划的基础之上,顾客对企业的承诺无疑会减少不利于双方关系发展的情况,甚至使顾客忽略轻微的服务失误。

关系长度是指关系持续的时间。关系强度会延长关系的长度,关系强度越大,关系的长度就越长,持续的时间就越久。关系长度还受到顾客参与程度影响,顾客参与度高,说明顾客和企业从关系发展过程中学会了互相适应,顾客对服务的消费感知更为满意,对服务失误的计较也更少,企业了更了解顾客的需求,关系的持续时间就越长。关键情节是顾客在服务过程中非常关注的点,顾客如果对关键情节满意,则可能忽略非关键情节的服务失误。

(二)关系质量互动分析理论

Maria Holmlund 创建了理解和分析连续性互动关系的基本理论框架,这个理论框架包括一系列连续的行为,即活动(Act)、情节(Episode)、片断(Sequence),它们共同构成了关系(Relationship)。

活动是顾客与服务提供者互动过程分析的最小单位,如电话呼叫、工厂参观及酒店入住登记等,在服务管理中也称为服务的关键时刻。活动可能与任何的互动要素相关,如有形产品、服务、信息、财务活动或者其他社会接触。

情节由一系列相关的活动组成,又称为服务接触。例如,货物运输就包括一系列的活动,如电话预定服务、包装产品、运输产品、拆去包装、抱怨处理、邮寄和支付发票等。

片段由一系列相关的情节组成,片断可以是一个时间段、一个产品组合、一个项目或这些要素的组合。例如，顾客入住一家酒店后的所有行为都包括在片断之内，如住宿、就餐、在酒店的泳池中游泳等情节。这些服务情节可能互相包容，一个服务情节可能同时也是其他服务情节的一部分。

若干个服务片断就构成了关系。关系是互动过程分析的最后一个层次。情节也许会逐次发生，也许是相互包容，也许是相隔很长一段时间才发生下一个情节，这主要取决于服务类型的特征是间断性的还是连续性的。

这种对服务的分层方法为服务企业提供了对顾客关系逐层进行质量分析和控制的工具。服务互动过程中的不同要素、产品、服务结果、服务过程、信息、社会接触和财务活动，都可以在这些层次上加以分析并按照服务战略观加以整合，使其向着有利于企业与顾客建立长期关系的方向发展。

二、关系质量层次

企业和顾客之间的关系质量，由低到高可以分为四个不同的层次：财务关系、社会关系、定制化关系和结构化关系[13]。

(一) 财务关系

通过价格利益和顾客之间建立联系。比如，对那些较多地乘坐特定航线的旅客，提供财务奖励和报酬。这种财务刺激因为启动并不困难，同时又可以带来短期利润，所以，作为一种保留策略而被广泛地使用。不过，财务刺激通常不能为公司带来长期优势，因为它已经不能使公司在同竞争者的长期竞争中脱颖而出，且很容易被竞争者模仿，潜在地导致顾客在竞争者之间无休止地转换。

这种通过财务刺激建立的联系，关系强度非常脆弱，因而关系长度极可能是短命的。除非这些策略是结构化的，能帮助顾客建立起对服务中价值增加的感知，能真正引导顾客重复使用或提升使用率，而不是作为吸引新顾客的手段，这些策略才有可能定会获得长期成功。所以，在实施一个财务回报忠诚的计划时，还是应该小心。

(二) 社会关系

社会的、人际的联系在专业服务提供者及其顾客之间是很普遍的，比如律师、会计师。顾客同与之一起工作的销售人员或关系经理建立起的联系往往比财务刺激的手段更能使顾客和企业之间建立高强度的关系。

顾客间的社会联系也会带来个人与企业之间的社会关系。比如，在健身俱乐部、教育机构和其他顾客可以互相影响的服务环境，顾客间的社会关系成为留住顾客使其不转到其他企业的重要因素。社会联系不太可能永久地将顾客与企业相联系，但这种联系相较价格刺激，更难被模仿。当缺少充分的理由来改变商品或服务的供应商时，人际关系会鼓励顾客保持在原来的关系中。

(三) 定制化关系

定制化关系是企业依据顾客的需求，向顾客提供独特性较高的产品或解决方案，从而区别于竞争对手和顾客建立关系。比如，Pandora 是一家以网络为基础帮助顾客寻找和享受他们喜欢的音乐搜索服务的公司，Pandora 列出成百上千的音乐特征或者"基因"，用这些基因捕提每首歌独特的、音乐的身份,并利用这些信息根据每个顾客独特的口味和兴趣定制音乐。

定制化关系包含比社会联系和财务刺激更多的内容。定制化关系凸显了"一对一"的效果,是把市场细分做到了细分极致化,每个产品具有个人独特性特质的表达。对于目标顾客而言,获得的不仅是一个大众化的产品,而是一个自我延伸的产品,每个产品是消费者个体个性的表达和展现。这种顾客和企业之间的关系强度就会大大增强,也有助于延续关系长度。

(四) 结构化关系

结构化关系是通过为顾客提供那些常常不直接在服务交付系统中需要进行特别设计的服务,或者通过提供给顾客定制化的、以技术为基础并且使顾客具有更大生产能力的服务而形成的。比如,Cardinal 健康公司通过与其医院顾客紧密合作,该公司发展了多种方法以改善其订货、交付和付款情况,极大地增强了它作为一个供应商的价值。

结构化关系包含了顾客与企业之间结构、财务和定制化的联系,该层次最难模仿。打个比方,结构化关系的双方,就像是两个咬合转动的齿轮,任何一方的行动轨迹都受到对方的制约和影响,反之亦然。结构化关系,就是关系双方是你中有我,我中有你。

三、关系质量发展策略

(一) 为顾客提供新服务

为顾客提供新服务是指在企业的"服务产品"中加入新服务。新服务可以分类两类:一类新服务是和原来产品相关的服务,比如咨询、信息、维修、软件开发、网站、后勤、顾客培训和联合研发活动;另一类是和原来服务无关的全新服务。很显然,只要需要,企业就可以尽可能地采用这些服务、但是,新服务需新的投资,必须将新增加的成本与由此面增加的收益相互比较。这些新服务项目是增加品价值的重要方法,可以定义为是与竞争对手区分的重要策略。

(二) 开发现存的但尚未利用的隐性服务

开发现存的但尚未利用的隐性服务是指通过开发企业没有利用,而且无法从前台服务上体现出来的服务项目,来达到强化顾客关系的目的。这些潜在的服务已经存在于企业与顾客的关系之中,企业经常将这项工作作为日常管理程序来处理,顾客常常会认为这些服务项目是天经地义的事,也已经从这些服务项目中得到利益。企业要做的只是以不同的导向来管理这些服务,以充分利用它们价值增值的作用。

如果仅仅将这些隐性服务作为企业内部管理程序,与顾客无关的话,它们对顾客关系的影响确实是微小的。但是,如果以顾客导向来处理,改善这些问题的话,这些服务的影响作用将是不容忽视的,更重要的是,提升这些服务的水平并不需要大幅度增加投资或成本,企业所要做的就是充分利用现有的资源要素和管理流程。以顾客为导向来处理上述问题也有利于提高企业的内部效率,面且运营的成本也会降低。

(三) 有形产品服务化

以弹性的和定制化的方式为顾客提供满足他们需要的产品,那么,这些独特性的产品就具有了服务的特征。因此,它们可以成为顾客关系中的服务要素,一个好的推销员常常会采用这种策略。但是,产品的服务化绝不仅仅局限于产品的销售过程。在生产过程、物资管理、设备安装、IT应用等许多方面都可以采用这种策略。

第三节 顾客关系管理

一、顾客关系管理内涵

(一)顾客关系管理的定义

顾客关系管理是通过运用先进的信息工具和技术获取顾客数据,分析顾客数据,挖掘顾客的行为模式,探索顾客需求和偏好的变化趋势,从而为不同顾客提供有针对性的、优质的或定制化产品或服务。

顾客关系管理的本质是提高企业与顾客之间的关系质量,最终实现顾客价值最大化和企业收益最大化之间的合理平衡,企业收益最大化取决于顾客价值最大化。顾客价值最大化通过基于顾客行为、顾客特性、顾客偏好、顾客需求的分析,应用这些分析结果,制定营销战略、编制营销计划和开展营销活动,以使顾客获得超值服务。所以,顾客关系管理是顾客导向战略,贯穿企业的每个部门和经营环节,要求全体员工共同参与。[14]

从企业的角度而言,顾客价值能够提高企业与顾客之间的关系质量,增强顾客满意度,增强顾客对企业的信任和承诺,顾客更加忠诚,提升企业绩效。

(二)顾客关系管理的前提——内部营销

没有满意的员工,就没有满意的顾客。对员工的内部管理才是对服务企业的真正挑战。在服务企业中,虽然技术扮演了越来越重要的角色,但是,要想打造高质量的服务体验,具有服务理念和以顾客为中心的员工仍然是非常重要的。

内部营销是将员工视为顾客,将组织管理流程由内部人员管理导向调整为内部顾客导向。内部营销的目标是创造、维护和强化组织中员工,包括与顾客接触的员工、后台支持人员、团队领导、主管或经理之间的内部关系,让他们更好地以顾客导向和服务意识为内部顾客和外部顾客提供服务。

内部营销通过创造内部环境,在组织内部以积极的、具有营销特征的、协作的方式进行各种活动,在这一更加系统和战略性的活动过程中,不同部门、不同过程中员工之间的内部关系得以巩固,并共同以高度服务导向思维为外部顾客和利益相关者提供最优质的服务。

通过内部营销,可以确保员工具有顾客导向、服务意识的工作能够得到激励,并可以在互动营销过程中成功履行自己作为兼职营销人员的职责。可以吸引、留住好员工,确保在组织内部、在合作伙伴之间彼此能够提供顾客导向式的内部服务。为提供内部服务、外部服务的人员提供充分的管理和技术上的支持,让他们可以作为兼职营销人员充分履行职责。

二、顾客关系管理任务

顾客关系管理的任务是实现顾客关系在更多、更久、更深维度的发展。[15]更多意味着增加企业拥有的顾客关系数量,更久表示发展与顾客的长期关系,延长现有顾客关系的生命周期,更深意味着提高现有顾客关系的质量。

(一) 增加顾客关系数量

1.挖掘和获取新顾客

新顾客是指以前不知道企业产品或者不消费企业产品的顾客。对大多数企业而言,获取新顾客是企业扩大顾客基础、实现企业成长的一种重要手段。比如,对房地产商来讲,要毕业的大学生就是潜在的新客户。挖掘新客户需要从大量的潜在顾客入手,有序地排除难以交付和分享价值的顾客,并在最后保留大量有利可图的新顾客。

在获取顾客的实践中,企业往往需要区分三类潜在顾客:线索型顾客、问询型顾客和潜在顾客。线索型顾客是在顾客数据库中产生的顾客;问询型顾客是顾客主动与供应商发生联系的顾客;潜在顾客是在线索型顾客和问询型顾客中,企业识别出认为有利润潜力的顾客。从线索型顾客、问询型顾客到潜在顾客,就像一个漏斗,不断筛选,不断验证。

2.赢返流失顾客

赢返流失顾客,指的是那些曾经是企业顾客,出于某种原因终止与企业关系,恢复和重建与他们之间的关系的顾客。这些赢返的顾客的价值不同于首个生命周期的顾客价值,首先,流失顾客较熟悉企业的产品或服务,从潜在顾客向实际顾客转换的时间更短。其次,企业拥有大量流失顾客的相关数据,可以更有针对性地进行产品或服务的设计开发。最后,与第一次接触的新顾客相比,成功赢返的流失顾客可以增强企业对顾客的认知。

赢返流失顾客首先要分析顾客流失原因,其次要对流失顾客的重生终身价值进行细分和排序。流失顾客大致分为五类:不具有潜在价值而被企业放弃的蓄意摒弃顾客;企业努力挽留,但因需求无法得到满足而流失的非蓄意摒弃顾客;因竞争对手提供价值更高的产品,而非价格吸引而流失的被竞争对手吸引顾客;因竞争对手的价格较低而转向竞争对手的低价寻求顾客;因顾客年龄、生命周期阶段或地理位置的变化而流失的条件丧失顾客。一般来说,企业没有必要赢返蓄意摒弃顾客。

(二) 延长顾客关系时间

1.顾客忠诚

顾客忠诚是指顾客对自己偏爱的产品和服务具有强烈的在未来持续购买的愿望,并且付诸实践进行重复购买,顾客忠诚包括行为和态度两个层面的忠诚。顾客忠诚是重复购买行为的重要原因,顾客不会因为外部环境变化或竞争对手的营销活动而改变行为。忠诚的顾客不仅自己会有规律地重复购买,还愿意购买供应商的多种产品和服务,并经常向其他人推荐,对竞争对手的拉拢和诱惑具有免疫力,不会因为供应商偶尔的失误而流失。

依据顾客忠诚梯模型,顾客忠诚度分为六个阶段:由高到低分别是伙伴、倡导者、支持者、客户、采购者和潜在顾客。伙伴位于顾客忠诚梯的顶端;倡导者是积极向他人推荐并为企业做宣传的顾客;支持者是喜欢企业,但是被动支持的顾客;客户是多次与企业进行交易的顾客,这些顾客对企业的态度可能是积极、消极或中性的;采购者指的是与企业只进行过一次交易的顾客;潜在顾客是企业预期可能会与自己进行交易的顾客。就实质而言,企业进行顾客关系管理就是要把潜在顾客一步步培养成采购者、客户、支持者、倡导者乃至伙伴。企业一旦获得了顾客忠诚,就可以使顾客在关系生命周期内为企业带来回报最大化。

2. 顾客挽留

越来越多的证据表明,"挽留一个现有顾客比吸收一个新顾客更经济"。美国学者雷奇汉(Reichheld)通过对美国信用卡业务的研究发现,"顾客挽留率每增加5%,可为公司带来60%的利润增长"。[15]一般而言,企业要对以下两种顾客保持敏感:留住的顾客和危险的顾客。留住的顾客指的是曾多次购买且表现出忠诚特征的顾客,对于该种顾客,企业可以通过为其提供更高价值的产品或服务,培养顾客的忠诚度。危险的顾客指的是多种迹象表明在未来有可能流失的顾客,对于该种顾客,企业则应积极探寻其不满意的原因,针对存在的问题,采用服务挽救或其他措施,力争改善这种危险关系,将顾客拉回企业的怀抱,避免顾客流失。

顾客挽留的基本做法是实时监控和评估顾客与企业的关系质量。营销管理者开发的正式的顾客挽留计划,包括以下活动:对顾客挽留情况进行追踪、评估顾客流失的原因、分析抱怨和服务数据、建立流失响应程序、重新设计与创造预期市场供应物。某些企业会通过预先设立转移壁垒来留住顾客,转移壁垒包括共享信息系统,提供高度定制化的市场供应物以及独特的服务等。企业不是以转移壁垒为阻碍,让顾客无法抽身,而是利用转移壁垒创造出对顾客问题做出反应并加以纠正的机会。

(三)提高顾客关系质量

1. 交叉销售

交叉销售指的是借助顾客关系管理发现现有顾客的多种需求,并为满足他们的需求销售多种不同产品或服务,是一种使顾客使用同一企业的多种产品或服务的销售方法。交叉销售是一种培养稳固顾客关系的重要工具,交叉销售不仅可以增加现有顾客对不同产品的购买,拓宽与现有顾客的接触范围,增强对顾客关系的支撑力度,分散关系破裂的风险,而且可以大幅提升顾客对企业的忠诚度,减少顾客转移到竞争对手那里的可能性,使顾客关系更为牢固,从而提高顾客关系的质量。现实生活中,顾客确实往往倾向于从同一企业购买更多种类的产品。比如,大家去逛街,喜欢在一个地方实现购物、唱歌、电影等消费。

2. 追加销售和购买升级

追加销售与购买升级强调的是顾客消费行为升级,包括顾客由购买低盈利性产品,转向购买更高盈利性产品的现象。追加销售和购买升级的前提是顾客原来就是企业的顾客,购买过企业的产品或服务,追加销售是在顾客现有的消费基础上购买新的产品或服务,或者在现有消费的基础上上升等级。例如,购买海尔电脑的顾客,最终会从海尔公司购买电脑外围设备和家庭影院系统。

必须指明的是,顾客关系的三个成长维度不是严格意义上的划分,而是一种理念上的考虑,为顾客关系的发展提供了可能的成长方向。事实上,各成长维度相互影响,如关系质量的提高本身就蕴涵着关系周期的延长,而关系周期的缩短可能会导致关系数量的减少。如果将潜在的顾客关系视为一种特殊的顾客关系,则新顾客的增加就可以看作顾客关系质量提高的结果,即关系在数量维度上的发展是潜在关系在质量维度上发展的。

三、顾客关系赢利能力模型

顾客关系赢利能力模型可以帮助理解顾客关系的赢利性机制,该模型解释了从顾客感知价值到顾客关系赢利能力,涉及众多因素。如图6-2所示:

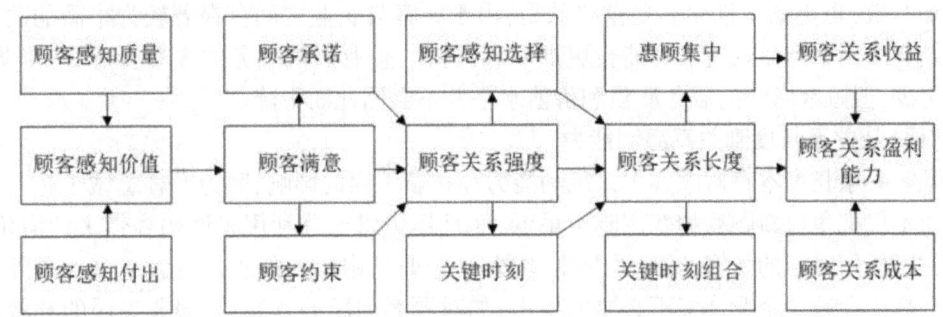

图6-2 顾客关系赢利能力模型:赢利顾客机制

资料来源:STORBACKA K, STRANDVIK T, GRONROOS C. Managing customer relationships for profit: the dynamics of relationship quality[J]. International Journal of Service Industry Management, 1994, 5(5): 21-38.

(一) 从顾客感知价值到顾客满意

顾客比较感知服务质量和为获得这种质量的成本,会产生满意或不满意的心理。所以,感知价值决定了顾客的满意度。顾客满意度又会影响承诺和约束,承诺和约束两者是相互促进的,承诺越高,约束越强。满意的顾客信任对方或者是对顾客关系发展过程中的付出水平感到高兴,会对服务提供者做出承诺。同时,顾客满意也有促使顾客与服务提供者之间形成约束,这些约束将顾客与服务提供者牢牢地连接在一起。约束可以是社会的、文化的、观念上的、心理的、知识方面的、技术的、地理的、与时间相关的、法律的和经济的约束,这些约束会使顾客能够更轻松、更舒适地接受企业的服务,或者可以从接受同一个企业的服务中获取更多的经济利益。承诺和约束,会同顾客满意这三个因素会对该模型的下一个环节产生影响。

(二) 从顾客满意到顾客关系强度

顾客满意度对顾客与企业的关系强度有直接的影响,而且这种影响也受到顾客的承诺和双方之间的约束的影响。顾客对企业承诺的程度越高,双方之间的约束越强,则顾客与企业之间的关系就越牢固。顾客关系的强度会影响消费者的选择范围、关键时刻和情节。顾客与企业的关系越稳固,则顾客重新选择的范围就越小,反之亦然。比如,那些对企业服务非常满意的顾客与企业的关系更为牢固,这些顾客的重购率可以高达80%,甚至更高。宣称对服务满意的顾客并不总是忠诚的,这些顾客的重购率只有30%,甚至更低。稳固的关系有可能会减少服务过程中关键时刻或情节的数量,因为顾客对这种关系非常满意,对企业的承诺也非常明确,这无疑会减少不利于双方关系发展的事件,同时会减少顾客原来很看重的一些服务失误,只要这些事件不经常发生,顾客就会忽略它们的存在。

(三) 从关系强度到关系长度

关系的长度受到关系强度、顾客感知选择数量和关键情节数量的影响。首先,关系强度越大,则关系的长度也就越长。其次,关系强度大也会弱化顾客感知选择的数量,如果顾客对企业的服务非常满意,那么他就没有转换服务提供者的动力,所以,会增加顾客关系长度。与此相同,关键时刻数量的减少也可以起到同样的作用。在持续的顾客关系发展过程中,顾客和企业都从关系发展过程中学会了相互适应,相互合作,顾客对服务的消费更加有效,也更具个性化。更重要的是,由于顾客与企业之间存在着较为牢固的关系,所以企业推出新产品的过程可能会更加顺利,这样,企业提供服务的成本会下降,资源耗费会更少,但顾客感知的服务质量和价值水平并不会因此而下降。

(四) 从关系长度到关系赢利能力

顾客关系长度本身对顾客关系赢利能力存在着正面的影响,因为顾客忠诚于企业,所以企业不仅把争取新顾客的费用降至最低,而且还可以充分利用忠诚顾客带来的溢价效应。对于任何特定的顾客,其惠顾频率越高,则企业从中获得的收入也就越多。另外,惠顾频率高还会减少企业许多不必要的支出,如对顾客问题的解答、对服务失误的补救,这些环节都可以省去,所以,它可以降低企业提供服务的成本。即顾客关系强度会直接影响顾客关系赢利能力,并使收入增加,服务成本和关系成本下降。

该模型是个理论模型,其目的是帮助顾客了解影响顾客赢利能力的复杂因素。如果上面的所有因素都正常地发挥作用,那么,较高的感知服务质量就会导致较高的顾客关系赢利能力。但是,这些环节并不是截然分开的,外部因素会对模型中的环节或因素产生随机影响。如果引进一种新的解决方案,模型中的有些环节或要素就有可能被改变,而不是按原来设定的路线发展。所以,管理者必须时刻跟踪顾客关系的发展状况,通过这种跟踪,监控企业与顾客的关系机制是如何发挥作用的。

四、顾客关系发展策略

(一) 与顾客直接接触

与顾客直接接触建立在与顾客相互信任和合作的基础之上,所以企业对顾客必须有深入细致的了解,在有些部门和行业,企业甚至应当为顾客提供单独的服务,但在消费品市场大量营销的情况下,这是根本不可能的。尽管如此,制造商或零售商也应当在广告宣传、销售、接触或处理顾客抱怨等一系列情况下尽量引入关系导向。

现代信息技术的发展使企业有能力实现与顾客直接接触。企业必须与顾客直接接触或对话,因为传统的广告宣传策略成本太高,效果也不好。单向市场沟通的投入产出比是不合理的,不管现在的企业多么接近顾客,推进与顾客面对面的沟通都是必要的,现代信息技术使企业完全有能做到这一点。

(二) 建立顾客数据库

传统市场营销工作的开展是在对顾客信息并不了解的情况下进行的,为实施关系营销策略,这种情况就必须得到改变。顾客数据库包含了营销所需要的顾客的一切信息,如果没有数据库,企业就无法实现与顾客的直接接触,或者说至少不是纯粹意义上的直接接触。如果一个营销人员掌握他所要接触的顾客的所有第一手资料,那么这个沟通过程肯定是非常顺畅的。那些精心准备的、最新的和简洁的顾客信息对开展关系营销是非常重要的。

一个科学的顾客数据库对于交叉销售和新产品的推广都会起到积极的作用。除了用于与顾客保持关系外,数据库也被用于其他的市场活动,如市场细分、市场活动的调整、顾客的分类、促进服务绩效的提高及发现相似的购买者,顾客信息资料还应当包括营利性资料,以便于员工了解与顾客建立长期关系的盈利水平。如果缺乏长期的盈利信息,有可能将不能给企业带来盈利的顾客纳入数据库中去。

(三) 创建顾客导向的服务体系

关系营销的成功要求企业将其经营内容界定为服务,并了解如何创建和管理一个完整的服务产品组合,也就是说,要管理服务竞争、组织价值生成过程的设计必须有利于为顾客服务,为顾客提供完整的服务。在建立成功的服务体系时,有四类要素必不可少,即顾客、技术、员工和时间。顾客的作用比以往要大得多,顾客感知服务质量部分地取决于顾客的影响,服务体系的建立越来越依赖于科学技术,广泛地应用于设计、生产、制造,行政管理服务和设备维护的计算机系统或信息技术必须与顾客为导向重新组合,而不能将事业局限在内部生产和生产力上面。

顾客关系管理的成功与否还取决于员工的态度、支持程度和工作绩效,如果员工不能正确地履行它们作为服务员工的职责,如果他们没有以顾客为导向提供服务的动力,那么关系营销就不可能成功。正是由于这一点,关系营销是建立在组织良好和持续有效的内部营销基础之上的。时间也是一种非常重要的资源,必须是顾客感到与企业建立关系没有浪费他们宝贵的时间,管理不会增加双方建立关系的成本。

重要概念:

关系营销 内部营销 关系质量 顾客关系管理

思考题:

1. 讨论关系营销与传统营销的区别有哪些?
2. 顾客关系质量如何衡量?
3. 企业实施关系营销要经历哪几个阶段,这几个阶段之间的关系是什么?
4. 结合你自身的体验,企业发展顾客关系的策略有哪些?
5. 从企业的角度描述顾客关系赢利能力的内在机制是什么?
6. 结合自己的体验,描述关系的4个层次,并给出企业在4个层次上的例子。
7. 结合自身体验,顾客信任和顾客承诺对企业的意义有哪些?

8.内部营销对企业的顾客导向战略有哪些意义?

参考文献:

[1]BERRY L L, SHOSTACK G L, UPAH G D. Emerging perspectives on services marketing,Proceedings series. American Marketing Association,1983.

[2]MORGAN R M, HUNT S D. The commitment-trust theory of relationship marketing[J].Journal of Marketing, 1994, 58(3):20-38.

[3]王永贵.顾客资源管理[M].北京:北京大学出版社,2005.

[4]MOSAVI S A. A survey on the relationships between customer satisfaction, image, trust and customer advocacy behavior[J]. African Journal of business management, 2012, 6(8):pp2897-2910.

[5]克里斯廷·格朗鲁斯.服务管理与营销:基于顾客关系的管理策略[M].北京:电子工业出版社,2002.

[6]KIM K, FRAZIER G L. On distributor commitment in industrial channels of distribution: A multicomponent approach[J]. Psychology & Marketing, 1997, 14(8):847-877.

[7]ANNIKA, RAVALD,CHRISTIAN, et al.The value concept and relationship marketing[J].European Journal of Marketing, 1996. Vol. 30 No. 2, pp. 19-30.

[8] CHRISTIAN GRÖNROOS. Creating a relationship dialogue: communication, interaction and value[J].Marketing Review, 2000, 1(1):5-5.

[9]迈克尔·埃特泽尔,布鲁斯·沃克,威廉·斯坦顿,等.市场营销[M].南京:南京大学出版社,2009.

[10]BENDAPUDI N, LEONE R P. How to lose your star performer without losing customers, too[J].Harvard Business Review, 2001, 79(10).

[11]HOLMLUND M. Perceived quality in business relationships[J].Ekonomiska SamfundetsTidskrift,1997,52(3):155-163.

[12] LILJANDER V, STRANDVIK T. The nature of customer relationships inservices[J].Advances in services marketing and management 1995,4 (141):910-926.

[13]瓦拉瑞尔·A.泽丝曼儿,玛丽·乔·比特纳著, et al. 服务营销(原书第3版)[M].北京:机械工业出版社,2004.

[14]杨永恒,王永贵,钟旭东.客户管理的内涵、驱动因素及成长维度[J].南开管理评论,2002(2):48-52.

[15]STORBACKA K, STRANDVIK T, GRÖNROOS C. Managing Customer Relationships for Profit:The Dynamics of Relationship Quality[J]. International Journal of Service Industry Management, 1994, 5(5):21-38.

案例：Zapopos 的"2C"管理

Zapopos 公司是一家主营服装、鞋、手提包和相关附件的私人网络销售公司。Zapopos 绝大部分的业绩增长、公司品牌价值的提升，都源自其强大的公司文化和对客户服务近乎偏执的强调。他们的注意力主要集中在两个 C 上：公司文化（Company Culture）和客户服务（Customer Service），这也是这家公司保持持续成长的关键所在。

（一）第一个 C：公司文化

Zappos 的领导层把公司文化看作使之具备竞争优势的独特法宝。Zappos 公司认为，公司可能会拥有 1200~1500 种品牌关系并且在竞争中抢占先机，但这些是可以被复制的，只有独特的文化是复制不了的。公司的首席执行官 Hsieh 说："我们坚信，如果营造出正确的文化，那么像打造优秀的客户服务，或者创建一个长久、稳固的品牌之类的绝大部分事情会水到渠成。"Zappos 塑造维持企业文化的手段有三个：

1. 雇佣适合文化的人。Zappos 通过筛选职位申请人来确保选到适合其公司文化的员工。所有应聘者都要经过两次面试，一次是关于工作技能的传统型面试，由用人部门经理面试，考核应聘者与工作相关的经验和技术能力；另一次是"文化"面试，由人力资源部招聘经理进行面试，考察应聘者是否适合公司的文化。只有两次面试都通过的应聘者，才会被聘用。Hsieh 说："我们实际上已经错过了许多才华横溢的人。我们知道一旦被录取，他们会对公司上下产生立竿见影的影响，但如果他们不适合公司的文化，那我们也不能雇佣他们。"

2. 入职服务导向培训。所有新入职的员工，不论岗位，都要完成为期 4 周的付费培训课程，主要是关于客服中心的工作。Foley 说："如果通不过这 4 个星期的培训，那么无论你在哪个部门，都不能继续在 Zappos 任职。"除此之外，公司为了剔除那些缺乏奉献精神的人，会在培训的第一周提出向主动辞职的人支付 2000 美元。"这一弃职奖金最初只有 100 美元，但后来我们逐渐提高了数额，因为我们希望更多不符合要求的人能主动弃职。"

3. 成长培训计划。员工成长培训计划是专门用于帮助员工从入门级水平成长为公司最高级别的管理者。这一计划要求所有员工都要完成 225 小时"核心级"的培训，其中包含 160 小时的入职和客户忠诚度培训，以及其他关于有效沟通、指导下属、解决冲突和压力管理等方面的课程。最新的一门课被命名为"快乐的科学"，这是一门被定义为"寻找人生的意义和更高人生目标"的课程，该培训课程对企业文化起到了非常大的支持作用。按照 Hsieh 的说法："Zappos 更高的目标应该是传播快乐-把快乐带到世界的每一个角落。"

（二）第二个 C：客户服务

Hsieh 和 Lin 坚信公司快速成长的一个重要原因在于客户忠诚度，Zappos 75% 的订单来自回头客，而客户的忠诚源自他们一直以来醉心于向顾客提供出众的服务。Zappos 销售额的 96% 都是在网站上达成的，对于这部分网店顾客，Zappos 提供的服务包括：快速、免费的物流服务，含送货和退货；超过 1200 个品牌的选择，还有 290 万件产品的库存量支持；可以买到特殊尺码的商品；高度直观、友好的客户界面。顾客可以同时按款式、尺码、发货仓库、颜色和适用性别进行产品搜索,并预期可以找到十几个到上百个相关结果,保证现货,该网站只显示有库存的产品。

1.从下订单开始就在解决问题。正是由于大量顾客直接通过 Zappos 的网站下单,Zappos 客户忠诚度小组(CLT)的员工(即呼叫/联络中心代表)平均每天(24 小时工作制)要接打 5100 个电话。CLT 员工被当成解决问题的人,因为顾客遇到在网站上找不到答案的问题都会致电 CLT。例如,CLT 成员可能会帮顾客找一个 Zappos 没有的品牌,事实上,CLT 的员工受过相关的指导,在这种情况下他们会通过互联网在其他竞争对手的网站上搜索顾客想要的鞋子。在线和客户沟通解决问题的记录是 5 小时 20 分。

2.订单执行。新的商品和寄回的货物通过分散的库房收货区归集。公司的订单执行中心位于自由贸易区内,这意味着供应商可以越过海关直接向 Zappos 发货。货物被装进上锁的拖车内运抵机场装卸区,直到送达 Zappos 的库房才打开。通过 LPN 码我们可以看到一件货品完整的生命历程。它是由谁签收、由谁入库、由谁挑选和发货的,它属于哪位客户,它是什么时候被退回的,等等,所有这些信息我都知道。而掌握这些信息的好处就是能确保服务质量。比如,如果有货品掉出箱子,我能准确地知道它来自哪里并做出即时的库存调整。

3.打包发货。库房的员工都要经过"认证部门"的培训,这个部门的员工负责向通过培训的员工颁发任职资格证书。库房的工人需要多达 10 份任职资格证书才能胜任库房内外的所有工作。Zappos 鼓励它的员工灵活工作,而不是简单地提高效率。加薪与任职资格证书的取得相关联,这种机制使公司能够把劳动力引向需要的岗位。一次由暴风雪引起断电长达 6 个小时,公司关闭了收货站,把所有员工调去向外发货,因为每个人都经过训练,可以从事多种工作。因此未错过一辆运货的卡车,也没有漏掉一笔订单。

"我们的员工看上去都正尽可能快速地工作,很多绩效公司认为我们肯定已经有绩效薪酬系统了。但我们的确没有。我们的员工之所以努力工作是因为我们创造了一个让他们想要好好工作的环境。我们尊重他们,善待他们,尽我们所能为他们做得更多。"Adkins 说。事实上,Adkins 还提到,Zappos 厂房内的硬件条件比其他可比较的公司要好,不仅更干净,而且室温也是可控的。公司认为做这些安排与效率无关,就是单纯考虑到员工的舒适性,由于员工过热所造成的工作效率损失是永远不可能抵得上这些风险的成本。(案例来源:克里斯廷·格朗鲁斯.服务管理与营销:基于顾客关系的管理策略[M].北京:电子工业出版社,2002.)

1. Zappos 从哪个方面进行了内部营销?
2. Zappos 顾客关系赢利能力是如何体现的?

第七章　服务竞争

在竞争激烈的零售服务市场，Costco 的成功来源于对一系列经营实践的专注。出售数量有限的商品，保持低成本，依靠大销量，向员工支付高工资，要求消费者成为会员，定位服务于高端消费者和企业主。这些经营实践帮助 Costco 取得了卓越的成绩。

Costco 营销策略的重点是以最低价格提供丰富的品牌商品和自营商品。但与一般杂货店 4 万的最小存货单位或沃尔玛 15 万的最小存货单位相比，它最小存货单位只有 4000 左右——在同一品类中只向一家供应商采购那些具有最畅销的口味、规格、型号和颜色的产品，这种高效的产品采购模式带来了以下好处：大批量销售、高存货周转率、极低的价格和更好的产品管理。

Costco 价格非常透明，公司把所有的商品的加价控制在 14%，把自有商品的加价控制在 15%。一般超市和百货商店的加价普遍是 25%–50%。如果制造商标价过高，Costco 就会剔除这些商品。CEO 吉姆·塞内加尔解释道："传统的零售商会说，现在我以 10 美元销售这件商品，我想知道我能不能卖到 10.5 或 11 美元呢？而我们会说，我们现在以 9 美元销售这件商品，我们应该怎么做把价格降到 8 美元？"Costco 的会员费从每年的 50 美元起步，并可以升级到高级会员，高级会员可以享受更多好处。只有拥有会员资格的顾客才能在实体店消费，不过在 Costco 的网站上消费则没有这个限制，但没有会员资格的顾客需要为每一笔采购支付 5% 的费用。

Costco 的仓库装饰非常简单，水泥地面，简单的标牌，产品直接摆放在货盘上。中央天窗和日间照明控制系统可以监控能源使用情况。同时，Costco 不提供自己的购物袋，这也可以在一定程度上节约成本。作为替代，消费者可以使用放置在收银台附近用剩下的纸箱或板条箱将自己购买的商品带回家。不过 Costco 没有在员工待遇上实施成本缩减战略。员工待遇很好，85% 的员工拥有医疗保险——比 Target 百货或沃尔玛高出两倍以上。因此，Costco 的员工流动和员工内部偷盗率都非常低。

第一节　降低顾客后悔度

一、顾客后悔

根据服务利润链模型,企业利润和增长依赖于顾客重购,顾客重购和顾客忠诚度密切相关,而提高顾客忠诚度的主要途径是提升顾客满意度。从理论上讲,企业营销有两种理念:一种是顾客满意最大化,另一种是顾客后悔最小化。顾客忠诚和顾客满意之间的确存在一定的关系,但他们之间未必是因果关系。真正与顾客忠诚存在因果关系的是顾客后悔。也就是说,即使顾客对服务提供商的服务是满意的,只要存在后悔心理,在下次购买该种服务时,顾客就会转换服务提供商。

顾客后悔(Customer regret)就是当顾客认识到或想象出,如果当初他做出不同的选择时,他当前的情况会变得更好的一种负面情感。[1]不同的选择包括:买与不买的选择,相对于买而言,认识到或想象出不买可能是更好的选择,顾客买了就会后悔;必须买的情况下,买甲还是买乙,买了甲但认识到或想象出买乙会更好,顾客买甲就会后悔。

即使顾客并不总是追求理想决策,时常接受满意决策,但后悔总是无处不在。每一个人都会经历后悔,只是后悔的频率和程度不同而已。这里需要强调的是:放弃方案的结果更好,可能是一种事实,也可能纯粹是顾客自己的一种想象。不管它是一种客观事实,还是一种主观的想象,它都可能作为一种参照标准,触发顾客后悔心理。

二、顾客后悔与顾客失望的区别

顾客后悔和顾客失望(Customer disapointment)都是顾客的一种负面情感,但是它们的参照标准是不同的。当服务传递不像当初预期那样好时,顾客就会经历失望。顾客失望相对应的概念是顾客满意,即顾客对服务的体验和自己预先的期望一致。当顾客选择了一个错误的备选方案,就是说放弃的方案更好时,顾客就会经历后悔。顾客后悔相对应的概念是顾客庆幸(Customer rejoice),即顾客从多种选择方案中选择了一个最好的。顾客失望和顾客满意是企业营销遵循顾客导向的一对相关概念;顾客后悔和顾客庆幸是企业营销遵循竞争导向的一对概念。

顾客后悔和顾客失望的不同还表现在以下几个方面:①相对于顾客失望而言,顾客后悔更主要与自我作用相关。换句话说,顾客之所以后悔是因为自身的选择错误。然而,顾客失望相对于顾客后悔而言更主要与他人作用相关,即要么是服务提供商过度承诺导致顾客期望值太高,要么是传递的服务顾客体验太差,总而言之,它是服务提供商的问题。②顾客失望对顾客抱怨和传播负口碑有非常直接的影响。由于后悔是顾客个人的原因,顾客后悔一般不会促进抱怨或口碑传播,人们不喜欢和其他人分享自己的错误。③顾客后悔对转换服务提供商有非常直接的影响。经历后悔的顾客感到自己做了错误的决策,产生一种强烈的摆脱当前局面的行为倾向;经历失望的顾客经过企业有效的服务补救,他的满意度有可能会更高。

三、影响顾客后悔的因素

影响顾客后悔的具体因素有很多,主要包括已选方案的效价、放弃方案的结果、已选方案的可逆性等。(见图7-1)

(一)已选方案效价

已选方案效价是指顾客所选方案的结果是正面的还是负面的,它是顾客感知服务价值高低的重要依据之一。已选方案效价的评估受到多种因素的影响,比如,服务质量的高低(包括过程质量和结果质量)、服务提供商形象的好坏、服务价格的高低、接受服务过程中的时间和精力消耗等。如果已选择方案的效价为正,表明顾客从已选择的服务中获得了想要的利益;如果选择方案的效价为负,表明顾客并未从已选择的服务中获得想要的结果。已选择方案的效价直接影响顾客满意度,影响顾客抱怨倾向,进而间接影响顾客重购倾向;已选方案效价还会影响顾客后悔,进而影响顾客重购倾向。[2]

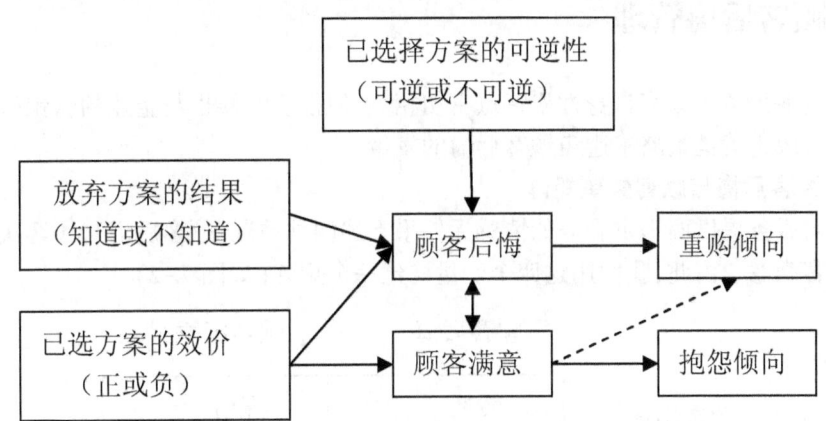

图7-1 影响顾客后悔的因素

资料来源:MICHAEL TSIROS;VIKAS MITTAL.Regret:A model of its antecedents and consequences in consumer decision making[J].Journal of Consumer Research;Mar 2000;26,4;ABI/INFORM Global pg. 401.

(二)放弃方案的结果

放弃方案的结果知道还是不知道对顾客后悔影响程度也不一样。常识告诉我们,当顾客知道放弃方案的结果更好时,总会比不知道放弃方案结果更好时,顾客产生后悔的可能性更大和后悔度更高。但是,即使顾客不知道已经放弃方案的结果,顾客也会通过反事实想象进行比较。反事实想象通常是顾客在头脑中对已经发生了的事件进行否定,然后,体现出原本可能发生但现实并未发生的心理活动。它在头脑中一般是以反事实条件句的形式出现,即"如果……,那么……"的形式。根据想象的方向,可分为上行反事实

(Upward counterfactual)想象和下行反事实(Downward counterfactual)想象。[3]上行反事实想象是对于过去已经发生了的事件,想象如果满足某种条件,就有可能出现比真实结果更好的结果。例如,如果今天能早点到景区的化,我就不会排这么长的队了;下行反事实想象是指可替代的结果比真实的结果更糟糕,例如,幸好我今天早到景区,不然我就要排长队了。

(三)已选择方案的可逆性

已选择方案的结果是否可逆对顾客后悔也会有直接的影响。常识告诉我们,当顾客已选择方案的结果具有可逆性时,顾客后悔的可能性就会降低。就是说,当已选择方案的结果没有放弃方案的结果好时,顾客可通过反悔进行重新选择。比如,当一个国家和地区从法律上赋予消费者反悔权时,顾客一旦感知已选择的结果不如放弃结果好时,他就有可能行使反悔权。法律上的反悔权制度是指消费者在购买了某种产品或服务后,在合乎规定的范围内,消费者可以选择无条件退货或退出服务。2014年3月5日,我国开始实施的《中华人民共和国消费者权益保护法》,第二十五条规定:经营者采用网络、电视、电话、邮购等方式销售商品,消费者有权自收到商品之日起七日内退货,且无需说明理由。这项法律条款大大地降低了顾客后悔这种负面情感,有效地提升了国民幸福指数。

四、顾客后悔管理

顾客后悔虽然与顾客自身性格特点密切相关,但很多时候也与企业的营销行为相关,企业可通过改进营销策略来避免顾客后悔的发生。

(一)顾客后悔与顾客失望矩阵

顾客对服务提供商提供服务的情感无外乎下述四种情况:顾客后悔与顾客庆幸,顾客失望与顾客满意。由此,我们用这四个变量构建一个矩阵(如图7-2)。[4]

	顾客后悔	顾客庆幸
顾客满意	转换	保留
顾客失望	转换	转换或保留

图7-2 顾客后悔与顾客失望矩阵

资料来源:马勇."顾客满意-顾客遗憾"矩阵与顾客重购倾向管理[J].商业研究,2006(23):97-100.

1.顾客满意-顾客后悔

顾客一方面对所购服务呈现出满意这种积极情感,另一方面又对所购服务表现出后悔这种负面情感,这两种情感同时呈现。例如,一位投资者想投资30万元于股票市场中,他只考虑"格力"和"茅台"这两种投资产品。由于对"格力"有更高的期望收益(预期该股票在来年升值20%)而购买了该股票。一年以后,"格力"的股票增长了25%,可是"茅台"股票却增长了50%。在这个案例中,该投资者将感受到满意和后悔两种情感。满意是因为"格力"的实际表现比期望表现要好,后悔是因为没有选择"茅台"而少受益 7.5 万元。

2. 顾客满意-顾客庆幸

顾客对所购服务同时表现出"满意"和"庆幸"这两种积极情感。例如,一位顾客买了一辆某品牌新能源轿车,使用一段时间之后感觉性能不错,而且市场上充斥着对这一品牌的赞美之声。该品牌由于良好的市场表现,成为新能源轿车的领头羊,其市场供不应求,该品牌价格也是一路走高。这时,这位顾客对所购买品牌的新能源轿车就会表现出满意,同时对当时的购买决策感到庆幸,庆幸自己当时没有错误地选择其他品牌。

3. 顾客失望-顾客后悔

顾客对所购服务同时表现出"失望"和"后悔"这两种负面情感。例如,某电视机生产厂家进行概念炒作,通过现场展示自己的电视机图像如何清晰。可是当顾客买回家收视时,效果并不像厂家现场展示的那么好。当这位顾客在朋友家看另一个品牌产品的电视机时,发现其图像比自己买的还要好,一问价格比自己买的还少了几百元。这时这位顾客的内心既充斥着失望,又充斥着后悔。

4. 顾客失望-顾客庆幸

顾客由于对所购买的服务没有达到自己的预期,一方面表现出"失望"情绪,另一方面又"庆幸"自己当时没有选择购买另外一个更差的服务。这是一种"痛并快乐"的情感表达,即常说的知足常乐心态。例如,日常中我们能见到这种类型的顾客,"我买的某品牌产品虽不如我预期的那么好,但比起我刚开始准备想买的某品牌产品还是强太多了!"这种心理状况与顾客选择比较对象有直接的关系。研究证实,比赛中获得铜牌的选手往往比获得银牌的选手更开心,这是因为铜牌得主比较的对象是第四名,即如果我发挥的稍微差一点,就与奖牌失之交臂;银牌得主比较的对象是金牌,即如果我发挥得更好一点,就能拿到金牌了。但这是顾客自己对本次购买选择的一种心态调整,并不影响顾客在下次购买中转向更好的服务提供商。

(二) 降低顾客后悔策略

从上面的矩阵分析可以看出,虽然顾客失望也会对顾客保留有影响,但是对顾客保留有决定性作用的仍是顾客后悔。因此,服务提供商如何通过不同的策略降低顾客后悔成为顾客重购的关键。常用的策略主要有:①超越竞争对手。顾客后悔源自比较,服务提供商可通过提供比竞争对手更有价值的产品或服务让顾客避免后悔。②差异化服务。服务提供商提供差异化的服务,让顾客无法比较,即萝卜白菜各有所爱,很难说哪个好。③当服务提供商提供的服务和竞争者在本质上相同时,要让顾客在感知上存在差异。对于市场营销来说,这个东西是什么不重要,关键是顾客认为它是什么。④比较式广告。通过比较式广告在客观可衡量的属性或价格上和替代产品或服务对比(优势主张和相等主张),但不能是虚假或欺骗性。⑤提供保证。服务提供商通过向顾客提供质量和其他担保,也可降低顾客后悔。⑥设定反悔期。服务提供商还可通过设定反悔期来降低顾客后悔,在反悔期顾客可放弃当前的选择。⑦采用或有定价。服务提供商根据服务结果进行定价,达不到预期结果可免除或降低收费,这也可以降低顾客后悔。

第二节 超越竞争者

一、树立竞争观念

企业降低顾客后悔度,从而实现顾客保留的一个有效途径就是超越竞争者。服务利润链模型所信奉的经营哲学是一种纯粹的顾客观念,即服务企业要想获得利润和持续成长,必须提升顾客满意度,进一步赢得顾客忠诚度。实际上,在市场经济条件下,企业盈利能力高低以及可持续增长性不仅取决于其能否最大限度地满足顾客实际和潜在需要,而且在很大程度上也取决于市场中企业竞争者的市场行为。竞争者是市场经济的客观存在,优胜劣汰是市场经济的基本规律。习近平总书记指出:"要建设统一开放、竞争有序的市场体系,实现市场准入畅通、市场开放有序、市场竞争充分、市场秩序规范,加快形成企业自主经营公平竞争、消费者自由选择自主消费、商品和要素自由流动平等交换的现代市场体系。"

服务利润链模型不是一个完全遵循市场导向的模型、至少不是一个彻底的市场导向模型。在此模型中,虽然考虑到顾客这个市场主体,但没有考虑到市场中另外一个重要的主体——竞争对手。日本著名的战略学家大前研一在《战略家的思想》一书中说:"企业在构建任何战略规划时,必须充分考虑到企业自身(Corporation)、顾客(Customer)、竞争(Competition)这三种主要参与者",即通常所说的"战略三角模型"(见图7-3),只有将公司、顾客与竞争者整合在同一个经营战略内,企业的利润和可持续成长才存在的可能性。[5]

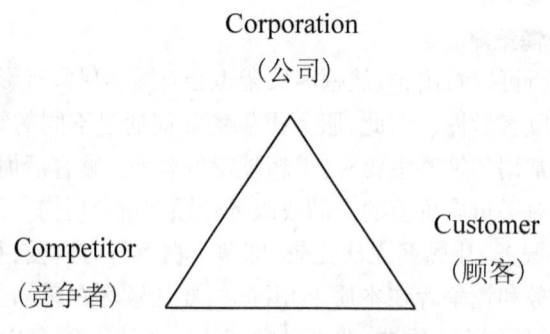

图7-3 大前研一战略三角模型

在一个特定时间的特定市场区域内,顾客对特定产品或服务的需求往往是客观存在的,并且在数量上具有相对的稳定性。市场中不是没有顾客需求,只是大量的顾客需求被竞争者所占有。从某种意义上说,顾客导向并不是企业经营的关键,企业经营的关键是如何通过打败市场中的竞争对手,争取更大的属于自己的市场需求而已。艾尔·里斯(AL

Ries)在《营销战》一书中说:"当今企业经营的本质并非为顾客服务,而是在与竞争对手的对垒过程中,以智取胜、以巧取胜、以强取胜。简言之,经营就是战争,在这场战争中,敌人就是竞争对手,而顾客只不过是要占领的阵地。"服务利润链模型所持的那种旁若无人(竞争者)的经营哲学,往往与企业面对的市场现实不相符。

二、识别竞争者

正如《孙子兵法·谋攻篇》中所说"知己知彼,百战不殆"。企业竞争首先要明确谁是你的竞争对手。一个企业识别竞争者似乎是一项简单的工作,麦当劳知道肯德基是其主要的竞争者,沃尔玛也知道家乐福是其竞争者。然而,企业实际的和潜在的竞争者范围是广泛的。一个企业更可能被新出现的对手或新技术打败,而非当前的竞争者。

根据产品或服务替代观念,我们可以区分 5 种层次的竞争者:[6]

第一层是顾客本人。顾客自服务(Self-services)是企业第一个竞争对手。如果顾客对市场上的企业提供的产品和服务不满意,顾客就会自己动手,不够买市场上的商业服务。例如,如果刚生下宝宝的妈妈对市场上的保姆服务不放心,她就会自己带小孩。对于保姆市场来说,婴儿的妈妈是其第一个竞争对手。

第二层是品牌竞争者。当其他服务企业以相似价格向相同的目标顾客提供类似服务时,企业将其视为最直接的竞争对手。例如,上面所说的麦当劳知道肯德基是其直接竞争对手,沃尔玛知道家乐福是其直接的竞争对手。

第三层是行业竞争者。企业进一步可以把提供相同服务或类似服务的企业都视为自己的竞争对手。从这个意义上说,麦当劳可以把德克士等企业视作为自己的竞争对手。

第四层是形式竞争者。企业还可进一步的把所有满足顾客相同需求的企业都看作是自己的竞争对手。从这个层面上讲,麦当劳可把"美团"和"饿了吗"等都看作是自己的竞争对手。

第五层是愿望竞争者。企业特别是行业中的领头企业还可更广泛的把提供不同服务,满足顾客的不同愿望,与本企业争夺同一顾客购买力的企业都视作为竞争对手。从这个层面上讲,大型旅游企业会把房地产企业视作为竞争对手。因为顾客的收入是一定的,收入拿去买房或还房贷了,旅游的支出就会大大减少。

在企业经营实践中,可以通过资源相似性和价值主张雷同性来直接识别出自己的竞争者。资源相似性就是企业的人力、物力和财力等实力基本接近;价值主张雷同性就是企业对目标市场所做的承诺基本相同。(见图 7-4)

三、获取竞争优势

获取竞争优势就是相对于竞争对手来说,企业能为顾客创造更多的价值。根据顾客感知价值等式,服务企业可通过价格更低(Cheaper)、质量更好(Better)、响应更快(Faster)等途径获取这种竞争优势。[7]

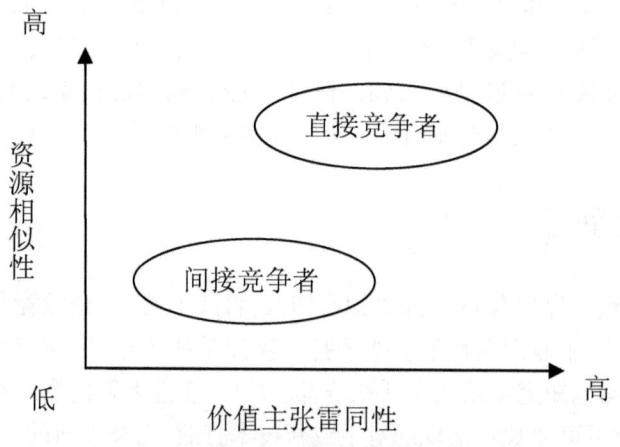

图 7-4 识别直接竞争者与间接竞争者

资料来源：M.J.CHEN.Competitor analysis and rivalry：Toward a theoretical interegration[J].Academy of Management Review,1996,21:100-134.

（一）价格更低

20世纪初，福特汽车公司的总裁亨利·福特说"我的经营哲学非常简单，除了每辆车都有的高质量，问题就只剩下价格，任何东西销售不出去的原因都在于价格"。日本著名的企业家松下幸之助早年提出的"自来水"哲学是和福特经营思想一脉相承，其意思是使松下的产品像自来水一样廉价且遍布各家各户。的确如此，价格是企业营销组合因素中最为敏感的因素，很少有不为价格所动的顾客。正如大信橱柜坚守的营销理念，全世界大多数人都喜欢物美价廉的商品。

为了使产品或服务的价格更低，哈佛大学教授迈克尔·波特在其《竞争战略》一书中提出了低成本竞争战略。这种战略要求企业努力取得规模经济，以经验曲线为基础，严格控制运营成本和间接费用，以使企业的产品总成本降低到最低水平。低成本战略能够防御并打击竞争对手，因为较低的成本可使其通过削价与对手进行激烈竞争后，仍然能够获得赢利。

但是，只有当具备下列条件时，企业采用低成本竞争战略才会更有效力：市场需求具有价格弹性，低价对刺激需求有明显作用；所处行业的企业提供标准化服务，实现服务差异化的途径很少；多数顾客以相同的方式享受服务，从而使价格成为决定企业的市场地位重要因素；顾客从一个服务商转变到另一个服务商时，不会发生太大的转换成本。

（二）质量更好

尽管质量观念很早就诞生，但真正把质量作为一种企业获取竞争优势的则是通用汽车公司。和福特公司的竞争战略不同，通用汽车的总裁斯隆在其自传《我在通用汽车公司的岁月》中这样写道"我们通常认为通用汽车公司应该把自己的汽车定位在不同价格档次内部的最高位，同时要使自己的汽车具有对这一价格区而言的高质量，以使其能够从比自己价格低的汽车那里吸引顾客，这需要和更低价格的汽车开展质量竞争。""公司应该经营一种比福特更好的汽车，我们不想和福特进行正面的价格竞争，我们采用的战略是产品的定位略高于福特。"

企业开展质量竞争是把产品或服务质量作为争取顾客,打败竞争对手的主要手段。按照服务质量的五个维度,服务企业可以在可靠性、安全性、有型性、移情性、响应性等任何一个方面建立起自己的竞争优势。质量是企业的生命,也是服务竞争的核心所在,在其他条件相同的情况下,谁提供的服务质量优良,谁就能在竞争中取胜。

全面质量管理提倡的是"零缺陷"以及"在第一时间把事情做好",也就是所谓的"一次成功"。事实上,服务提供者很难达到这个近似苛刻的标准。对于服务企业来说,服务完美无缺是一种理想的状态,在现实中这一点几乎无法达到。员工免不了会犯错误,服务的技术系统也会出现故障,一些顾客的行为会对另外一些顾客造成麻烦。而且,有些情况下,服务质量问题可能是顾客造成的。由于以上种种原因,规划非常好的服务并不能完全按照企业原先设想的方向有计划地进行。但服务和产品不一样,服务有"二次成功"的机会,即服务失败后,企业可通过服务补救让顾客对服务质量的感知更好。[8]

(三) 响应更快

按照经济学的说法,价值的本质是作为一种最根本资源时间的稀缺性。美国经济学家小艾尔佛雷德·钱德勒最早注意到时间与速度在竞争中的作用,他在《看得见的手——美国企业的管理革命》一书中称之为"速度经济性"。他说:"现代化的大量生产与现代化的大量分配以及现代化的运输和通讯一样,其经济性主要来自速度,而非规模。规模的经济性和分配的经济性不在于规模的大小而在于速度"[9]。如果想要为顾客创造更多的价值,加快响应速度,为顾客节省时间便是一个非常重要的途径。

达美乐比萨饼店是一个明显的例子,该连锁企业的创业者摩纳翰就是要努力成为响应速度的赢家。他不仅提供比萨饼送到家服务,还严格保证配送的速度,如果配送时间超过30分钟则保证退还3美元。这样速度与便利就成为达美乐比萨店的事业柱石。当别的比萨店还在绞尽脑汁思考达美乐如何做到如此迅速的配送时,它已经在顾客心目中留下了深刻的"快速比萨饼"印象。20世纪80年代初期还名不见经传的达美乐比萨连锁店,凭借着快速配送的优势而一跃成为全美第二大比萨连锁店。

美国战略研究专家小乔治·斯托克(George Stalk,Jr)和托马斯·霍特(Thomas Hout)在其所著的《与时间竞争》一书中说:"时间正在与成本和质量一起,成为现代人购买决策的三大要素之一。企业应把时间作为一种战略武器,它与资金、生产率、质量甚至创新同等重要。总有一天速度必将超过成本和品质,成为涵盖企业整体的首要经营目标"。[10]全球最大的网络数据传输公司——思科系统公司总裁约翰·坎博斯也说,在新经济中,"不是大鱼吃小鱼,而是快鱼吃慢鱼"。[11]

乔治·斯托克(George Stalk,Jr)在《哈佛商业评论》上撰文指出:伴随着时间压缩而来的是生产效率的提高、市场份额的增长和经营风险地降低,同时,企业利润也相应大幅度增加。对顾客需求快速响应的结果不仅是提高了顾客的满意度,顾客也情愿为所购买的商品和服务支付溢价。企业经营速度加快的结果是更快的存货周转率、更低的运营成本、更短的产品开发周期和更高的员工士气。研究表明:那些回应顾客的时间仅为同业竞争对手1/3的企业,其成长率至少是业界平均值的3倍,获利率至少是业界平均值的2倍,高者可达5倍之多。[12]

四、大规模定制

随着技术的飞速发展和消费者需求日益个性化,一些企业不仅从产品或服务的性价比角度开展竞争,他们更是把价格和个性化设计结合在一起实施大规模定制。

(一)大规模定制内涵

1987年,斯坦·戴维斯(Start Davis)在《Future Perfect》一书中首次提出大规模定制(Mass Customization)。1993年,B.约瑟夫·派恩(B.Joseph Pine II)在《大规模定制:企业竞争的新前沿》一书中说,"大规模定制的核心是产品或服务定制化而不相应增加成本"。这就是说,大规模定制是指企业大力提高能满足每个顾客不同需求经营能力的一种竞争方式。这种方式把市场上每个顾客都看成不同的目标市场,并为每个顾客分别提供他所需要的产品或服务。

大规模定制似乎是一种相互矛盾的思维,其实它是传统无差异营销和定制营销的结合物。在早期的市场上,许多个体手工业者是为了个别顾客定制产品,裁缝为每位顾客缝制服装,鞋匠为每个顾客定制不同的鞋子,那时,由于生产能力受限,信息技术极端落后,他们只能根据订单生产,而不能为市场大量提供标准化产品。随着生产水平的提高,许多企业只顾满足市场上供不应求的需求,而忽视了顾客需求的差异性,通常采取无差异营销策略,大力向市场提供一种标准化产品。现在不同了,随着生产力水平提高,定制营销又卷土重来,但它已不是早期的个体定制营销,而是大规模的定制营销。

(二)大规模定制产生的原因

作为一种新的企业竞争方式,大规模定制的产生不是偶然的,它具有客观的必然性。

首先,随着人们生活水平的提高,人们的需求不断地向多样化和个性化方向发展,这是大规模定制营销产生的根本原因。现在,许多人已把追求个性化、差异化看作购买产品或服务的首要条件,这就要求企业在经营思想上做出最大的适应性。正因为如此,美国通用汽车公司才推出了"萨顿计划"。按照这个计划,美国购买汽车的顾客能够坐在计算机终端前选择汽车的发动机、式样、颜色以及座位设备等。

其次,现代信息通信技术的巨大发展为大规模定制营销提供了可能性。由于信息通信技术的发展,企业的市场范围大大扩展,企业和消费者的联系更加密切,这为大规模定制创造了条件。在日本一些服装企业专门为各地顾客定制服装,其做法是,顾客下载公司的APP,在用户端模拟穿上各种不同颜色、不同风格、不同面料服装的各种形象,在顾客找到满意的服装后,便立即由电脑将这些信息输送到工厂,并按要求进行裁剪缝制。

最后,由于顾客需求变化越来越快,产品的寿命周期越来越短,这就要求企业采用大规模定制,使产品或服务与顾客需求最大限度地达到吻合,以避免因产品过剩而滞销。在日本,电子行业平均每30分钟就有一个新产品出现,在瑞士,钟表行业每20天就有一个新产品出现,这就要求企业的生产线能表现出极大的灵活性。日本的灵活生产体系就是这一要求的产物。所谓灵活生产体系,就是根据顾客的需求,在同一条生产线上能生产多品种、多型号的产品,它能在极短时间内生产出符合顾客需求的产品,从而避免了因顾客需求变化快而导致生产线变更的巨大费用。

(三) 大规模定制带来的利益

大规模定制之所以被一些企业所接受,是因为它具有过去的定制营销和无差异营销所不具备的优越性,无论对企业还是对顾客都能带来巨大的利益。首先,它是一种定制营销,能最大限度地满足顾客需求,为企业赢得更多的订单。其次,它是大规模定制,又具备无差异营销大量生产而成本低的好处。在大规模定制条件下,企业与顾客的联系更加紧密,不仅防止了大量标准化生产因不适销而造成的产品积压库存,而且有利于缩短流通环节,减少流通费用。

第三节 追求卓越服务

卓越服务不是一个服务标准,而是一种服务境界。它不仅仅是超越竞争者,它更是一种自我超越,在于将自身的资源和能力发挥到极致的一种状态。1982年,美国管理学家托马斯·彼得斯和罗伯特·沃特曼通过访问美国62家大企业,在《追求卓越》一书中总结出了卓越企业的八大特征。[13]

一、崇尚行动

崇尚行动就是注重行动而不是沉思。现代管理之父彼得·德鲁克说,"管理是一种实践,其本质不在于知,而在于行"。[14]对于卓越企业来说,强调的是实际行动而不是抽象的计划,或是坐在那里空想。明代著名思想家王阳明早就指出,"知之真切笃实处即为行,行之明觉精察处即为知",即知行合一。[15]在企业管理过程中,崇尚行动就是强化执行力。对企业而言,执行力就是把企业的战略转化为行动的能力;对团队而言,执行力就是为达成目标而形成的凝聚力和战斗力;对个人而言,执行力就是投入工作的激情和能力。

1996年,美国哈佛大学的罗伯特·卡普兰(Robert S. Kaplan)等人出版了《平衡积分卡》一书,该书的副标题就是"化战略为行动"。作者以企业的愿景与战略为内核,运用辩证与系统的哲学思想,将企业的愿景与战略转化为下属各责任部门在财务(Financial)、顾客(Customer)、内部流程(Internal Processes)、创新与学习(Innovation & Learning)四个方面的系列具体目标和行动方案。以综合评分的形式,定期(通常是一个季度)考核各责任部门在财务、顾客、内部流程、创新与学习四个方面的目标执行情况,及时反馈,适时调整战略偏差,或修正原定目标和评价指标,确保公司战略得以顺利地实行。[16]

平衡计分卡有效地解决了制定战略和实施战略脱节的问题,堵住了"执行漏斗"。信诺保险集团(CIGNA Insurance)的财产及意外险事业部运用平衡计分卡来管理公司从通才型向顶尖专业型保险公司转型。帮助信诺从一个亏损的多元化经营者,转变成一个位居行业前列、专注主营业务的企业。其结果同样迅速和富有戏剧性。两年内,信诺扭亏为盈。1998年,该公司的绩效迈入行业的前四分之一。该公司的总裁杰拉德·艾索姆说:"平衡积分卡帮助我们明晰公司的战略,从而使公司的力量凝聚于使愿景变为现实的行动上。"

二、贴近顾客

贴近顾客就是企业的产品或服务满足顾客的需求,企业的经营要遵循顾客导向。这就是说,企业的市场营销活动要以顾客为中心,树立"顾客第一"的观念,把顾客的需要作为企业营销的出发点和归宿点,千方百计为满足顾客需要服务,并把顾客是否满意以及满意的程度作为衡量企业营销活动的标准。同时,由于顾客的需要是不断变化的,企业必须经常研究市场的新动向,及时掌握市场变化的趋势,以确保企业营销能够与时俱进。

所谓卓越服务,就是对顾客来说非常有价值的服务,这里的价值指的是顾客感知价值,而不是企业自己认为的价值。对于市场营销来说,这件商品或服务是什么不重要,关键是顾客认为它是什么。因此,企业追求卓越服务的过程就是一个为顾客创造价值的过程,这个过程的关键在于对顾客价值的认知。为了准确地把握顾客价值,企业有很多方法、比如,个人洞察、市场调查、大数据挖掘等,同时,企业还可通过互动与顾客共同设计、共同创造,使服务更加贴近顾客的需求。

这里所说的贴近顾客需求,并不是强调一味地去迎合市场上顾客的需求。在很多情况下,顾客是缺乏远见的,对自己未来需要什么产品或服务,顾客本人也不太清楚。即使顾客认识到未来的需求趋势,但市场需求从趋势到现实也是一个极其缓慢的过程。在这种情况下,企业必须发挥自己的主观能动性,去主动"创造"顾客需求,积极引导市场。正如菲利普·科特勒2000年在《从市场驱动到驱动市场》一文中所说:"企业应了解市场,但不应成为市场的奴隶,应该发挥主观能动性,驱动市场,创造需求。"特别是在数据时代,通过大数据分析,企业往往比顾客更了解他们自己。

三、自主创新

1954年,被称为管理学之父的彼得·德鲁克在《管理的实践》一书中说:"企业有且只有两种基本职能,那就是营销和创新。"在他看来,每家企业都有两种形态的创新:产品与服务的创新,以及提供产品与服务所需的各种技能和活动的创新。创新可能源自市场与顾客的需求,需求可能是创新之母,有时候则是学校和实验室中的研究人员、思想家和实践者在技术和知识上的进步而引发的创新。企业经营者千万不要忘记创新是一个缓慢的过程,许多企业今天之所以能居于卓越领导地位,要归功于几十年前的辛苦耕耘。许多目前还默默无闻的公司,可能因为今天的创新将成为明天的产业龙头,成功公司面临的危机是,总是志得意满地挥霍前人累积的创新成果。

被誉为"创新理论鼻祖"的熊彼特认为:创新就是要建立一种新的生产函数,即生产要素的重新组合,就是要把一种从来没有的关于生产要素和生产条件的新组合引进生产体系中去,以实现对生产要素或生产条件的新组合。他同时强调创新必须能够创造出新的价值,并明确先有发明,后有创新。发明是新工具或新方法的发现,而创新是新工具或新方法的应用。只要发明还没有得到实际上的应用,那么在经济上就是不起作用的。因为新工具或新方法的使用在经济发展中起到作用,最重要的含义就是能够创造出新的价值。

对企业来说,创新目标可能永远不会像营销目标那么清晰,但一般典型企业设定的创新目标有:为了达到营销目标所需的新产品或新服务;由于技术改变导致现有产品或服务落伍需要的新产品与新服务;为了达到市场目标同时顺应其中的技术改变需要进行的产品改进;达到市场目标需要的新流程以及在旧流程上有所改进,举例来说,改善运营流程以便达到价格目标;在企业所有重要活动领域的创新和改善——无论在会计或设计、办公室管理或劳资关系方面以便跟上知识与技能的新发展。

四、以人为本

提供卓越服务的企业善待自己的员工,以对待朋友的方法对待自己的员工,视员工为合伙人,尊重员工,给予员工尊严,视员工为提高服务生产力的主要来源。他们非常清楚"企业怎么对待员工,员工就会怎么对待企业的顾客",员工满意和顾客满意是一种镜像关系。由于服务具有"不可分性",即许多服务是一线员工和顾客在互动中完成的。卓越企业非常注重对员工的授权,他们明白授权是完成目标责任的基础。权力随着责任者,用权是尽责的需要,权责对应或权责统一,才能保证责任者有效地实现目标。他们通过授权调动部属积极性,通过授权提高部属能力,通过授权增强应变能力。

提供卓越服务的企业会花大量时间和精力来培训员工。通过培训,增进员工对企业、工作部门、工作岗位、服务规范、工作技能、顾客特点等的熟悉;通过培训,增强员工对企业的归属感和主人翁责任感;通过培训,促进企业与员工、管理层与员工层的双向沟通;通过培训,增强企业向心力和凝聚力,塑造优秀的企业文化;通过培训,提高员工综合素质,提高生产效率和服务水平,树立企业良好形象,增强企业盈利能力。

提供卓越服务的企业还会有效激励员工。美国哈佛大学教授威廉·詹姆斯在《行为管理学》一书中指出:实行计件工资的员工,其能力仅发挥了20%-30%;在受到充分激励时,其能力则可发挥至80%-90%。也就是说,同样一个人在受到充分激励后发挥的作用相当于激励前的3-4倍。激励可以分为正负两个方面,也就是我们常说的"胡萝卜+大棒"。对优秀员工一定要激励,从而提升他们的工作积极性。由于自己主观的过错给企业造成损失的员工,也要坚决地实施惩罚,从而保证整个员工队伍的责任感。

五、价值驱动

和制造类企业提供有形的产品不同,服务类企业主要是提供解决方案,不是仅仅提供有形物,更主要是处理无形的"事"。处理"事"就会涉及企业的员工,就会涉及员工处理"事"的原则。这个处理"事"的原则就和企业价值观密切相关。企业成员共同的价值观具有导向、约束、凝聚、激励及辐射作用,可以激发全体员工的热情,统一企业成员的意志和欲望,齐心协力地为实现企业的战略目标而努力。这就需要通过各种手段进行宣传,使企业的所有成员都能够理解它、掌握它,并用它来指导自己的行动。

企业价值观就是企业决策者对企业性质、目标、经营方式的取向所做出的选择。价值观是把所有员工联系到一起的精神纽带,它是企业所有员工共同持有的,而不是一两个人所有的;企业价值观是有意识培育的结果,而不是自发产生的,它是长期积淀的产物,而不是突然产生的;价值观是企业行为规范制度的基础,它是企业生存、发展的内在动力。事实上,价值观念通常不是用很正式的方法来传递,而是用比较软性的方式,像讲故事、讲传奇或用比喻一样的事物来告诉大家。日本在经济管理方面的一个重要经验就是注重价值驱动,使领导层制定的战略能够顺利地、迅速付诸实施。

企业价值观对企业和员工行为的导向和规范作用,不是通过制度、规章等硬性管理手段实现的,而是通过群体氛围和共同意识引导来实现的。研究发现,所有卓越公司都认真地建立和形成了公司的价值准则。例如,迪士尼的"健康而富有创造力"以及IBM公司的"IBM就是服务"等。对拥有共同价值观的那些公司来说,共同价值观决定了公司的基本特征,使其与众不同。更重要的是,价值观不仅在高级管理者的心目中,而且在公司绝大多数人的心目中,成为一种实实在在的东西,它是整个企业文化系统乃至整个企业经营运作、调节、控制与实施日常操作的文化内核,是企业生存的基础,也是企业追求成功的精神动力。

六、坚守本业

坚守本业就是公司要专注于某一个行业内经营或专注于行业价值链中某一环节的业务。只做自己最擅长、最有价值的核心业务,而把那些谁都能做、低附加值、非核心的业务剔除出去。企业之所以能提供卓越服务,一个重要的原因就是专注本业,心无旁贷。很多企业一旦做大后,就有一种走多元化发展的冲动。多元化经营的唯一理由就是战略协同,如果各个战略业务单位在价值链的各个环节之间不存在协同点,或者是各战略业务单位价值链的各环节协同的成本过高,多元化经营的逻辑就不存在。

在现实中,许多公司不断通过兼并收买一些和公司原有业务不相关的业务。企业规模扩张得太大、业务类型相差太远;经营理念各不相同,企业文化差异巨大。其结局往往要么是拖垮自己原有的主业,要么是不欢而散。正如迈克尔·波特在其《竞争优势》一书中所说的,对于一个缺乏对兼并企业和原有企业相互关系进行认真分析,而贸然采取兼并行为的公司来说,并不比一个共同投资基金强多少。如果这个企业盈利能力很强,公司可通过资本市场投资该企业获得收益,而没有必要把其纳入公司经营中来。

七、精兵简政

精兵就是企业做到人员精干,要想做到人员精干,首先要求企业挑选到合适的人。对于服务企业来说,员工不仅影响顾客关系,同时也影响整个服务团队和企业文化。罗森布鲁斯国际旅游公司的总裁说:"我们所要寻找的不是技术能力,我们要寻找友善的人,我们可以培训人员具有专业技术,但是我们无法使他们变得友善。"其次,要求企业做到"人岗匹配",就是按照"岗得其人、人适其岗"的原则,根据不同人个体间的差异,安排他们到各自最合适的岗位上,从而做到"人尽其才";最后,要求企业激发员工的敬业精神,员工不能偷懒、磨洋工,出工不出力。调查表明,员工敬业度高的企业和员工敬业度低的企业之间,几乎有52%的营业收入差距。员工敬业度高的企业营业收入提高了19.2%,而员工敬业度低的企业营业收入下降了32.7%。

简政就是要求企业做到结构简洁。首先,简洁的组织结构在于其灵活性,能减少官僚主义,加强内部沟通,并且有利于调动员工的创造性。其次,简洁的组织结构能够在处理因环境变化所产生的问题时相当有弹性,能迅速地对包括顾客需求在内的变化做出快速响应。最后,简洁的组织结构还可以使责任更加明确化,避免由组织结构复杂导致效率低下,甚至组织瘫痪。正如孟子所说的,"天时不如地利,地利不如人和",简政要和精兵联系在一起,没有简政,精兵无用武之地;没有精兵,简政也无法落实。

八、宽严并济

宽严并济是要求企业对目标同时保持松紧有度的特性但却不窒息企业创新的一种组织控制系统。企业一方面要有原则性,即强调严格遵循企业的管理制度、经营政策、业务流程和服务规范,另一方面,也不能因为这种原则性要求而窒息企业的创新能力。原则性和灵活性永远是一对矛盾,但没有绝对的对立,只有二者统一起来,做到宽严并济,才能提供卓越服务。企业有制度就应该按照制度去执行,这是培养企业执行力,但执行力与绝对遵循还不完全一样。因为,时时处处搬用制度会使员工的行为变得教条和死板。不管怎样,如何把事情做正确,这才是执行力的本质要求。

凡事都需要一定的灵活性,很多时候绝对坚持原则是解决不了问题的,除了企业创新被压制和人性被扭曲外,就是工作中消极怠工、流程漫长、效率低下。实际上,严格遵循制度不能帮助我们解决所有的问题,一方面,制度不可能把所有的情况面面俱到,有时候根本就无制度可遵循。另一方面,人是有主观能动性的,这就是为什么很多优秀的企业除了有非常完善的制度体系外,还需要有非常高素质的人在相关岗位去做领导,这在很大程度上就是领导会根据制度灵活地解决问题。

重要概念

顾客后悔　顾客失望　顾客满意　顾客庆幸　反事实想象　大规模定制　卓越服务

思考题

1. 结合自己的消费经历,谈谈到目前为止自己最后悔的一次购买决策。
2. 顾客后悔和顾客失望之间有何不同?
3. 影响顾客后悔的因素有哪些?
4. 企业降低顾客后悔的策略有哪些?
5. 企业为什么要树立竞争观念?
6. 企业如何识别自己的竞争者?
7. 企业获取竞争优势的途径有哪些?

8. 大规模定制会带来哪些利益?
9. 提供卓越服务的企业有哪些特质?

参考文献

[1] ZEELENBERG M, PIETERS R.. On service delivery that might have been: behavioral responses to disappointment and regret[J]. Journal of Service Research, 1999, 2(1): 86-97.

[2] 李东进,武瑞娟,李研.消费者选择结果效价、放弃方案信息、满意和后悔[J].营销科学学报,2011(4):15-28.

[3] TSIROS M, MITTAL V. Regret: a model of its antecedents and consequences in consumer decision making[J]. Journal of Consumer Research, 2000, 26(March): 401-417.

[4] 马勇."顾客满意-顾客遗憾"矩阵与顾客重购倾向管理[J].商业研究,2006(23):97-100.

[5] KENICHI OHMAE. The Mind of the Strategist[M]. New York: Free Press, 1982.

[6] 菲利普·科特勒.营销管理(第九版)[M].上海:上海人民出版社,1999.

[7] 晁纲令,马勇.速度竞争战略[J].经济理论与经济管理,2003(12):46-49.

[8] 马勇.超越顾客抱怨处理,实施服务补救[J].经济管理,2003(09):56-59.

[9] 小艾尔弗雷德·D.钱德勒.看得见的手[M].北京:商务印书馆,2001.

[10] STALK, G.S., JR. THOMAS M. HOUT. Competing against time. New York. The Free Press 1990.

[11] 马勇.新经济时代速度经济将代替规模经济[J].经济纵横,2000(11):26-28.

[12] STALK, G.S. JR. Time-The next soure of competing advantage[M]. Harvard Business Review, July-Aug. 1988, 41-45.

[13] 汤姆·彼得斯,罗伯特·沃特曼.追求卓越[M].北京:中信出版社,2007.

[14] 彼得·德鲁克.管理的实践[M].北京:机械工业出版社,2014.

[15] 周月亮.王阳明心学[M].北京:北京联合出版公司,2018.

[16] 罗伯特·卡普兰等.平衡记分卡——化战略为行动[M].广州:广东经济出版社,2004.

案例分析:追求卓越的万豪国际酒店

万豪国际酒店集团公司是全球首屈一指的国际酒店管理公司。万豪国际集团的总部位于美国马里兰州贝塞斯达,在美国和其他130个国家及地区拥有6500家酒店,集团雇用300 000名员工。2020年5月18日,万豪国际位列2020年《财富》美国500强排行榜第157位,被《财富》杂志评为酒店行业最值得敬仰的企业和最理想工作的企业之一。历来在美国《商业周刊》的顾客服务年度评选、美国《商务旅游信息》年度评选以及J.D, Power and Associates 年度北美酒店客户满意度调查等评选中成绩斐然,表现出众。

在万豪国际酒店集团,创始人威拉德·万豪的一句话已经深入每个员工的内心:"只有呵护好雇员,他们才会更好地呵护顾客。"作为一名员工,乃至万豪集团的中国区人力资源总监,已在万豪工作十余年的颜洁雯对公司的"呵护"已经深有感触。在万豪集团,资深员工比例较高,三位高级经理聚在一起,年资加起来经常超过50年。据统计,有35%的新员工在工作5年后仍在为集团效力。万豪的高管中绝大多数都为万豪工作了至少20年。在员工流动性很强的酒店行业中,万豪的员工流失率能够始终保持在行业最低水平。那么,万豪留住员工的秘诀是什么呢?让颜洁雯的工作体会与我们共同分享。

(一) 共渡难关

自1927年集团成立以来,万豪始终坚持着"信任、关怀、诚实、正直、尊重、公平"这六大核心价值观。在万豪,上至酒店经理下至普通员工,都以这六大价值观来衡量和评判每一项决策和日常行为。特别是金融危机爆发以来,本已是员工流失率很高的酒店行业更是受到了巨大的影响。对此,集团总部在原有六大核心价值观的基础上,又向旗下所有酒店推出了七种激励团队的最佳方法,以更为具体的方式提醒各层管理者,在危机下如何一如既往地遵循万豪的企业价值观,想方设法更好地呵护自己的员工。

1.开放的沟通

万豪旗下的所有酒店每个季度都会以"全体员工会议(Town Hall Meeting)"的形式面向全体员工汇报酒店的运营状况,使每个员工都能随时了解公司业务的最新进展和整体表现。颜洁雯说,会上酒店的经理、财务总监及营销主管都会与员工分享本季度的公司财务和经营情况。所以,在万豪的所有员工都非常清楚本季度及各部门的业绩目标是否已经达到,并能了解到与其他酒店之间的差距。

此外,其他的部门经理每个月还会召集本部门的员工面对面沟通近期的工作情况,交流心得体会。与"Town Hall Meeting"不同,此时员工可以与主管上司进行双向沟通,除了了解本部门当月的工作情况外,还有机会把自己针对某一问题的看法与建议直接反映给部门负责人。员工还可以直接寄信给美国总部总裁办公室,或通过内部热线给总裁办公室打电话,表达自己对工作情况、工作环境、薪酬福利等方面的意见,所有信件和致电都会得到及时妥善的处理。每年万豪都会聘请一家第三方公司为其下属的酒店做匿名的员工满意度调查,以了解员工对集团和上司的看法。当员工遇到难题时,还可以向万豪的"Peer Review"系统寻求公平、公开、公正的解决。通过这些方式,员工就能更好地理解酒店做出的每一项决策,增强员工的执行力和团队的凝聚力。颜洁雯说,万豪始终希望能通过这样的交流方式,使每个员工都能清楚地认识到自己、本部门乃至整个酒店所面临的困难与挑战,最大限度地调动和发挥员工的积极性与创造力。

2.真诚对待下属

俗话说"人无信不立,事无信不成",这也应该是管理人员所奉行的宗旨,与员工坦诚交流也更值得提倡。颜洁雯认为,在任何时候与员工保持开放和真诚的沟通都十分必要,尤其是面临发展和生存的困境时,管理者与下属坦诚相对,往往会更加有效地感染员工。在万豪,酒店的经营状况、客人满意度、员工满意度等信息,都会通过各种各样的方式如实地公示给员工。如2009年酒店取得的业绩并没有达到之前的预期,在征得了员工的意见之后,酒店采用缩短工时减少工资、四天工作制、暂停加薪等措施降低人工成本,渡过难关。由于敢于与员工一起面对当前的困难,并采取了得当的措施,这些举措得到了员工们的广泛认可,也并未影响到员工的工作热情。随着经济的复苏,万豪又开始恢复了之前暂停的一些福利,2010年也按计划进行了加薪。通过这个"严冬"的考验,员工更加愿意与企业站在一起迎接新的挑战。

3. 赞赏与奖励

并不是所有的赞赏与奖励都是物质上的。特别是在经营萧条时期,物质上的奖励会增加企业的经济负担,此时精神上的赞赏和奖励在激励员工方面将比以往任何时候、任何方式都更加有效。比如,万豪会以旗下各酒店为单位,定期统计由于工作突出而获得晋升或调离的员工数量,并向该酒店颁发证书。这样不仅可以使优秀员工获得晋升机会,其他员工也能更清晰地看到自己未来发展的路径,通过类似的方式向员工释放出一种信号:任何为酒店做出过贡献的员工,哪怕是在最平凡的岗位上都会成就自己的职业梦想。

4. 明确的目标

企业通过明确设立并且根据实际运营情况调整的目标,不但能保持员工的士气,还能帮助他们达成既定目标。以万豪经理层员工为例,他们每年的花红和次年的加薪幅度都与当年所完成的业绩指标挂钩,但如果出现一些特殊情况,如"非典"这样的不可预见的因素,可能会使个人乃至整个酒店的业绩出现滑坡,也将直接影响到个人的年终考核。因此,根据实际运营情况调整目标既符合企业的实际情况,又可以保持员工的士气。万豪会在年中时为员工创造修改年初制定个人业绩目标的机会,这样做可以消除一些不可预见的不利因素所造成的负面影响,帮助员工实现预期目标。

5. 积极的参与

"开放的沟通",万豪及旗下所有酒店的决策都需要经过员工的参与和讨论。实践证明,所有的员工都有参与正在进行的项目以及业务发展的意愿。而且,他们会经常提出有创造性的想法和建议,这对实现和提高业务进程非常有益。同时,酒店在承担社会责任的行动中,员工也有机会参与其中,如为残疾儿童筹措医疗基金、帮助城镇困难群体解决住房问题等。通过充分的参与,能够增强员工的社会责任意识,对酒店的决策也能更好地贯彻执行。

6. 成功的工具

"工欲善其事必先利其器",要为员工提供完成工作及职业发展所需要的所有工具,与团队一起分享这些工具和方法,可以使他们在工作中表现得更出色,在职业生涯中变得更成熟。颜洁雯解释说,万豪与员工分享的这些"工具",并不只是那些看得见摸得着的有形工具,还包括了很多虚拟的工具。如在公司的网站开设相关课程、提供职涯规划咨询服务等,这些不仅可以帮助员工解决工作中遇到的实际问题,最重要的是能为其勾画出未来事业发展的蓝图,员工也将更有信心在本职岗位上发挥更大的能量。

7. 充分的信任

企业的领导者要相信大多数员工能够并且愿意表现得更为出色。同时,以身作则并且充分信任员工。信任和鼓励将在很大程度上激励员工在工作中表现得更加优异。万豪集团鼓励管理者相信员工优秀的一面,并且鼓励员工表达自己的想法。比如,客房工作人员发现酒店常有日本旅行团入住,并且绝大部分是女性,便提出房间内的设置可以"因人制宜"。经理信赖他们的分析,并采纳了意见,将酒店产品相应特色化,获得了顾客的好评。管理者的信任,帮助员工在工作之中有了更多发展的机会,使之工作理念得到升华,工作效率倍增。

(二)重视内部选拔

万豪集团非常重视企业文化的传承,每一个在万豪成长起来的员工,都充分承袭了万豪热情的待客之道和员工间互相服务的理念。由于担心外来员工会冲淡这种文化,万豪近50%的管理人员都是从公司内部经过严格选拔而获得晋升。公司出现职位空缺,都会优先考虑内部员工,只在没有合适的内部人选时,才会从社会进行招聘。内部提升的比例越大,留给员工的晋升机会就越多。颜洁雯说:"在万豪,只要努力就会有机会,万豪的资深员工特别多。"

尽管万豪也会从外界寻找优秀人才来壮大中层管理队伍。但总经理这样的高层管理人员,万豪则是坚定不移地实行内部选拔机制,在这里很少会出现外来"空降兵"的现象。如果一定要外聘,无论此人之前担任过多高的职位,也一定要先在万豪担任副职一年以上才可以出任总经理。为加速人才培养,万豪加快了内部人才晋升的速度,以前集团高层的提拔过程一般是7-8年,现在这个时间缩短到了1.5-2年左右,有能力的人才在万豪会很快得到提拔和重用。

"在万豪工作,每个人都有很多机会,有很美好的职业前景"。颜洁雯以自己为例——在万豪工作的十几年中,为了更好地历练自己,在实战中充分拓宽视野,她曾在越南、香港、天津、上海等地的万豪酒店工作过,从基层员工到人力资源经理直至晋升为中国的区域人力资源总监。

(三)实施人才培育计划

颜洁雯坚信,提供培训与事业发展机会是留住人才,尤其是留住优秀新雇员工的关键。培养和留住优秀员工也是最明智的营商策略之一。万豪一直在努力营造一个卓越的工作环境,让员工感到他们会不断地拥有学习和发展的机会。在集团内部,万豪的培训方法可以说是独具特色,公司规定每天每位员工都有15分钟的培训。万豪给员工总结出了20个基本习惯,要求他们每天温习其中一个。因为万豪相信,如果员工是按照习惯来提供服务,将会表现得更自然,更顺畅。

颜洁雯透露,每年每位经理级员工的相关培训都不会少于40小时,一般员工更不会少于60小时。为了保证充足的培训经费,万豪专门设立了国际培训基金。万豪旗下酒店每年为每位经理拿出750美元当作培训经费,这些费用由各酒店交至集团的国际培训基金中,用于培训教师的差旅、培训材料以及翻译等开支。以此计算,集团一年用于经理人员的培训费用就达140万美元。得益于这样一个稳定的国际培训基金,万豪集团每年都能保证基本固定的培训经费,无论是"非典"或是"金融危机",都未能影响到培训经费的支出。

预计在未来5年内,万豪将在美国以外的地区雇用15万以上的新员工,其重点将放在印度和中东地区等新兴市场。万豪国际集团的国际人力资源部高级副总裁杰姆·皮拉斯科(Jim Pilarski)也表示:"在当今经济不景气的大气候下,这个增聘数量可以说是非常可观,随着万豪在世界各地迅速扩展,我们急需聘用及保留优秀人才。"

在世界旅游业快速增长的市场上招贤纳士需要创新思维,因为万豪与其他酒店集团一样需要优秀人才。因此,在恰当时机为岗位选配合适人才至关重要。万豪采用的举措之一就是与国际知名酒店培训学校建立伙伴合作关系,例如,从瑞士格里昂酒店管理学院这样的知名学府引进优秀人才。最近格里昂酒店管理学院与万豪集团共同启动了一项关于收益管理的学科计划。这是一门发展最快的酒店学科,目前该学院已经有23名收益管理专业毕业生,其中大部分就职于万豪国际集团的相关初级职位。

与此同时,万豪在中国的区域也开始了与国内部分高校合作,着手培养适合自己的专才。从2007年开始,万豪国际集团与天津商学院签订了共建学生实习基地的合作协议。万豪集团将在其属下酒店为天津商学院与美国佛罗里达国际大学合办的酒店管理专业学生提供实习机会。此项合作,万豪集团已将学生的实习安排纳入集团员工培训计划,为学生制定四年的实习规划和评估标准,并为每个学生建立实习档案,对学生实习进行严格的培训和管理,并为学生毕业后在全球范围内优先提供聘用机会。

同时,万豪还和上海旅游高等专业学校签订了人才培养合作协议,从大一新生中选了150人组成"万豪班"——100人来自酒店管理专业,20人来自会计专业,30人来自厨艺专业。为了使这些学生熟悉万豪文化,培养他们真诚为客户服务精神,万豪集团每两个月就会派自己的经理专程到上海给"万豪班"的学生上课,传授酒店实务;而"万豪班"每年都将有3名老师前往万豪旗下的酒店进行为期一周的体验项目。此外,凡是万豪上海区、苏州区承办的大型酒会宴会,都会邀请"万豪班"的学生前去参与和实习,让他们有更多实践和提高实际操作能力的机会。

(案例来源:寇斌.最佳雇主的"留心"法则——万豪国际酒店集团中国区HR总监颜洁雯专访[J].人力资源,2010,(03):6-9.)

1.万豪集团核心价值观在万豪卓越服务中扮演的作用是什么?
2.万豪集团激励团队的七种方法和其核心价值观的关系是什么?
3.集合服务业经营的特点,谈谈万豪集团为何重视人才的内部提拔。
4.结合服务的特征,谈谈万豪集团为何重视人才培育计划。

第八章　服务创新

　　1995年,伊朗裔法籍移民皮埃尔·奥米迪亚创立了一个拍卖网站eBay,在这里人人都有平等的渠道通向全球市场。消费者可以在这里拍卖棒球卡和芭比娃娃等收藏品。很快,小商家们发现通过eBay可以使他们很便捷地接触到消费者和其他企业。大公司则将它视为销售大量滞销存货的好机会。今天,人们只要不违反法律和eBay的规则及政策,销售者可以将任何物品标价出售,从电脑、家电、到汽车、房地产都可能。

　　通过帮助买家得到最佳价格,并让他们决定他们愿意支付的价格,eBay的成功引起了一场定价革命。顾客能够操控并得到最优可能价格,而网站的效率和广泛的影响范围又让卖家获得很高的利润。eBay向那些不想等待拍卖并且愿意支付卖家开出价格的买家提供了固定价格的"立即购买"选项。卖家如果接受固定价格的交易形式,也有一个"最佳报价"选项来允许卖家还价,接受和拒绝一个报价。

　　eBay的商业模式将素不相识的人连接在一起,顾客的信任是eBay取得成功的关键。起初有人质疑消费者是否愿意购买来自陌生人的产品,奥米迪亚则相信人性本善。eBay公司的创始团队做了两件事:①他们努力地将其网页建成一个社区;②开发相应的工具,帮助增强陌生人之间的信任。通过每次交易后的反馈,eBay追踪并展示买卖双方的信誉度。2007年,eBay通过增加四种买家评价类别来扩大其反馈服务:商品与描述相符、沟通情况、发货时间、送货费。这些评价是匿名的,但是其他买家可见,评价排名最高的卖家出现在搜索结果顶部。

　　通过"顾客之声"的方案,数百万充满激情的顾客在eBay做出重要决策时可以发表自己的意见。每隔几个月eBay就会邀请十几名买家和卖家询问他们关于网站的使用情况和eBay需要改善的地方。eBay每周至少召开两次长达一个小时的电话会议,对网站的新特色或政策进行民意调查,其结果是用户感觉像主人,他们有动力帮助公司开辟新的领域。

第一节 服务价值创新

一、营销的价值本质

自20世纪90年代中期以来,价值开始成为市场营销的核心概念。企业的各种营销活动应为使用者创造和传递价值,这是企业吸引并保留使用者的根本原因。[1]实际上,早在20世纪50年代,彼得·德鲁克(Peter F. Drucker)在其《管理的实践》一书中就明确地指出:"企业生产什么并不重要,重要的是顾客想买什么,什么是他们认为的价值,那才是决定性的东西。"因此,价值是企业所有市场营销活动的根基所在。

著名服务营销学家克里斯廷·格朗鲁斯(Christian Grönroos)说:通过提供服务将要得到的不是商业中的另一方提供的服务(不是服务与服务的交换),而是为了获得价值,最终的目标是支持使用者创造价值和通过企业的服务使价值创造成为可能。企业服务营销的过程就是一种互惠的价值创造过程,服务只是这个过程中的中间变量而已。[2]如果一项服务活动不能为其服务对象创造价值提供帮助,则此项服务活动就没有其市场存在的必要性。

鉴于对市场营销活动价值本质的共识,2004年美国市场营销协会(AMA)放弃了使用近20年的市场营销定义,把定义更新为"向顾客创造和传递价值的一种组织职能和一套流程",第一次把市场营销活动的本质由传统的交换校正为价值。2007年的定义进一步明确和拓展了市场营销的价值功能,即"市场营销是创造、沟通、传递和交换对顾客、客户、伙伴和社会具有价值提供物的一套活动、制度和过程"。从而把市场营销价值功能由创造和传递价值拓展到沟通和交换领域,使价值贯穿于企业营销活动的始末。

二、企业价值创新内涵

企业价值创新不是把精力放在打败竞争对手上,而是放在全力为买方和企业自身创造价值上,并由此开创新的无人争抢的市场空间,彻底甩脱竞争。价值创新对"价值"和"创新"同样重视,只重价值不重创新就容易使企业把精力放在小步递增的"价值创造"上。这种做法也能改善价值,却不足以使企业在市场中出类拔萃。只重创新,不重价值,则易使创新仅为技术突破所驱动,或只注重市场先行或一味追求新奇怪诞,结果是通常超过顾客的心理接受能力和购买力。

因此,很重要一点就是要把价值创新与技术创新及市场先行区分开。企业价值创新的成败不在于尖端技术,也不在于"进入市场的时机"。这些因素有时候会存在,但更多的时候,他们并不存在。只有当企业把创新与效用、价格、成本整合一体时,才有价值创新。如果创新不能如此根植于价值之中,那么技术创新者和市场先驱者往往会落到为他人作嫁衣的下场。[3]

企业价值创新挑战了基于竞争的战略思想中最广为人们接受的信条,即迈克尔·波特在《竞争战略》一书中所讲的价值和成本间的权衡取舍。一般的看法认为,一家企业要么以较高成本为顾客创造更高价值,要么用较低的成本创造还算不错的价值。战略被看作差异化和低成本间做出选择,企业在战略上应该避免被夹在中间。与之相反,志在开展价值创新者则会同时追求差异化和低成本。

图 8-1 描述了差异化和低成本之间的动态关系,他们是价值创新的立足点。

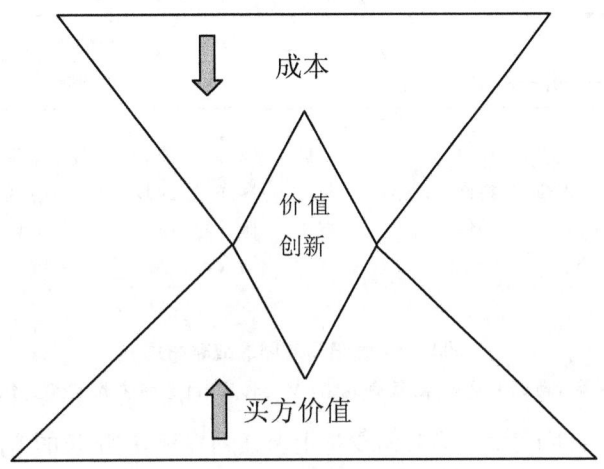

图 8-1　同时追求差异化和低成本

资料来源:W.钱·金,勒妮·莫博涅.蓝海战略[M].北京:商务印书馆,2005:19.

企业价值创新就是要压低成本,同时要提升买方所获得的价值,这就是如何为企业自身和买方实现价值上的飞跃的根本所在。由于买方价值是由企业向买方提供的效用和价格二者组合,而企业一方所获得价值来源于价格和成本,价值创新只有在企业对有关效用、价格、成本的活动都能适当地协调一体的情况下才能实现。这种"全系统"的方式,才使得价值创新成为一种可持久的战略,即价值创新把一家企业的功能和运营方面的活动都统合起来。

三、企业价值创新工具

战略布局图既是企业价值创新的诊断框架,也是价值创新的分析框架。使用它的原因是它能捕捉住已知市场的竞争现状,这使你能够明白竞争对手正把资金投入何处,在服务传递中产业竞争正集中在哪些元素上,以及顾客从市场现有的相互竞争的服务选择中得到了些什么。如图 8-2 所示,横轴显示了马戏产业竞争和投资所注重的各项元素。

从图 8-2 可以看出,玲玲马戏团与很多小型区域性马戏团的价值曲线是基本相同的,主要区别在于区域性马戏团因为资源限制,在每个竞争元素上都给予更少而已。相反,太阳马戏团的价值曲线如鹤立鸡群。它包括新的非马戏的元素,如主题、多套制作、高雅的观看环境、富有艺术品位的音乐和舞蹈,这些元素对马戏业来说是全新的创造。

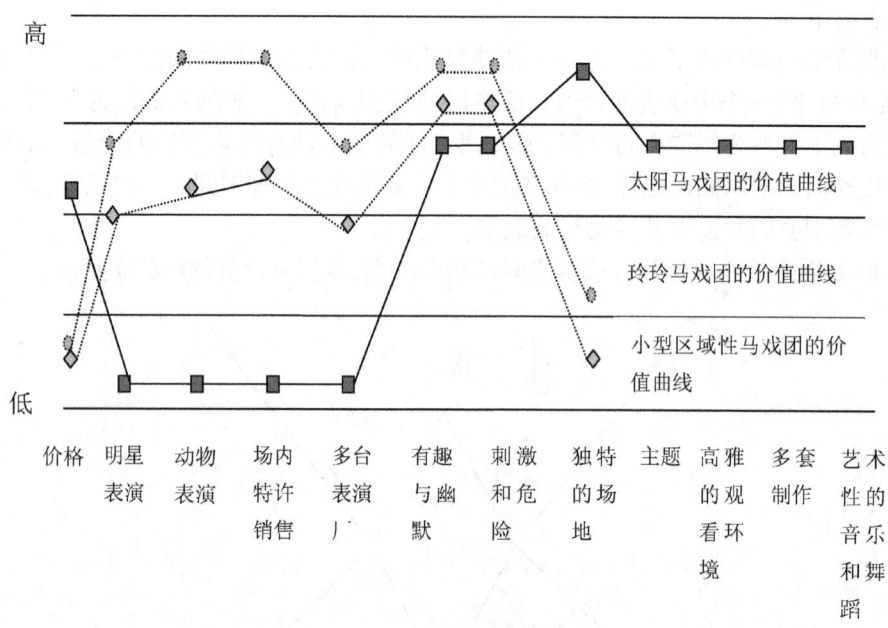

图 8-2　太阳马戏团的战略布局

资料来源：W.钱·金,勒妮·莫博涅.蓝海战略[M].北京：商务印书馆,2005:46.

在这样的产业条件下,太阳马戏团要想走上强劲、获利的增长的道路,比照竞争对手,努力在同样的元素上给予顾客多一些或少一些,以求超过竞争对手的战略是无济于事的。这样的战略也许会增加一点销售额,却很难推动企业去开创无人争创的新市场空间。进行大量的顾客调研也不是价值创新的可行之路,研究发现现有顾客很少能想象如何创造新的无人争抢的市场空间,他们的思路都很容易往给我多点或少点这方面走,而顾客所索要的更多的往往是产业已经给予他们的服务元素。

要想从根本上改变一个产业的战略布局图,必须把战略重心从竞争对手他择市场(他择在概念上不仅仅指"替代性选择",比如,一家餐馆可以作为相对于电影院的"他择产品")上,从产业的顾客移向非顾客上。要想同时追求价值和成本,就必须拒绝那种在现有领域比照竞争对手,并在差异化或成本领先战略中选择其一的旧逻辑。当把战略重心从现有的竞争移到他择市场以及非顾客上,就能够明白如何为产业所关注的问题重新定义,并由此跨产业边界重建买方价值元素了。而与之相对,常规的战略逻辑则驱使你努力为产业中定义好的问题提供优于竞争对手的解决办法。

四、企业价值创新方法

为了重构顾客价值元素,塑造新的价值曲线,企业价值创新可采用四步行动框架(如图所 8-3 示)。企业为打破差异化和低成本之间的权衡取舍关系,创造新的价值曲线,有四个问题对挑战产业现有的战略逻辑和商业模式而言至关重要：①哪些被产业认为理所应当的元素需要剔除？②哪些元素的含量应该被减少或者到产业标准以下？③哪些元素的含量应该被增加到产业标准以上？④哪些产业从未有过的元素需要创造？

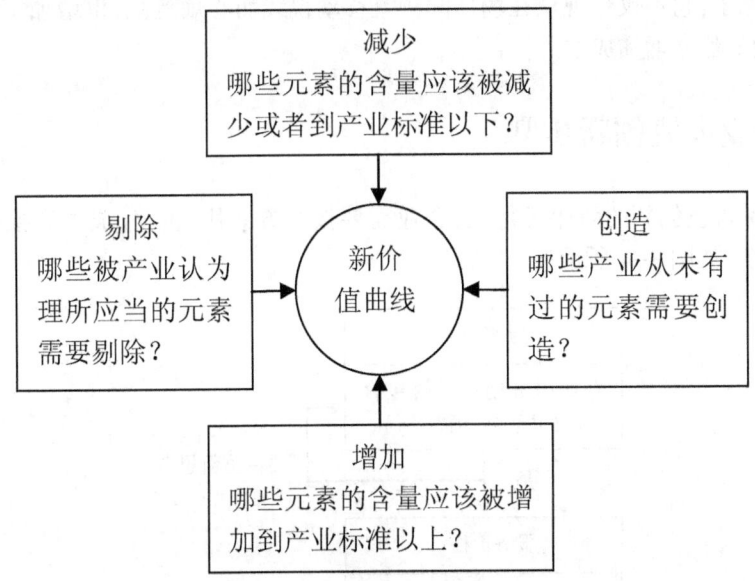

图 8-3 价值创新四步行动框架

资料来源：W.钱·金，勒妮·莫博涅.蓝海战略[M].北京：商务印书馆，2005：46.

第一个问题迫使你去剔除你所在的产业中企业长期竞争攀比的元素。这些元素经常被认作是理所当然的，虽然他们不再具有价值，甚至还减少价值。有时买方所重视的价值出现了根本性的变化，但相互比照的企业却不采取相应行动来应付这种变化，甚至都没有发现这种变化。第二个问题促使你做出决定，看看现有服务是不是在功能上设计过头，只为竞争和打败竞争对手。在这种情况下，企业给顾客的超过他们所需的，大大地增加了企业的成本，却没有好的效果。第三个问题，促使你去发掘和消除产业中消费者不得不做出的妥协。第四个问题帮助你发现买方价值的全新源泉，以创造新的需求，改变产业的战略定价标准。

解决前两个问题（剔除和减少），能让你明白如何把成本降到竞争对手之下。研究发现，在产业惯于攀比元素方面，企业经理们很少去系统性地剔除，减少投资。结果是成本不断增加，商业模式也日趋复杂。与之相对，后两个问题教我们如何去提升买方价值，创造新需求。总括起来，这四个问题让我们能够系统地探索如何跨越他择性产业，重构买方价值元素，向买方提供全新体验，同时降低企业自身成本。这其中最重要的就是剔除和创造两个动作，他们是企业超越以现有竞争元素为基础，追求价值最大化的境界。他们促使企业改变竞争元素本身，从而使现有竞争规则变得无关紧要。

以太阳马戏团为例，它从传统马戏中提出了好几种元素，如动物表演秀、明星表演、多台表演场等。长久以来，这些元素在传统马戏中被当作理所当然的，也从未有人质疑过其重要性。然而，公众对役使动物却越来越不满。动物表演又是成本中最昂贵的元素，它不仅仅包括动物本身的成本，还包括对他们的训练、医疗、圈养、保险及交通费用。与之相似，尽管马戏业注重表演明星参演，在公众眼里，这些所谓马戏明星与电影明星比起来却不足挂齿。这些明星又是一个高成本元素,却对观众产生不了什么影响。三台同演的表演场也被剔除了,它不仅令观众在场地间频繁移动视线而心烦意乱,也增加了所需表演者的数量,因此显然会增加成本。

五、企业价值创新步骤

为了确保价值创新的商业可行性,企业需要按买方效用、价格、成本和接受的路线来实施服务创新(如图8-4所示)。

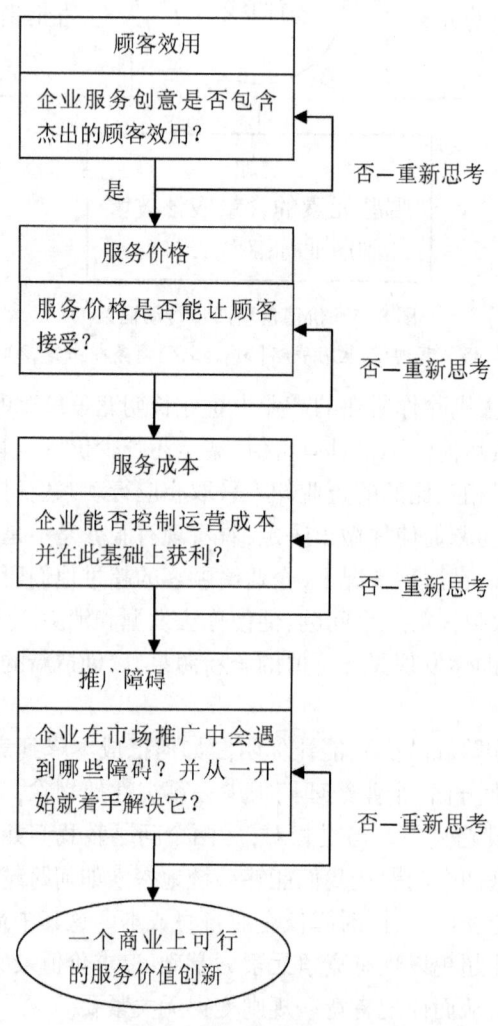

图8-4 价值创新的顺序

资料来源:W.钱·金,勒妮·莫博涅.蓝海战略[M].北京:商务印书馆,2005:132.

第一步是提供顾客效用。企业的产品或服务是否能为顾客提供杰出的效用?是否有令人信服的理由让顾客去购买它,缺少这一点,就没有蓝海的潜力可言。这时只有两种选择,放弃这个想法或是重新思考,直到得出肯定的答案。

第二步是确定公道的价格。企业不应只靠价格来创造需求,关键的问题是企业的服务定价是否能够吸引目标顾客群体,使他们感到肯定有能力支付。如果答案是否定的,顾客就不会买企业的服务,企业的服务也就无法在市场顺利推广。

第三步就是成本。企业能够以目标成本提供服务并获得优厚的利润吗?当目标成本无法实现时,企业要么放弃这个创新主意,因为由此而生的蓝海将无利可图;要么对你的商业模式进行创新,以达到目标成本的要求,换句话说,企业最后的获利等于价格减去运营成本。只有把杰出效用、市场定价和目标成本三者结合起来企业才能实现价值创新。

第四步是解决接受上的障碍。在企业推荐产品或服务创意时,会有哪些接受上的障碍?企业是否会从一开始就着力解决?企业只有从一开始就去解决接受上的问题,才能确保你的价值创新能够最终实现。因为,服务创新会涉及价值传递系统中的很多利益相关者,没有这些利益相关者的密切配合,再好的价值创新也无济于事。

第二节 服务价值创新途径

习近平总书记指出:抓创新就是抓发展,谋创新就是谋未来。不创新就要落后,创新慢了也要落后。服务企业可持续发展是建立在包括营销创新等一系列创新基础上的。企业营销的本质就是价值创造,一项服务创新能否被市场接受,关键在于其是否能给顾客带来价值,服务价值创新主要有以下几个途径。

一、节省人们时间耗费

自人类社会进入工业化大规模生产时代以来,时间的稀缺性日趋加剧。大规模生产必然要伴随着人们大规模的消费活动,没有大规模消费活动配合,大规模生产就无法持续下去。工业化大规模生产活动可由技术推动,而人类的消费活动却需要人们实打实地花费时间才能进行,这样,时间就变得越来越稀缺。在时间越来越珍贵的情况下,服务创新只要能为人们节省时间,这项服务创新的顾客价值就会凸显出来。

1988年,美国波士顿咨询公司的乔治·斯托克(Jeorge Stalk)在《哈佛商业评论》发表题为《时间:竞争优势的下一个来源》的文章。文中指出:伴随着时间的稀缺,市场上出现了越来越多的时基消费者(Time-based consumer)。企业在时基战略的指导下,推出了越来越多的类似联邦快递这种时基服务。[4]服务业的竞争从传统的价格更廉(Cheaper)到后来的质量更好(Better)再到当今现代服务业强调的是速度更快(Faster)。[5]

目前,我国现代服务业中基于时间价值的服务创新越来越多,比如,提高客运速度的高铁服务,提高货运速度的快递服务,提高信息传输速度的5G网络,节省服务时间的互联网金融等。随着人们工作和生活节奏越来越快,基于时间价值的创新将成为现代服务业持续发展最主要的路径。当绝对的客观时间消耗不可避免或节省程度很有限时,未来服务创新的路径在于改变人们对时间的主观认知,即让人们感觉时间耗费更短。

二、降低个人精力消耗

降低精力消耗和节省时间耗费是两种不同的服务价值创新路径,尽管这两种路径在有些时候存在着某种程度的交叉。某个老人可能有充足的时间但却没有充沛的精力,该老人现场监督一名家政人员上门擦门窗,老人节省的是自己的精力而不是自己的时间。即使是一个正常人,其精力往往也是有限的,他不会也没有必要使用自己的精力去干所有想干的事情。

早在1974年,弗罗伊登伯格(Freudenberger)就在其《员工的过度疲劳》一书中明确指出:精力枯竭是组织员工过劳最核心的度量指标。当人的精力消耗超过极限或持续时间过长时,人体的免疫力就会大大下降,最终可能导致器官老化、功能衰竭甚至死亡。[6]正因如此,人类社会中就存在一个"借力"和"卖力"的市场,更何况还存在大量的懒人即"惜力"者存在,他们宁愿拿钱来省劲。在现实生活中,很多服务创新就是基于为懒人服务这一想法。

目前,我国现代服务业中基于减少精力消耗的服务创新也越来越多,比如,家政服务、代驾服务、代购服务、送餐服务等。随着我国人口老龄化时代的临近,一个明确的趋势是基于精力消耗的现代服务创新将会越来越多。同上述时间耗费相类似,当必要的精力消耗不可避免或精力消耗降低空间已经非常有限时,未来基于精力消耗的服务创新路径在于改变人们对精力消耗的心理感受,提高人们服务消费的爽值,即力气不省、精神更爽、痛并快乐着的心理。

三、解决信息不完全或不对称

无论是组织还是个人经常要做出大量的决策,决策质量的好坏将影响着组织或个人收益,而决策好坏与组织或个人掌握的信息密切相关。信息就是财富,当一条信息使你能做出更好的决策或避免更坏的决策,这条信息的价值就呈现出来。在现实工作和生活中,有些时候之所以没能做出一个好的决策往往是因为没有拥有充分的信息,即信息的不完全或信息不对称造成的。

1970年,美国经济学家斯蒂格利茨(Stiglitz)等人指出:在市场经济条件下,市场的买卖主体不可能完全占有对方的信息,这种信息不对称必定导致信息拥有方为谋取自身更大的利益而使另一方的利益受到损害,即所谓的道德风险和逆向选择现象。[7]因此,只要市场上的信息服务中介能解决组织或个人决策时信息不完全或信息不对称,使组织或个人决策更科学合理或避免欺骗行为的发生,这种服务创新的价值就会呈现出来。

目前,我国现代服务业中基于解决信息不完全或不对称的服务创新也越来越多,比如,房地产中介、二手车买卖中介、搜索网站、位置信息 APP 等。随着我国社会经济信息化程度不断提高,我国将从 IT 时代向 DT 时代过度(万物数字化,万物相连),大数据将成为个人和组织决策最主要依据。因此,未来解决信息不完全或不对称的服务创新路径是如何更有效地获取、存储、管理、分析数据,从而实现"人尽其才,物尽其用"的潜在价值。

四、构建知识学习平台

知识不同于信息,它是提供者运用大脑对获取或积累的信息进行系统化的提炼、分析和研究的结果。知识包括三方面:知道是什么(Know what)、知道为什么(Know why)和知道怎么做(Know how),这三方面的有机结合构成一个系统化的知识体系。比如,医院的大夫对于某个特定的患者,他知道该患者患的是什么病,知道该患者患病的原因并且知道怎么医治该患者的病。人常说:知识就是财富,别人不知道你知道、别人不明白你明白,别人不会做你会做,这些知识就是价值的源泉。

早在 1958 年,匈牙裔英国人迈克尔·波兰尼(Michael Polanyi)在《个人知识:迈向后批判哲学》一书中,根据知识的特性把人类知识分成明晰知识和默会知识。[8]明晰知识是指被文字或其他符号进行编码后的知识,默会知识则是类似经验这种只可意会不可言传而靠"干中学"的知识,即上面提到的知道怎么做(Know how),人与人之间的互动是这种知识传播的主要途径。如果一项服务创新能够有助于人们尽快学会明晰知识或有助于人们尽快领悟默会知识,那么,这项服务创新的价值就会呈现出来。

目前,我国现代服务业中基于提供知识学习的服务创新蓬勃发展,比如,咨询服务、培训服务、社交媒体平台、在线教育服务等。已有的服务创新绝大多数是明晰知识的传授,但"明晰知识只是整个知识冰山的一角,人们知道的比能讲述的要多得多"。未来构建知识学习平台的服务创新路径是如何有效利用网络信息技术构建知识创造的虚拟"巴"(Ba),让人们在这个虚拟平台上进行频繁的互动,以便有效地实现个人默会知识的传播和感悟。

五、保持身体和心理健康

身心健康是人生的第一财富,这是人们普遍接受的人生观和价值观,更为重要的是健康价值的双向性,即不健康的损害性和健康的裨益性。人们传统的健康观是"无病即健康",现代的健康观则是一种整体健康。正如世界卫生组织强调的"健康不仅是躯体没有疾病,还要具备心理健康、社会适应良好和有道德"。这就是说,健康是一种在身体上、心理上和社会上的完满状态,而不仅仅是没有疾病或虚弱的肌体状态。

2006 年,迪波·夏皮罗(Deb Shapiro)在《你的身体表明了你的心理》(Your Body Speaks Your Mind)一书中指出:所有思想和情感最终会转化成你整个生理运转的化学物质。[9]人常说"相由心生"就是指人的心理和生理是相互连接的。因此,心理健康服务即开展心理矫治服务以恢复心理健康,开展心理健康教育以普及心理保健知识,提高心理素质以预防心理问题,优化社会心理环境以减少不良心理刺激是现代健康服务工作的首要方面。

由于我国国民收入的不断增长,人们生活水平随之不断提高,人们用于保持身体健康的传统医疗和保健服务支出不断增加,而用于心理健康的现代医疗消费支出少之又少。随着社会竞争日趋激烈,人们的工作和生活节奏将会越来越快,所承受的心理压力也将随之越来越重,未来保持心理健康的心理咨询和心理干预等现代医疗服务将是一条非常重要的创新路径。

六、带给生活欢娱快乐

娱乐是一种通过表现喜、怒、哀、乐而使他人喜悦、放松,并带有一定启发意义的服务活动。人们传统的娱乐形式主要有音乐、游戏、喜剧、评书、电影、舞蹈、马戏、魔术、体育、街头表演等。娱乐是人类生活必要的组成部分而不是可有可无的,它与人们的收入高低和闲暇时间有关,但收入和闲暇并不是人类娱乐活动的决定性条件。原始部落的人围着篝火跳舞,农民工随地找几块小石头席地而坐就可以对棋下。

1999年,美国学者孟德尔松(Mendelsohn)的研究表明:娱乐不是日常繁重劳动或其他困境的避风港(在困境中人们寻求的往往是精神支柱而非娱乐),它是人们了解、感受、体验和领悟不同生活方式的重要途径。[10] 娱乐不是教育但有教育功效,它是道德、思想、情操培育的重要手段。比如,德国大都市的人最新潮的娱乐度假方式反而是到乡村去参加各种繁重的体力劳动,充当义务的农场工人,感受和体验几天真正的农家生活。

伴随着网络信息技术的飞速发展,我国网络用户规模急剧上升,新生代互联网娱乐习惯形成,对现代娱乐服务需求持续增长。在当前移动设备日益普及、网络传输速度日趋加快、网络成本不断下降的情况下,类似网络游戏、网络视频、网络剧、网络音乐、网络直播这些现代娱乐服务创新将成为主流。从当前发展存在的问题看,现代网络娱乐服务创新的出路在于题材的时代性和原创性、内容的健康性和教育性、形式的互动性和体验性。

总之,服务企业的创新一定遵从价值创新规则,在新服务的开发中一定要进行顾客感知价值测试。因为,在没有创新的背景下,价值的焦点就是传统的规模扩张,而在缺乏价值的背景下,创新就会被简单理解为运营技术的更换或市场推广的花招。科学有效的服务创新必须以顾客价值为目标,运营技术和营销策略只是实现这一目标的手段而已。

第三节 服务价值共创

一、价值共创内涵

2004年,普拉哈拉德(Prahalad)和拉马丝瓦米(Ramaswamy)在《未来竞争——和顾客共创独特价值》一书中首次提出"价值共创"观点。他们把价值共创定义为公司和顾客进行的价值联合创造,让顾客共同建造服务体验来适应他们的情景[11]。数字技术的到来和广泛应用增加了知识的可获性,这类知识可以提升顾客参与创新性追求的能力,以及通过使用各种在线设计工具来应用他们的知识。互联网也通过允许他们有效地参与一个共创社区,连接个体消费者和其他人来提升了集体共创。

共创的价值对顾客而言是个性化和独特的体验,对企业而言是驱动持续收益、学习和不断提高市场绩效的因素。具体来说,通过价值共创,企业提高服务质量、降低成本、提高效率、发现市场机会、发明新产品、改进现有产品、提高品牌知名度、提升品牌价值等,这些构建了企业区别于其他竞争对手的竞争优势。顾客通过价值共创,可以获得自己满意的产品或服务,获得成就感、荣誉感或奖励,通过整个价值共创的交互获得独特的体验等。

二、从交换价值到使用价值

价值共创是建立在使用价值这一概念基础上。诺贝尔经济学奖获得者加里·S.贝克尔(Garys Becker)说:在消费者市场中,个人或家庭作为一个效用或价值生产单位,企业供应其所用资源,如产品、服务和信息,而个人或家庭将通过不同的资源使用方式而创造出不同的价值(或效用)。[12] 如果不明白企业提供的一种产品或服务可以多种不同方式使用,就很难判断这种产品或服务能为个人或家庭提供多少价值。个人或家庭使用资源(消费过程)只是其价值创造的手段,其根本目的在于这种手段将带来什么效用。他们的兴趣不在于购买了什么产品或服务,而在于购买的产品或服务能给他们带来什么效用。

一件货物对使用者来说只是一种潜在价值,使用者在购买货物后,他不得不思考如何把潜在价值转换成真实价值。[13] 即在使用者使用某种产品之前,企业的任何产品只是一种资源或潜在价值,而不是真正的价值。产品只有被使用者使用特别是有效使用时,其价值才会呈现出来。如果没有使用者把企业产品体现在他的生活中,这种产品将没有任何价值。因此,价值是由使用者创造和体验出来的,使用者是价值创造的唯一决定者。

在使用者使用某种产品之前,该产品是没有任何价值的,换句话说,价值显现在顾客一方而不是企业一方。比如,一个家庭主妇为做一道西红柿炒鸡蛋的家常菜,在超市购买了原材料西红柿和鸡蛋。从交换价值观点看,西红柿和鸡蛋已卖给这位家庭主妇,西红柿和鸡蛋的价值已经实现。从使用价值观点看,买回家的西红柿和鸡蛋有没有价值,与这道菜是否做成和是否做得好吃有关。如果没做或者是做得不好吃而没吃,则西红柿和鸡蛋就没有任何价值。

交换价值的观点似乎是价值的宏观经济分析直接转换微观经济分析后所引发的一种误解,这种误解又被商业管理和营销管理所采用。[14] 根据使用价值的观点,价值只有在使用者使用期间才能产生,虽然它不是一种价值创造的新方法,但在经济学以及商业经济学的文献中,它一直被交换价值这一概念所掩盖。虽然传统的交换价值作为卖方价格的代名词仍然出现在各种教材中,但使用价值的概念在营销界已成为主导的概念。

从长期来看,如果顾客不能从所购买的货物和服务活动中创造其想要的价值,他们将不愿意为这些资源支付其要求的价格,最终要么卖方打折要么买方不买。因此,交换价值只是使用价值的一个函数,企业的提供物只是使用者自己创造价值的一个重要组成成分而已。企业应该力图发现怎样参与使用者价值创造的过程中而不是试图迫使他适应企业的过程。这是一种真正的由外而内的使用者观念而不是由内而外的厂商观念,只有在此观念引导下,企业才能明白使用者是怎样进行价值创新并有效参与其价值创新的过程中。

三、价值共创机理

价值是由使用者创造并不意味着企业在价值创造活动中就是被动性响应,企业完全可以通过与使用者互动进行价值共创,从而主动地参与使用者价值创造活动中。

(一)价值生成过程

价值创造包括一个封闭过程和一个开放过程(如图8-5所示)。[15] 在封闭的过程中,使用者不与企业(资源提供者)有任何的接触而自行利用各种资源创造价值。在这种情况下,企业只能利用其资源间接地促进价值创造。在开放的过程中,企业和使用者之间发生互动,通过互动使用者进入企业的运营过程称为共同生产,企业进入使用者的价值创造过程称为价值共创。通过价值共创过程,企业就可能直接影响使用者的价值创造行为。

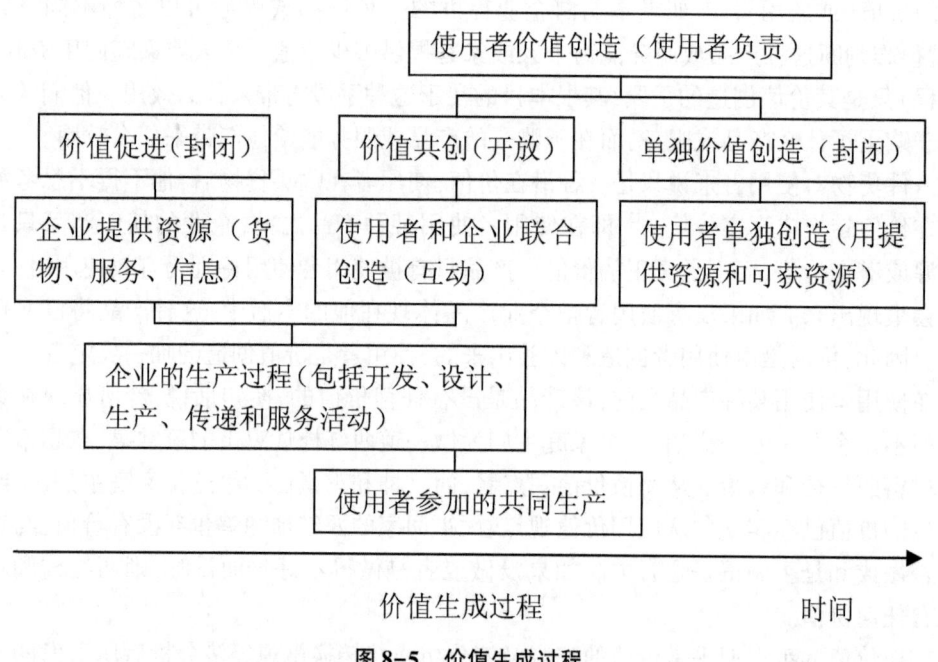

图8-5 价值生成过程

资料来源:GRÖNROOS.C. Service logic revisited:who creates value? And who co-creates? [J].European Business Review,2008(20):298-314.

(二)价值共创过程

价值共创过程与价值促进过程不同。价值促进过程是企业向使用者提供资源而不直接参与使用者价值创造活动,更为严格地说,企业在价值促进过程中只是提供了一个价值主张。价值共创过程是企业通过互动直接参与使用者价值创造活动过程,这不仅是个价值主张过程而且是价值实现过程。[16] 因此,虽然使用者是价值的创造者,但企业可以通过和使用者互动而演变成一个价值共创者(使用者不是价值的共创者,它是价值的创造者)。

价值要么被使用者单独创造,要么是企业通过和使用者互动共同创造(企业并不总是作为一个主体出现在使用者的价值创造过程中)。正是这种共创机会的存在才使企业对价值创造有一种战略选项,即通过互动创造了机会进入并协助使用者创造价值(而不是使用者获得机会参与企业的价值创造过程),这就为市场营销者打开了一个影响使用者心理和行为的机会。

(三)共同生产过程

企业作为价值共创者身份参与使用者价值创造过程,使用者则是以共同生产者身份参与供应厂商的生产过程。企业负责生产过程(设计、开发、制造、传递、维护),在共同生产活动中,使用者是以一种生产性资源(信息资源、技术资源、劳动力资源等)参与企业的生产活动。在传统的厂商理论中,厂商的边界决定了它的资源范围,使用者是被排除在外的。基于价值共创战略的共同生产打破了厂商与使用者的绝对界限,使得使用者成为企业资源和竞争力的来源。

在共同生产过程中,如果企业和使用者双方能够有效地合作,他们双方将各取所得。企业通过共同生产,利用使用者的知识与技能开发和改进产品与服务以及节省劳动力投入;使用者则通过共同生产活动体验产品或服务生产过程,获得符合自己使用情景的产品或服务,同时还可能获得持续的、可按比例量化的经济回报或利润分成,从而实现价值的共享。

四、价值共创下的互动营销

价值共创只有在互动情况下发生,如果企业和使用者之间没有互动行为的发生,对企业而言就没有价值共创机会的存在。

(一)互动营销的意义

在价值共创战略中,互动营销是这一战略实施的前提和关键。互动营销是指企业和使用者为了某个商业缘故双方或多方相互接触,并在此接触过程中有机会影响他方的过程。[17]企业如果没有与使用者互动,它只能是一个价值促进者;企业如果与使用者互动,它就是一个价值的共创者。没有互动就没有价值共创的可能,但有互动并不能自动认为企业从事了价值共创活动。互动只是企业影响使用者价值创造的一个平台,这种平台提供的机会可能被企业利用得好也可能利用得不好。如果企业利用得好,使用者就可能感知到他所使用的企业资源有价值,反之,企业的资源就没价值或负价值。因此,企业与使用者之间互动质量的高低才是价值共创的根本所在。

(二)互动营销的主体

在价值共创战略中,企业的作用不仅限于对未来价值做出承诺或提供价值主张,而且企业能够通过互动投入使用者价值创造的过程中并积极影响使用价值的实现。市场营销部门向使用者做出承诺,但承诺的实现需要企业所有职能部门的共同努力。这意味着市场营销不限于全职营销人员的单独活动和营销部门的单独职能,市场营销变成了在和使用者互动过程中所有人员(全职营销人员和兼职营销人员)的一种顾客导向与行为模式。因此,价值共创战略下的互动营销从根本上拓展了市场营销的主体,即从营销部门的营销人员到所有部门的所有人员。

(三) 互动营销的途径

互动营销的途径可能是面对面或人对人的接触,也可能是与机器、系统和基础设施的接触,包括智能、人与机器、人与系统,甚至系统与系统互动。在很多服务场景中的互动发生在企业的员工和使用者之间,他们会相互影响对方的过程。网络信息技术的发展也引发了许多新型的互动方式,企业与使用者可通过各种通信进行互动。[18]企业如何同使用者互动,在服务情景下研究的较多,而在制造商情景下研究的较少。如果使用者购买货物以后没有和制造商有任何接触,但制造商可通过在线咨询系统、订单互动系统、物流跟踪系统创造和使用者的互动,通过互动制造商可以创造机会投入使用者的价值创造过程。

(四) 互动营销的过程

互动营销的过程是企业和使用者之间基于价值共创的一种动态循环的相互作用过程,它包括相互连接的四个阶段(如图 8-6):

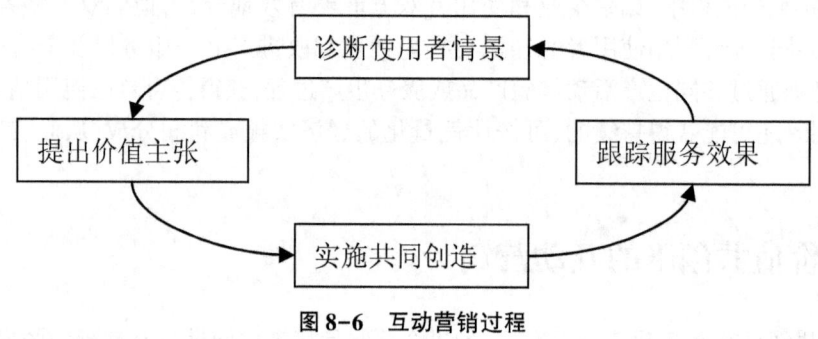

图 8-6 互动营销过程

1. 诊断使用者情景

一种货物或服务的使用价值与使用者的特定使用情景密切相关,从某种意义上讲,使用价值就是情景价值的最终体现。同一货物或服务的使用价值由于情景的差异性,使用者感知的价值就会大有不同。[19]比如,一张幼儿园小朋友的"父亲、母亲和我"的人物画价值是多少呢?这幅人物画对其他父母而言可能就是一幅非常普通的幼儿人物画,没有多大的价值,可对这个小朋友的父母而言,这幅画则凝聚了父母的汗水、孩子努力和家庭的情感。因此,企业通过互动营销实施价值共创的第一步就是识别和把握使用者情景,因为使用价值是在具体的使用情境中呈现的。

2. 提出价值主张

价值主张是企业基于使用者特定的使用情景而提出的一种产品或服务建议,即一种潜在的建议价值。比如,针对许多儿童家长对自己小孩在幼儿园或绘画班的画作比较看重的现实,一家儿童服装生产商可以提出一个"亲子绘"的儿童服装生产主张,即该家儿童服装生产商可把一个儿童的得意画作采用某种工艺印染在其定制的服装上。该儿童服装厂的这种主张可能会在一定程度上增加服装的生产成本,进而使服装价格高出一般的儿童服装,但对该儿童及其父母而言,对这种服装的感知价值要比一般服装高得多,同时,这将会使该服装的每次穿衣成本(CPW-Cost Per Wearing)大大降低。

3. 实施共同创造

一旦使用者理解和接受企业提出的价值主张,接下来就是通过某种形式的互动和使用者共同创造,把已有的价值主张转换成实际的提供物。就上面的"亲子绘"童装来说,该儿童服装厂可以在幼儿园或课外绘画班通过主办绘画比赛这种传统互动方式,让儿童亲子参与服装图案的设计,同时,还可以利用网络信息技术通过网上绘画或网上征集画作等现代媒体互动方式,让儿童亲自投入服装图案的设计。当然,这种共同创造不仅仅体现在图案设计上,还可以在服装的布料、款式、型号、色彩等方面进行体现。

4.跟踪服务效果

当企业通过某种形式的互动把共同创造的产品或服务交付使用者使用之后,这并不意味着互动营销过程的结束。企业要通过线上或线下与使用者进行及时沟通,跟踪了解使用者的实际使用感受。这种跟踪之所以必要是因为使用者的使用情景是动态的,企业的价值主张需要随着情景变动进行调整,使用者的体验还是下一步改进共同创造过程的信息源。更为重要的是通过公开的网络信息平台同使用者进行沟通,在了解使用者实际使用感受的同时还会形成积极的网络口碑,从而起到价值倡导的作用。

重要概念

价值创新　战略布局图　价值共创　互动营销

思考题

1.企业市场营销的本质是什么?
2.价值创新和技术创新有何区别?
3.结合你熟悉的一个企业,画出该企业战略布局图。
4.企业价值创新的四步行动框架是什么?
5.利用价值创新四步行动框架调整你熟悉的一个企业战略布局图。
6.结合您身边的例子,列举一些节省顾客时间的服务创新。
7.结合您身边的例子,列举一些节省顾客精力的服务创新。
8.结合您身边的例子,列举一些解决信息不对称的服务创新。
9.结合您身边的例子,列举一些提供知识学习平台的服务创新。
10.结合您身边的例子,列举一些促进顾客身心健康的服务创新。
11.结合您身边的例子,列举一些为顾客提供娱乐的服务创新。
12.企业价值共创给企业和顾客会带来哪些利益?
13.利用从交换价值到使用价值理论解释"房子是用来住的,不是用来炒的"政策合理性。

参考文献

[1] RUST,R.T., & OLIVER R.L.Should we delight the customer? [J].Journal of The Academy of Marketing Science,2000(28):86-94

[2] GRÖNROOS.C.Marketing services:A case of a missingproduct[J].Journal of Business & Industrial Marketing,1998(13):322-38

[3] W.钱·金等.蓝海战略[M].北京:商务印书馆,2005.

[4] STALK G. Time – the next source of competitiveadvantage[J]. Harvard Business Review 1988, 66,July,pp.41-51.

[5] 马勇.新经济时代速度经济将代替规模经济[J].经济纵横,2000(11):26-28.

[14] FREUDENBERGER..Staff burnout[J]. Journal of Social Issue, 1974, Volume 30 (1).Pages:159-165.

[7] STIGLITZ, J.E. & WEISS, A. Alternative approaches to the analysis of markets with asymmetricinformation[J].American Economic Review, 1983,73, pp. 246-249.

[8] POLANYI, M. Personal knowledge: towards a post-criticalphilosophy[M].University of Chicago Press. 1958.

[9] SHAPIRO D. Your body speaks your mind: decoding the emotional, psychological, and spiritual messages that underlie illness[J].Emotional Expression, 2006,7. pp.121-129.

[10] MENDELSOHN, R., & MARKOWSKI, M.The impact of climate change on outdoor recreation. In R. Mendelsohn & J. E. Newmann (Eds.), The impact of climatechange on the United States economy (pp. 267 – 288). Cambridge, NY: CambridgeUniversity Press,1999.

[11] PRAHALAD, C.K., & RAMASWAMY, V. Co-creation experiences: the next practice in value creation[J].Journal of Interactive Marketing,2004(18):5-14.

[12] BECKER,G.S. A theory of the allocation of time[J].The Economic Journal,1965 (75):493-517

[13] GRÖNROOS.C. & ANNIKA,R..Service as business logic: implications for value creation and marketing[J].Journal of Service Management,2011(22):5-22

[14] VARGO,S.L., & LUSCH,R.F. Evolving to a new dominant logic for marketing [J].Journal of Marketing, 2004, (68):1 – 17

[15] GRÖNROOS.C. Service logic revisited:who creates value? And who co-creates? [J].European Business Review,2008(20):298-314

[16] BALLANTYNE,D., & VAREY,R.J.Creating value-in-use through marketing interaction: the exchange logic of relating, communicating and knowing[J].Marketing Theory,2006 (6):335-348

[17] FYRBERG,A., & JÜRIADO,R.What about interaction? networks and brands as integrators within service-dominant logic [J]. Journal of Service Management, 2009 (20): 420-432

[18] YADAV,M.S., & VARADARAJAN P.R.Understanding product migration to the electrnic marketplace: a conceptual framework[J].Journal of Retailing,2005(81):125-140

[19] VARGO,S.L., MAGLIO,P.P., & AKAKA,M.A. On value and value co-creation: a service systems and service logic perspective[J].European Management Journal,2008(26): 145-152.

案例分析:太阳马戏团的蓝海战略

太阳马戏团(法语:Cirque Du Soleil,前称索拉奇艺坊)是加拿大蒙特利尔的一家娱乐公司及表演团体,也是全球最大的戏剧制作公司。凭借对传统马戏表演的颠覆性诠释,太阳马戏团以豪华并极具震撼的舞台表现力,囊括了包括艾美奖、斑比等在内的国际演艺界各项最高荣誉。

(一)太阳马戏团开创自己的蓝海

几十年来,已为近50个国家300余座城市的1.6亿名观众演出,形成了与美国迪士尼相媲美的世界级文化品牌。太阳马戏是当今世界发展最快、收益最高、最受欢迎的文艺团体,被誉为加拿大的"国宝",也是加拿大最大的文化产业出口项目。该团1984年由两位街头艺人盖·拉利伯特与吉列斯·史特-克洛伊克斯创立于魁北克的拜尔-圣-保罗。盖·拉利伯特曾经拉过手风琴,踩过高跷,表演过吞火,如今却成为太阳马戏团的首席执行官,经营着加拿大最大的文化输出产品之一。

更不寻常的是,如此快速的增长并不是在一个新兴产业中取得的,而是发生在一个日渐衰落的产业中。以传统战略分析观点来看,这样一个产业,其增长的潜力实在有限。大牌马戏表演明星有强大的供方砍价能力,同样买方砍价能力也很强。其他娱乐形式,如城市生活中的各种现场表演、体育比赛、家庭娱乐等,都日益为马戏业的竞争力蒙上一层阴影。孩子们吵嚷着要打游戏,却对马戏团的巡回演出不那么感兴趣。凡此种种,部分的造成了马戏业观众的日益减少,也使其收入和利润日益下滑。同时,动物保护组织对马戏团役使动物的反对情绪又日渐高涨。在马戏业中,玲玲马戏团确立了产业标准,其他竞争对手都如法炮制,只不过规模较小而已。因此,从基于竞争的战略角度来看,马戏是一个缺乏吸引力的产业。

太阳马戏团的成功之所以令人信服,还有一个原因就是它靠的不是在日益萎缩的马戏市场中夺取顾客。传统马戏市场的主要顾客是儿童。太阳马戏团并未与玲玲马戏团就市场份额竞争,而是开拓了崭新的市场空间,如无人之境,彻底甩脱了竞争。它所吸引的是一群崭新的顾客,成年人、商界人士,他们愿意花费高于传统马戏表演的门票几倍的价钱来享受这项前所未见的娱乐。值得一提的是,太阳马戏团最初的作品之一,就叫作"我们再创了马戏"。

太阳马戏团之所以能成功,是因为他认识到,要想在未来取胜,就必须停止与其他竞争对手间的竞争,打败竞争者的唯一办法就是停止那些试图击败竞争者的做法。

要了解太阳马戏团所取得成就,就让我们来想象这样一个市场天地吧!它由两种海洋所组成,红色海洋和蓝色海洋,简称红海和蓝海。红海代表现今存在的所有产业,这是我们已知的市场空间;蓝海则代表当今还不存在的产业,这就是未知的市场空间。在红海中,每个产业的界限已被划定并为人们所接受,竞争规则也已为人所知。在这里,企业试图击败对手,以攫取更大的市场份额,随着市场空间越来越拥挤,利润和增长的前途也就越来越暗淡，产品成了货品，残酷的竞争也让红海越发鲜血淋淋。与之相对，蓝海代表着亟待开发的市场空间，代表着创造新需求，代表着高利润增长的机会。尽管有些蓝海完全是在已有产业边界以外创建的，但大多数蓝海则是通过在红海内部扩展已有产业边界而开拓出来的，就像太阳马戏团所做的那样。在蓝海中，竞争无从谈起，因为游戏的规则还未制定。

（二）太阳马戏团的价值创新

双管齐下的追求差异化和低成本是该马戏团所创造的娱乐体验的核心所在。太阳马戏团建立之时，其他马戏团都集中力量去与对手看齐，并且通过对传统马戏剧目的小修小补，竭力扩大自己在已经收缩的市场需求中所占的份额。为此，他们努力去挖到更多著名的小丑、驯兽师。这种战略增加了马戏团成本，而对马戏这种娱乐体验却没有做出重大改变。结果是成本飞升，收入却没有随之提升，而总体需求量也在不断下降。

太阳马戏团一出现，上述这些做法都变得无关紧要了。太阳马戏团既不是普通的马戏，也不是经典的戏剧制作，他不去理会竞争对手们在做什么。惯常的逻辑是为一个给定的问题找到更好的解决办法，以求超过竞争对手，反映在马戏上就是努力使马戏更有趣，更刺激。而太阳马戏团则同时为人们献上马戏表演的趣味和刺激以及戏剧表演的深奥精妙和丰富的艺术内涵。因此，太阳马戏团是把问题本身重新定义了，通过打破戏剧和马戏的市场限界，太阳马戏团不仅对马戏的顾客有了新的了解，也更加了解马戏的"非顾客"，也就是那些光顾剧场欣赏戏剧的成年人。

这种做法翻新了马戏的概念，打破了价值和成本间的权衡取舍关系，从而开创了新的市场空间——一片蓝海。来想想这期间的差别吧。其他马戏团都集中精力推出动物表演秀，雇用表演明星，在马戏场设三个椭圆形表演场以同时进行多台演出，并且推行场内特许销售。太阳马戏团则把这些马戏生意的组成元素都去除了。长久以来，传统马戏业想当然地保留这些元素，从未去质疑其重要性。而另一方面，公众对役使动物的行为也越来越感到不快。此外，动物表演是成本中最昂贵的因素了，它不仅包括动物本身成本，还包括动物的驯养、医疗、圈养、保险和运输上的花销。

与此相似马戏业重视表演明星，但在公众眼里，这些所谓马戏明星和电影明星比起来实在不足挂齿。这些明星又是一个高成本因素，却对观众产生不了什么影响。三台同演的表演也是一样，这种场地安排不仅令观众在不同场地间频繁变换视线，以致心烦意乱，而且也增加了所需表演者人数，因而也明显抬高了成本。此外，场内特许销售虽然看上去是一个增加收入的好办法，但实际上特许商品的高价让观众望而却步，认为自己会受骗挨宰。

传统马戏的魅力归根结底只剩下三个关键因素：帐篷、小丑、经典杂技表演，如车技或各种小特技绝技。对此，太阳马戏团保留了小丑却将其幽默从闹剧型转向迷人和高雅型。他把帐篷做得熠熠生辉，魅力无穷。具有讽刺意味的是，当时帐篷这些元素正随着很多马戏团选择租用固定场地而开始从马戏团中消失。而太阳马戏团认识到，帐篷这一独特的场地形式，从象征意义上抓住了马戏的奇妙魔力，于是他把这一经典马戏元素设计得外观辉煌，内部也更为舒适，让人们在享受大型马戏表演时更为惬意。原来马戏场中的硬板凳都不见了。杂技和其他惊险刺激的表演却保留下来了，但其戏份减少了，而且表演因为增添了艺术气息和深邃奥妙而感而变得更为高雅。

太阳马戏团打破了市场的界限,着眼于戏剧市场,由此推出了新的非马戏元素,比如贯穿整场演出的故事线索、与之相辅相成的深邃奥妙的风格、富有艺术气息的音乐和舞蹈以及多套演出作品。这些元素,对马戏业来说是全新创造,而他们实际上是从另一种现场娱乐产业——戏剧业中得来的。

例如,太阳马戏团的作品,不像传统马戏那样,由一幕幕互不相关的表演组成,而是由一个主题或一条故事线索,就有点像戏剧表演那样。主题尽管很模糊,却使演出变得和谐一体;虽然增添了令人思索回味的元素,但并没有限制住各幕表演的潜力。太阳马戏团还借鉴了百老汇演出一些构想,比如,准备了多套演出作品,而不像传统马戏那样只此一套。另外,与百老汇演出一样,每一套作品都有自己独特的主题音乐和搭配的组曲,并由此引领视觉表演灯光以及各幕表演的时间顺序,而不是反过来被后者牵着鼻子走。演出中的舞蹈风格抽象脱俗,这也是从戏剧和芭蕾中借鉴过来,通过为自己的产品注入这些新元素,太阳马戏团创造出了更加高雅精妙的现场秀。此外,由于太阳马戏团引入了多套制作概念,令人们愿意频繁光顾马戏表演场,因而也使得需求有了显著增长。

简而言之,太阳马戏集合了马戏和戏曲的最佳元素,而去除或减少了其他种种元素。它提供了前所未有的效用,开创了一片蓝海,创造了一种与传统马戏和戏剧都迥然相异的崭新的现场娱乐形式。同时,太阳马戏去除了马戏中成本昂贵的元素,使其成本得以显著降低,这使它可以将"差异化"和"低成本"一箭双雕。太阳马戏团比照戏剧表演的票价进行战略定价,所定的价格比传统马戏表演高了好几倍,却又能为那些习惯于观看戏剧表演的大多数成年观众所接受。

(三)太阳马戏团价值创新方法

太阳马戏的成功之所以不同凡响,是因为按照传统观点,马戏行业已是一个不再有吸引力的"夕阳产业",电影、电视、网络、游戏的普及蚕食着行业的生存空间。但太阳马戏团走出了一条超越传统马戏竞争的路——把马戏和富于艺术感染力的舞台剧相结合。太阳马戏团的战略布局图清晰地显示了马戏产业竞争和投资所注重的各项元素。玲玲马戏团与很多小型区域性马戏团的价值曲线是基本相同的,主要区别在于区域性马戏团因为资源限制,在每个竞争元素上都给予更少而已。相反,太阳马戏团的价值曲线如鹤立鸡群。它包括新的非马戏的元素,如主题、多套制作、高雅的观看环境、富有艺术品位的音乐和舞蹈,这些元素对马戏业来说是全新的创造。

太阳马戏团通过"剔除-减少-增加-创造"四步行动,重构顾客价值元素,塑造新的价值曲线。太阳马戏团没有在请明星艺人、名驯兽师上与对手硬碰硬,它的原创剧目没有动物,也不聘用明星,而是用马戏的表演讲述完整的故事。他们的演出服装艳丽,运用灯光、音效、舞美等技术,把魔术、杂技、小丑等与舞台剧相结合,制造出一种超乎想象的奇妙效果,不仅吸引了马戏爱好者,也赢得了那些经常光顾剧院的观众。这样,太阳马戏团创造了一种全新的艺术形式,将其他马戏团远远甩在身后,超越了一般意义上的竞争,享受了独有的高利润。

特别是,它从传统马戏中剔除了好几种元素,如动物表演秀、明星表演、多台表演场等。长久以来,这些元素在传统马戏中被当作理所当然的,也从未有人质疑过其重要性。

然而,公众对役使动物却越来越不满。动物表演又是成本中最昂贵的元素,它不仅仅包括动物本身的成本,还包括对他们的训练、医疗、圈养、保险及交通费用。与之相似,尽管马戏业注重表演明星参演,在公众眼里,这些所谓马戏明星与电影明星比起来却不足挂齿。这些明星又是一个高成本元素,却对观众产生不了什么影响。三台同演的表演场也被剔除了,它不仅令观众在场地间频繁移动视线而心烦意乱,也增加了所需表演者的数量,因此显然会增加成本。

剔除	增加
表演明星;动物表演秀;场内特许销售;多台同演的表演场	独特的场地
减少	创造
有趣与幽默;刺激和危险	主题;高雅的观看环境;多套制作;艺术性音乐和后路

图 8-7 太阳马戏团价值创新四步行动

太阳马戏团不仅仅提出四步动作框架所规定的四个问题,而且在四个方面都采取行动,创造新的价值曲线。这个工具给予该企业如下立竿见影的好处:①它促使企业同时追求差异化低成本,以打破价值与成本的权衡取舍关系;②它及时提醒企业不要只顾增加和创造两方面,而抬高了成本结构,把服务设计过头了;③它易于理解,让企业各级经理都能明白,从而在战略实施中能在企业上下获得参与和支持;④填妥坐标格绝非易事,这就敦促企业去严格考量产业中每一个竞争元素,从而去发现那些产业中隐含的假设,竞争中的企业往往无意间把这些假设看成想当然的了。

(案例来源:W.钱·金等.蓝海战略[M].北京:商务印书馆,2005)

1. 太阳马戏团是如何坚持价值创新的理念?
2. 太阳马戏团具体采用哪些方法开展价值创新?

第九章 跨国服务

麦当劳是世界领先的汉堡快餐连锁店。麦当劳的历史可以追溯到1955年,当时一个多功能搅拌机的销售人员雷·克罗克从麦克唐纳兄弟手中获得了一家汉堡餐厅的特许经营权,将其取名为麦当劳(McDonald's),提供简单食物,如著名的15美分汉堡。克罗克帮忙设计店铺,以红白相间的两面墙侧和一个金色拱门为特色,吸引当地人注意。十年之后,700家麦当劳遍布全美各地,这个品牌也逐渐成为一个家喻户晓的名字。在20世纪60年代和70年代,公司创始人雷·克罗克带领麦当劳在国内和国际上发展壮大,同时强调质量、服务、清洁和价格的重要性。

20世纪80年代,麦当劳通过在欧洲、亚洲增加店铺地点,强势扩张海外市场。然而,这种快速扩张却导致了90年代和21世纪初诸多痛苦挣扎。一年内扩张2000家之多的新餐厅,使公司迷失了重心和方向。对新员工的培训不够快速有效,所有这些共同导致了顾客服务质量的低下和用餐环境的恶化。消费者的口味变了,而新产品像比萨、招牌汉堡和熟食店三明治都没能与消费者建立联系,对现有的菜单所做的调整(包括对巨无霸特殊酱料所做的多种变化)也是一样。麦当劳的首席执行官吉姆·斯金纳解释道:"我们偏离了最重要的事情——以麦当劳的速度和便利提供优质实惠的热食。"

2003年,麦当劳实施了一个名为"制胜计划"的战略。这个延续至今的战略框架帮助麦当劳餐厅重新聚集于提供更好的、优质的顾客体验,而不是快速和廉价的快餐选择。制胜计划的剧本为如何提高公司的5P(包括人员、产品、促销、价格和渠道)提供一种战略性洞见,但也允许当地餐厅适应不同环境和文化。比如麦当劳在英国推出了Bacon Roll早餐三明治,在法国推出了优质的M Burger,在中国推出了用鸡蛋、西红柿和胡椒做成了火腿蛋麦香酥。在进行深入的消费者研究之后,麦当劳还发起了一项全球范围内的重新包装行动,新包装意在让消费者了解麦当劳的健康意识,宣传麦当劳对当地农产品的使用。

第一节 跨国服务理论

习近平总书记指出:历史地看,经济全球化是社会生产力发展的客观要求和科技进步的必然结果,不是哪些人、哪些国家人为造出来的。经济全球化为世界经济增长提供了强劲动力,促进了商品和资本流动、科技和文明进步、各国人民交往。由于服务生产和消费

"不可分性"以及服务"不可储存性",服务行业跨国经营对资本流动和各国人员的往来作用更大。

一、垄断优势理论

1960年,美国麻省理工学院的海默(Hymer)在其博士论文中提出垄断优势理论。他认为国际直接投资是结构性市场不完全,尤其是技术和知识市场不完全的产物。企业在不完全竞争条件下获得各种垄断优势,如品牌优势、技术优势、规模经济优势、资金优势、管理能力优势,它们是企业从事对外直接投资的决定性因素或主要推动力量。跨国公司倾向于以对外直接投资的方式来有效利用其独特的垄断优势。[1]

海默认为,在某个行业中,一个本土企业相对于外来的企业更加熟悉自己的经营环境。之所以外来企业能够和本土企业展开竞争,甚至在竞争中还能获得优势,一定是这个外来企业具有本土企业不具备的某种特定优势。这种特定优势可以划分为两类:一类是包括品牌形象、运营技术、管理能力、销售技巧、服务方式等一切无形资产在内的知识资产优势,比如迪士尼乐园品牌、沃尔玛超市经营理念等;一类是由于企业规模大而产生的规模经济优势。

二、内部化理论

20世纪70年代中期,以英国雷丁大学学者巴克利(Buckley)等为主要代表的西方学者,以发达国家跨国公司为研究对象,沿用了科斯(Coase)的新厂商理论和市场不完全的基本假定,于1976年在《跨国公司的未来》一书中提出了内部化理论。[2]

内部化理论认为由于市场的不完全,若将企业所拥有的技术和营销知识等中间产品通过外部市场来组织交易,则难以保证厂商实现利润最大化目标;若企业建立内部市场,可利用企业管理手段协调企业内部资源的配置,避免市场不完全对企业经营效率的影响。比如,一项技术诀窍很难通过市场进行交易,如果你不说清楚这个技术诀窍的详细内容,技术购买方就很难给你出价;如果你把该项技术诀窍详细地给买方介绍了,买方知道了就不会再买。因此,对这类产品外部市场基本是失灵的。其结果是用企业内部的管理机制代替外部市场机制,以便降低交易成本,拥有跨国经营的内部化优势。

三、国际生产折中理论

1977年,英国邓宁(Dunning)在《贸易、经济活动的区位与跨国企业:折中理论的探索》一文中提出,并在随后的《国际生产与跨国企业》一书中系统阐述了国际生产折中理论。该理论是关于国际直接投资的一个统一和综合的理论,他继承了海默的垄断优势理论和巴克利等人的内部化理论。该理论认为企业从事国际直接投资由该企业本身所拥有的所有权优势、内部化优势和区位优势三大基本因素共同决定。企业若仅拥有所有权优势,则会选择技术授权;企业若具有区位优势和内部化优势,则会选择出口;企业若同时具

备三种优势,才会选择国际直接投资。[3](见表9-1)

表 9-1 优势类型与国际投资形式

方式	所有权优势	内部化优势	区位优势
对外直接投资(投资式)	√	√	√
出口(贸易式)	√	√	×
无形资产转让(契约式)	√	×	×

注:"√"代表具有或应用某种优势;"×"代表缺乏或丧失某种优势

三种优势的具体内容是:所有权特定优势包括独占无形资产所产生的优势和企业规模经济所产生的优势。内部化优势是指跨国公司运用所有权特定优势以节约或消除交易成本的能力。内部化优势的根源在于外部市场失效,外部市场失效分为结构性市场失效和交易性失效两类。结构性市场失效是指由于东道国贸易壁垒所引起的市场失效,交易性市场失效是指由于交易渠道不畅或有关信息不易获得而导致的市场失效。区位特定优势是东道国拥有的优势,企业只能适应和利用这项优势。它包括两个方面:一是东道国不可移动的要素禀赋所产生的优势,如自然资源丰富、地理位置方便等;二是东道国的政治经济制度、政策法规灵活等形成的有利条件以及良好的基础设施等。

企业必须同时兼备所有权优势、内部化优势和区位优势才能从事有利的海外直接投资活动。如果企业仅有所有权优势和内部化优势,而不具备区位优势,这就意味着缺乏有利的海外投资场所,因此企业只能将有关优势在国内加以利用,而后依靠产品出口来供应当地市场。如果企业只有所有权优势和区位优势,则说明企业拥有的所有权优势难以在内部利用,只能将其转让给外国企业。如果企业具备了内部化优势和区位优势而无所有权优势,则意味着企业缺乏对外直接投资的基本前提,海外扩张无法成功。

第二节 跨国服务营销

一、跨越文化差异

文化是在一个环境下人们共同拥有的心理程序,能将一群人与其他人区分开来。跨国公司在地区上是分布性的,即子公司分布在不同的国家,有不同的地区文化、种族文化、民族文化等,跨国服务首要的问题就是克服文化差异。

(一)霍夫斯泰德文化差异维度

1980年,荷兰心理学家吉尔特·霍夫斯泰德(Hofstede)出版了《文化的影响力:价值、行为、体制和组织的跨国比较》一书,他和随后的一些文化研究学者总结出衡量文化差异的六个维度。[4]

第一,权力距离(Power Distance)。它是指某一社会中地位低的人对于权力在社会或组织中不平等分配的接受程度。各个国家由于对权力的理解不同,在这个维度上存在着很大的差异。欧美人不是很看重权力,他们更注重个人能力。而亚洲国家由于体制的关系,注重权力的约束力。

第二,不确定性的规避(Uncertainty Avoidance)。它是指一个社会受到不确定的事件和非常规的环境威胁时是否通过正式的渠道来避免和控制不确定性。高不确定性规避的文化寻求建立可预期的规章制度。他的价值观是避免冲突,不能容忍不正常的人和思想。规则非常重要,应被遵守,统一思想是重要的。回避程度低的文化对于反常的行为和意见比较宽容,规章制度少,在哲学思想等方面他们容许各种不同的主张同时存在。

第三,个人主义与集体主义(Individualism versus Collectivism)。它是衡量某一社会总体是关注个人的利益还是关注集体的利益。个人主义将每一个人都视为独一无二的,人们对自己的评价主要依据自己的成就、地位,人们不必动情地依靠组织和群体。集体主义则相反,主要依据人们所属的群体加以评价。集体主义认为,个人的身份以群体成员关系为基础,群体做决策是最好的。

第四,男性化与女性化(Masculinity versus Femininity)。它是看某一社会代表男性的品质如竞争性、独断性更多,还是代表女性的品质如谦虚、关爱他人更多,以及对男性和女性职能的界定。男性度指数的数值越大,说明该社会的男性化倾向越明显,男性气质越突出;反之,则说明该社会的女性气质突出。

第五,长期取向与短期取向(Long-term versus Short-term)。它是指某一文化中的成员对延迟其物质、情感、社会需求的满足所能接受的程度。长期取向指数与各国经济增长有着很强的关系。20世纪后期东亚经济突飞猛进,学者们认为长期取向是促进发展的主要原因之一。

第六,自身放纵与约束(Indulgence versus Restraint)。它是指某一社会对人基本需求与享受生活享乐欲望的允许程度。自身放纵的数值越大,说明该社会整体对自身约束力不大,社会对任自放纵的允许度越大,人们越不约束自身。

(二)爱德华·霍尔语言传播差异

美国社会学家爱德华·霍尔(Edward T. Hall)关于文化差异提出了高语境(high context)与低语境(low context)两个概念。他指出,高语境文化中绝大部分信息或存于物质语境中或内化在个人身上,极少存在于编码清晰的被传递的信息中。低语境文化传播正好相反,即将大量的信息置于清晰的编码中。例如,对于家庭成员来说,长期生活使他们形成了许多默契,因此,他们的交流中,直接编码的信息是较少的,即通过语言或动作来表达的成分较少,更多的内容存在于由双方共同生活体验形成的心灵感应。相反,两个陌生人的交流,却要花费更多的口舌。[5]

霍尔认为,中国文化是一种高语境传播,而美国文化属于一种较低语境传播。某个外国人,其中文口语如此精熟,以至于能听懂每个句子,甚至在需要时可以用中文写下来,但他很可能无法准确地表明说话者的思想。高低语境之间的差别,不仅仅是语言表达方式上的差别,它还与人们的行为特征相关。低语境中的人更倾向于采取对立和直接冲突的态度,而在高语境中的人更愿意采取非对立的和非直接冲突的态度。

(三) 罗伯特·列文时间观念差异

1997年,加州州立大学弗雷斯诺分校的社会心理学家罗伯特·列文(Robert V. Levine)和他的同事对31个国家就"生活的节奏"进行了研究。在《时间地图》(A Geography of Time)一书中,列文用3种尺度对不同的国家进行了划分:在市区内人行道上人们的行走速度、邮局的职员卖一张普通的邮票的快慢、公共时钟的精确度。根据这些参数值的不同,他总结出5个节奏最快的国家(瑞士、爱尔兰、德国、日本和意大利);5个节奏最慢的国家(叙利亚、萨尔瓦多、巴西、印度尼西亚和墨西哥)。[6]

罗伯特·列文在书中说:最慢的几个国家使用的是"明天再说""明日复明日"的橡皮时间,在巴西迟到1小时,不会有人眨一下眼睫毛;但在纽约城若让人等了5或10分钟,你就必须做一些解释。时间在很多文化里是弹性的,而在另一些文化里是刚性的。

二、打开封闭大市场

1984年,美国著名市场营销学家菲利普·科特勒针对市场全球化的趋势、企业营销的区域范围超出本土的现实,提出了"大市场营销"(Mega Marketing)观念。大市场营销不同于传统的市场营销,具体表现在以下几个方面:大市场营销除包括一般市场营销组合(4P)外,还包括另外两个P:一是政治力量(Politic Power),即为了进入某一封闭市场并开展经营活动,企业往往要借助本国立法部门或政府部门的力量,助推企业打开封闭市场。二是公共关系(Public Relationship),即企业采取各种方式取得封闭市场上公众的大力支持。如果权力是一个"强压"的手段,公共关系则是一个"软拉"的手段。[7]

这里所讲的封闭市场,主要是指贸易壁垒和非贸易壁垒很高的市场。在这种市场上,已经存在的参与者和批准者往往会设置种种障碍,使那些能够提供类似产品,甚至能够提供更好的产品和服务的外国企业也难以进入。大市场营销观念突破了企业被动适应环境的观念,认为企业不应消极地顺从外部环境,而应借助于政治力量和公共关系,积极主动地改变和影响外部环境,以便使产品和服务打入特定的目标市场。

三、确定跨国营销战略

跨国公司打开一个特定市场后,一个直接的问题就是采取标准化营销还是本土化营销,还是二者兼而有之。

(一) 标准化营销

标准化营销就是跨国公司在海外市场无论是销售的产品或服务,还是围绕产品或服务设计的营销策略,都是本国模式的对外延伸。1983年,哈佛大学的西奥多·莱维特(Theodore Levitt)教授在《哈佛商业评论》上的一篇论文《市场全球化》中说:"市场全球化使传统的多国公司不再适用。多国公司与全球公司是不同的。多国公司在几个国家从事经营,其产品和商业惯例要适应每一个国家的情况,其经营成本相对也较高。全球公司则以经久不变的经营方式,以较低的成本将整个世界(或世界的主要地区市场)看作一个整体,在世界各地以同样的方式销售同样的产品。"[8]

全球标准化营销的目的就是获得规模经济。小艾尔弗雷德·D.钱德勒(Alfred D. Chandler, Jr.)在《企业规模经济与范围经济——工业资本主义的原动力》一书中说:"一个企业一旦对生产和经销的投资大得足以充分利用规模经济,该企业就会在地理上向远方的地区来扩张"。"获得远方生产设施的发生,显然是在扩张者对生产、经销和管理在国内开展其期初投资之后,而不是在此之前"。"在海外的遥远地方增加生产单位进行地区扩张,为企业继续利用其竞争优势提供了途径,而这种竞争优势主要是建立在由利用规模经济而发展起来的组织能力的基础上的"。

为什么规模经济会导致海外扩张的解释是,即使是生产相同类型的产品,由于企业生产规模的不同,其产品成本也不同,并表现出"异质"的特性。"异质"产品生产和交换的市场是不完全竞争的,能生产"异质"产品的企业都具有一定程度的垄断性。海默等人认为,正是因为企业具有了垄断优势,为了充分利用垄断优势而进行对外直接投资。由此容易产生这样的推理:如果一个行业的规模经济越明显,就越容易产生由规模经济所产生的企业垄断优势,从而该行业的对外直接投资现象越明显。

然而,如果仅从生产集中的规模经济来解释对外直接投资是不充分的,因为这种规模经济完全可以通过国际贸易的扩大来实现,不一定非要通过直接投资来实现。沃尔夫对美国大企业的海外资产比率与广告和研究开发支出之间的关系进行了研究,得出结论认为,与对外直接投资紧密相关的规模经济优势不仅来源于生产的规模经济,而且还会来源于非生产性活动的规模经济性,如集中化大规模的资金筹措和统一管理等。大企业由于其规模大而有充分利用这些活动的能力,从而建立并拥有技术、信息、资金和货币以及企业组织协调等优势,企业凭借这些优势可以抵消国外经营所引起的额外成本,使其大规模对外直接投资成为可能。

(二)本土化营销

本土化营销就是跨国公司针对不同的市场,开发不同的产品或服务,采取不同的营销策略。1985年,布鲁斯·卡格特教授(Bruce Kogut)在《斯隆管理评论》发表了《全球战略设计:来自经营灵活性的利润》一文中针锋相对地指出:"一个全球公司所面临环境的主要特征是多样性和易变性,对所有公司来说,一些产生于这种环境的机会和风险都是地方性的。"[9]因此,跨国竞争力的一个关键因素就是当地适应能力,即跨国公司管理和利用由全球环境多样性和易变性而产生的风险和机会的能力。

海默的"垄断优势论"认为,跨国公司相对于东道国的企业而言,其对与经营相关的当地文化、法律、政策诸方面的了解相对肤浅。因此,对当地市场需求的适应能力就不如本地企业。但海默的"垄断优势论"把优势绝对化和静态化,没有意识到通过跨国经营这一过程本身所形成的全球网络资源,可为跨国公司对当地市场需求做出快速反应提供条件。换句话说,跨国公司利用其遍布全球的子公司形成的信息网络和渠道网络,利用对全球市场资源的快速整合能力以及公司长期经营形成的专有技术和管理经验,完全可以比当地企业对当地市场机会做出更早的判断和采取更快的行动。

科学技术飞速发展和国际市场需求变化加快,使"过去曾假设为相对稳定的、可预测的全球市场环境已经不存在了"。跨国公司需要把全球市场环境的快速多变当作一种既定的条件,学会在快速多变中求发展。未来的获胜者将是那些能够有效地应对当地市场环境变化的公司,将是把全球市场环境快速多变视为机会的来源而不是有意规避的公司。麦肯锡咨询公司的资深专家休·考特尼(Hugh Courtney)在《不确定条件下的战略》一文中说:"低估全球市场环境的多变性将会导致这样的战略:它既不能抵御多变给公司带来的威胁,也不能利用多变给公司提供的机遇。"[10]

面对快速多变的全球市场环境,跨国公司必须采取本土化战略,对当地市场环境做出快速响应。跨国公司产品或服务的质量和成本是获取全球竞争优势的前提,没有好的质量和具有优势的成本,竞争就无从谈起。但仅仅具有质量和成本,也不一定就可以获得竞争优势及超额回报。美国国家制造科学中心的负责人称:"质量和成本在以前还算得上一个获取竞争优势的重要武器,现在充其量只是存在于市场的基本条件。"思科公司的总裁约翰·坎博斯深有体会地说:在当今的全球竞争中,"不是大鱼吃小鱼,而是快鱼吃慢鱼",对本土市场的快速响应是企业跨国化经营的第三种优势来源。[11]

(三) 全球本土化

全球本土化(Glocalization)认为跨国公司全球经营并不是"全球化——本地化"的绝对二分法。跨国公司能够把多国公司当地市场快速反应能力与全球公司的经营效率相结合,以更快的速度和更低的成本将产品送到消费者手中。全球本土化战略就是"全球化——当地化"的结合战略。跨国公司必须对地方差异做出反应,只有这样才能赢得机会和规避风险,但这种对差异化的反应又必须放在全球的框架下,只有这样才能更加快速和更有效率。真正意义上的跨国公司是同等重视"全球化"与"当地化"两种趋势,寻求经营当地化与全球一体化之均衡。那种要么全球化,要么当地化的主张是陈腐的,与跨国公司追求的目标极为矛盾的。[12]

全球本土化战略的逻辑是"地方思考,全球行动"(Think local, Act global),它不同于"全球思考,地方行动"。后者的着眼点在于通过全球化的思考达到降低成本的目的,是一种成本导向的经营战略。而前者的目的是对东道国市场机会做出快速反应,而做出快速反应的条件是跨国公司全球资源的支持,是一种市场导向的经营战略。"地方思考"是为了快速发现当地市场机会,"全球行动"则是为了快速捕捉当地市场机会。无论是"地方思考"还是"全球行动",其目的都是为了使跨国公司对全球市场做出快速反应。

第三节 跨国服务管理

一、跨国管理传统

1989年,哈佛商学院的克里斯托弗·巴特利特(Christopher Bartlett)和伦敦商学院的萨曼特拉·高绍尔(Sumantra Ghoshal)合作出版了《跨国管理》一书。作者在书中指出:世界不同地区的国际性企业均有各自的管理传统,每家企业都有各自独特的竞争优势,它们在结构配置、管理方法和管理思想上都各有特色。

(一) 多国型公司

多国型公司(Multinational corporation)是战前用来进行海外扩张的古典组织模式。经济、政治和社会的影响促使公司分散他们的组织财富与能力,以使他们的海外分支机构有能力响应各国市场的差异性,由此而形成的这种资源分散与责任下放的结构可以称为分散联盟(Decentralied federation)。此类公司的优势在于对所在地的当地市场能够做出高度回应。多国公司的主导管理思想就是把公司的战略重点视为争取本公司在世界上主要市场的地位并将海外业务看作是由相互独立业务构成的投资组合。各国的子公司都作为独立的实体来运作,其战略目标就是在当地的现实条件下将自己最优化。

多国组织有三大特点:一个对资产与责任都实行分权的联盟,一种在非正式人际协调基础上用简单财务系统进行控制的管理方式,一种将公司海外经营视为相互独立业务所构成的投资组合的主导战略思想。(如图9-1)

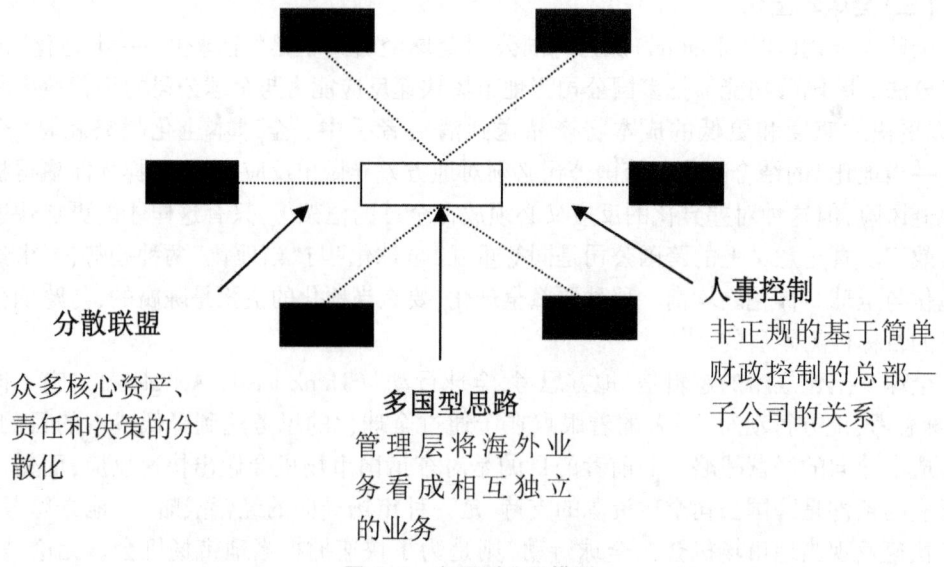

图9-1 多国型公司模型

资料来源:克里斯托弗·巴特利等.跨边界管理[M].北京:人民邮电出版社,2002:43.

(二) 国际型公司

国际型公司(International corporation)组织结构与方法在战后初期被广泛运用。进行国际化公司的首要任务就是将知识与专长转移到技术与市场都相对落后的海外市场。虽然各国子公司时常可以自主调整新产品与策略,但它们在新产品、新工艺和新观念上对母公司有很强的依赖性,这就要求总部在协调与控制方面比在多国组织中要起到更大的作用。这种组织构造可以被形容为协同联盟(Coordinated federaton)。它是一种由复杂的管理系统和企业员工控制的地方公司的联合体。(如图9-2)

但是,也许是由于认为所有的新观点与发明都来自于母公司的缘故,母公司因为受到控制在公司总部的优越专有技术的影响,通常目光比较狭隘。尽管公司管理层对海外业务的认识逐步增多,但它总还是将海外业务视为附属物,这些业务的主要目的就是运用在国内市场开发出来的能力与资源。尽管国际组织从结构上有些类似于多国组织的形势,但国际组织的子公司更依赖于总部转移出的知识与信息。而且母公司在总部与子公司的联系之间更多地运用了正式的系统与控制。

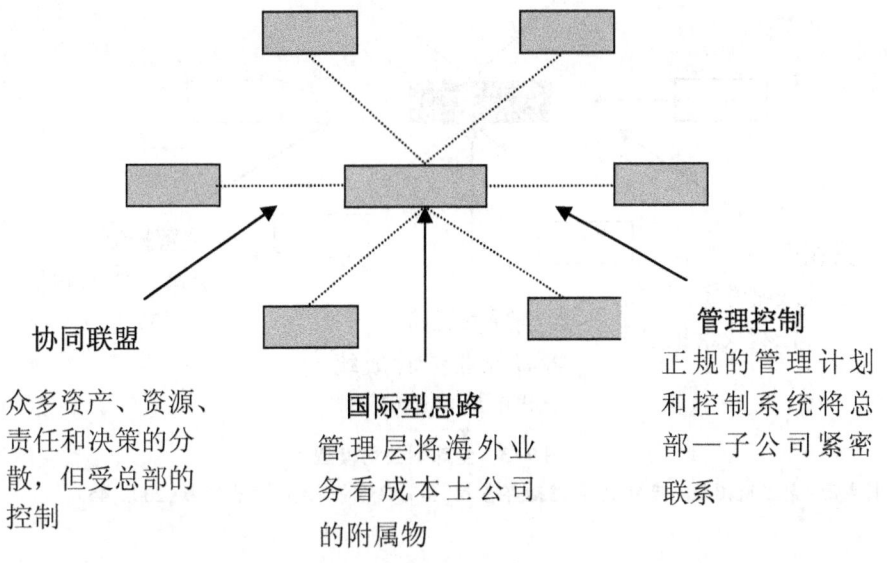

协同联盟
众多资产、资源、责任和决策的分散,但受总部的控制

国际型思路
管理层将海外业务看成本土公司的附属物

管理控制
正规的管理计划和控制系统将总部—子公司紧密联系

图 9-2 国际型公司模型

资料来源:克里斯托弗·巴特利等.跨边界管理[M].北京:人民邮电出版社,2002:44.

(三) 全球型公司

全球型公司(Global corporation)的基础就是财富、资源和责任的集中,海外业务则主要是为了扩大销量以便能达到全球规模。虽然各地的装配厂也会受到当地经济的,以及更多的来自政治方面的影响,但海外子公司的作用主要还是只限于销售和服务。子公司的任务就是装配并销售以及执行总部制定出的方针与计划。全球性公司的控制中心对设在世界各地的分公司实行战略管理、资源配备和信息使用的高度控制。(如图 9-3)

与多国和国际公司的子公司相比,全球型公司的子公司不仅缺少创造新产品或战略的自由,而且即便是由它们进行调整也异常困难。这种结构形式可以被形容为集权中心(Centralized hub)。全球型公司管理者的主导管理观点就是全球市场可以而且应该被视为一个相似性远大于差异性的市场,整个世界市场才是分析的基本单位。集权中心型公司结构,从属的、被牢牢控制的子公司,再加上将整个世界视为单一经济体的管理思想就是典型全球型公司的主要特征。

从分析看出:传统的国际性企业各有各的特点。多国模式对各地市场的差异性及各国的政治要求高度敏感并能快速响应;国际模式为从母公司转移知识及技术并根据各地需求加以高速提供了有效途径,而全球模式则最有可能促进协同战略的发展并实现全球规模的效率。

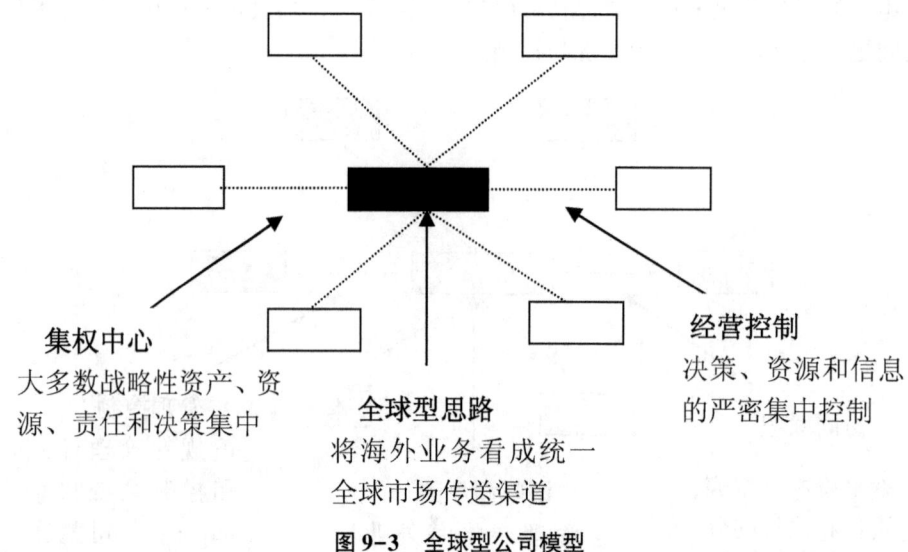

图 9-3　全球型公司模型

资料来源：克里斯托弗·巴特利等.跨边界管理[M].北京：人民邮电出版社，2002：45.

二、向跨国型公司转变

(一) 基于"三难困境"的方案

全球型公司的资源与能力都集中在总部，它主要通过利用各项活动中潜在的规模经济来获取效率，这种资源配置也意味着它在各地的子公司都缺乏资源，从而也就没有动力或能力来响应各地的市场需求。同时，知识与技术的集中也保证了全球型公司在创新方面的高效，它可以相对快速廉价地创造出新的产品与服务。但负责创新的中央小组通常缺乏对国外市场需求及生产的实际了解，即便他们知道了各地不同的需求，但中央的反应通常也不合时宜，因为他们要么就是为了满足所有需求而过度细化，要么就是简单的折中以至于一种需求都满足不了。海外公司有限的资源及单纯执行者的角色阻碍了全球型公司接近并利用海外的学习机会。在不危及全球效率这张王牌的情况下，全球型公司很难解决这些问题。

分散的资源以及决策使多国型公司的子公司可以响应当地的需求，但松散的活动又不可避免地带来效率损失。学习也受到了影响，因为知识既不集中又不在公司各部之间流动。各地的创新也只不过是因为各地管理层为保护自己势力及独立性而进行的努力，或是因为缺乏联系而导致重复创造，或是因为"不在此发明症"（Not-invented-here syndrome）。与此不同的是，国际型公司能更好地运用母公司的知识与能力，但它的资源配置以及经营系统使它在效率上不及全球型公司，在响应能力上不及多国型公司。

20世纪80年代中期，全球化、地域化及世界范围内的创新都成了一种不可逆转的趋势，公司如果想保持竞争力就必须能同时拥有效率、响应性和学习能力，而不是像以前那样仅凭一项能力就能获得成功。结果就是许多公司都不得不面对调整的压力，即使那些曾经因为自己的管理传统符合行业单一战略要求而获得成功的公司也必须发展新的能力。全球化竞争正迫使许多国际性公司转化为第四种组织形式——跨国公司。此类公司必须能够使用更低成本、更好、更快地将多国公司对当地市场的快速回应能力与全球公司的经营效率相结合,并同时具备国际公司及时传授专有技术的能力。

(二)跨国型公司组织特征

跨国型公司从完全不同的角度来看待这些问题。它并非单纯地寻求效率,而是将其作为获得全球竞争力的手段;它承认地方响应力的重要性,但将其视为实现国际经营灵活性的工具;创新则被看作是公司每一成员进行组织学习过程中的产物。

1. 一体化网络结构

在传统的组织结构中,各单位之间的关系不是纯粹的依赖(正如集权中心的情况)就是相互独立(正如分散联盟中海外分支机构所展示的)。国际经营环境的变化使两种单一关系都变得不合时宜。有全球协调策略的竞争对手在与独立的组织单位的较量中占有战略优势,前者有全球规模的经营并可以用在一个市场上形成的资金补助另一个市场上的竞争损失。此外,完全依赖于中央机构的海外业务也许就不能利用当地的市场机遇可有效地响应当地强大竞争对手的挑战。当今的全球经营环境要求信息共享、问题解决、资源分配和任务实施的合作——简言之,就是一种相互依存的关系。(见图9-4)

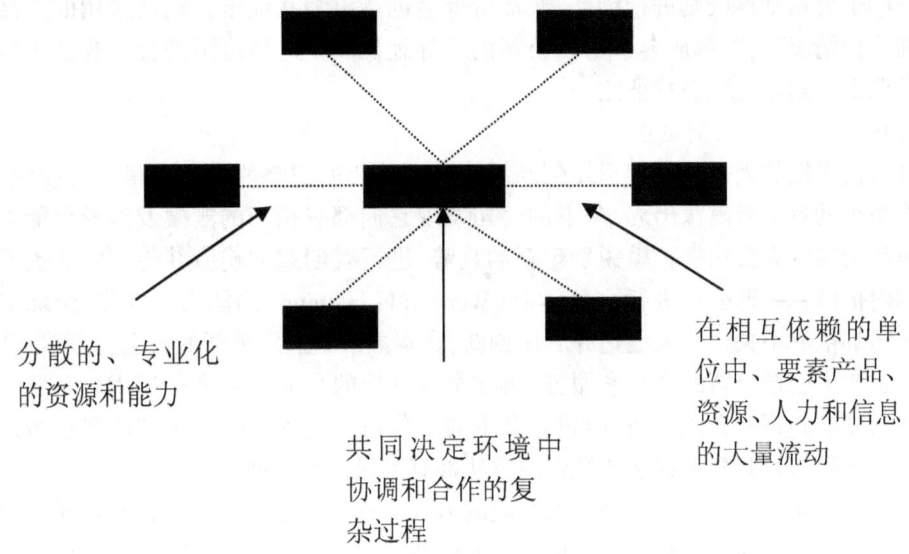

图9-4 跨国型公司一体化网络模型

资料来源:克里斯托弗·巴特利等.跨边界管理[M].北京:人民邮电出版社,2002:75.

跨国组织资产与资源的分配可以描述为一体化网络(Integrated network),这一术语强调了跨国组织要管理的产品、服务、资源、人力和信息的流动。与其他国际性公司不同的是,此类公司强调地方公司和公司总部间紧密联系。在跨国公司中,各地的分公司都是公司一份独立的资产而非仅仅是母公司的一个分支。公司的运营、营销和技术研究均设置在最适当的地点,但同时,为了最大限度地开发国际市场机会,跨国公司对适合各个所在国当地市场的专有技术研究也同样重视。除了实际结构的合理化,公司还整合其任务与观点。丰富多彩的交流联系,工作的相互依存,加上正式和非正式的系统才是跨国公司的真正特点。

2. 差异化的组织角色与责任

消费者要求个性化的产品或服务,但也要求标准国际化产品或服务的质优价廉。在这种情况下,多国组织的地方响应性从经济上来说越来越不可行,而全球型组织的集中所带来的迟钝反应使其在面对越来越多具有地方响应的能力的竞争对手时就显得越来越弱。经济、技术、政治和社会环境中经常的、无法预知的变化加剧了对响应能力的挑战。真正的挑战不是现在如何才能具备响应能力。定价、产品或服务设计和总体战略的灵活性现在已经成为保持"必备差异性"的核心,单纯集中或分散的组织形式对于迎接这一挑战来说都不够灵活。

跨国公司通过从多方面塑造自己的多国灵活性来发展响应能力。它在运营机构中设计了一些备用部分并灵活自主地响应不可测的供求波动。它创造了模块结构的产品或主导的服务模式,这样各市场的花样特色各有差异,而基本部件与核心设计依旧保持标准化。最重要的是,跨国公司将权责的系统差异性灌输到了组织的各个部分。意识到只有一部分,而不是每个市场都需要差异化,跨国公司各子公司的角色都不尽相同。在一些市场中,子公司运用标准化的产品或服务,它们的角色也仅限于有效地实施总部的决定,其他的一些子公司则被鼓励进行创新,通常后者会创造出为其他子公司所采用的产品或服务。在这种情况下,总部放弃了对子公司的领导地位——这是跨国型公司有别于较传统公司单调组织角色的显著特征之一。

3. 多种组织方式共同运用

许多世界级的大公司都把运用创新视为一项核心的战略能力。在很多行业中,结构调整将弱小的竞争者淘汰出局,剩下的公司发现它们都有相当的规模及差异化能力。这样竞争就会转变为公司能否敏锐发现新的趋势,进行有创意的响应并将它们的创新在世界范围内扩散——即公司进行全球学习(Worldwide learning)的能力。以往,全球型和国际型公司都依靠中央机构来创造并利用创新,在本国市场上发觉新的机会,运用母公司集中的开发实力创造出新的产品和服务,再在全球各地的合适地点进行运用。而多国型公司主要领先的则是地方创新,它们独立自主的子公司运用各自的资源创造迎合当地环境要求的新产品与新服务。这些传统创新方法都有其局限的一面。

跨国型公司的管理者用一种大相径庭的方式来进行创新与学习。它们发现各国的需求和机遇都大不相同。一些市场有更复杂的消费群体,一些市场中竞争对手更加活跃,一些市场中某种技术比其他地方更加先进。而且,本国市场对一些经营活动来说是最重要的,但并不是对所有活动都是如此。这些管理者同样意识到公司中的不同部门能力也有不同。公司最重要的物质与组织财富常常都在海外,可能是为了响应当地需求发展而来(或仅仅是机遇使然)的。跨国公司能比地方公司接触到更多的环境刺激,这是他们的一大优势。跨国型管理者还认为没有理由不让海外公司受益于整个公司,相反他们会帮助发展这些组织财富并确保整个公司与它们通路顺畅。

4. 一个内部相容的组织系统

跨国公司的特征是内部相容并相互加强的。一体化网络结构,子公司角色与责任的差异化,再加上对多种创新方式的同时运用,共同构成了一个完整可行的组织系统。资源的一体化网络结构对于灵活复杂的响应性以及跨国创新的发展同样是至关重要的。各组织单位差异化、专业化的能力使合作在创造新产品与新服务方面成为必需,各单位之间的相互依存又使这种合作得以自我维系。

同时,组织角色的差异化导致公司的某些部门要开发特殊的资源与能力,这反过来会使这些部门在不同的创新过程中发挥不可替代的作用。这个过程的存在又创造了对差异化角色与专用资源的需求。跨国公司的三个特征缠绕在一起构成了一个复杂的组织系统,正是这一复杂的系统,而非某个特定的结构或具体的"办事方法",才是跨国公司的真正特色。(见表9-1)

表9-1 跨国型公司的组织特征

公司类型 公司特征	多国型公司	全球型公司	国际型公司	跨国型公司
资产和能力配置	分散、各国自足	集中、全球规模	核心能力的来源集中、其他的分散	细分、互相依存、专业化
海外业务的角色	建筑和利用各地机会	贯彻母公司的战略	调整并利用母公司的能力	各子公司对全球经营的贡献不同
知识的开发和扩散	各单位自己开发保有知识	中央开发并拥有知识	中央开发知识并将其转移到海外各单位	世界范围地开发和分享知识

资料来源:克里斯托弗·巴特利等.跨边界管理[M].北京:人民邮电出版社,2002:56.

三、跨国型公司管理

跨国型公司的长处也正是它潜在的问题的源泉。分散的、专业化的资产配置、组织角色的差异性加上创新和学习方式的多样性都会导致内部的分裂与损耗。要使这样的一个公司运作起来,管理层就需要安排同样强大的整合与统一力量。否则,公司就很容易因为过度分散而丧失竞争力,相互过度依赖而丧失灵活性,或是过度复杂而难以开发或运用学习能力。

要将跨国型公司建立并经营成一个有效的战略实体,管理层面临着许多挑战。首先,它必须平衡公司内的多种观点及能力,并确保没有任何一个管理群体凌驾于其他群体之上。其次,由于各单位的角色与责任存在差异性,管理层必须建立一套灵活的协调方法以保证每一个单位与任务都是用最合适的方式进行管理。但是,尽管恰当的系统与管理方法都很重要,但从本质上来说,它们都无法抵消这种组织所带来的强大的离心力,所以跨国型公司管理者最关键的任务就是在个体层面上鼓励观点共享以及员工对公司的投入,这样才能将公司整合起来。(见表9-2)

表 9-2　建立和管理跨国型公司

战略能力	组织特征	管理任务
全球型竞争力	分散的相互依赖的资产和资源	认可各种观点和能力
多国型的机动性	子公司角色的不同和专业化	发展多种灵活协调方法
世界范围内学习	知识的共同开发和全球共享	提倡观点共享和职员归属感

资料来源：克里斯托弗·巴特利等.跨边界管理[M].北京：人民邮电出版社,2002:57.

(一) 观点与能力的平衡

许多跨国型公司的全球经营战略由于一些缺陷而不能有效地响应各自行业中变化了的战略需求。它们的组织能力与管理思想多少有点偏向（在一些情况下是高度偏斜的）。典型的情况就是新加入的一维会使原有的管理方式受到伤害，也扭曲了管理者之间的关系。跨国型公司则必须发展一种能保持各组织群体可行性和有效性的多元组织。任何对某一业务、职能或地区的经营偏向都应被取消，公司所采用的决策程度应该让每一种观点都有表达机会。

(二) 发展灵活的协调方式

结构与关系的变化会影响到公司的管理方式。随着公司更多维能力的发展，任务与角色的差异性进一步扩大了管理活动中观念的多样性。在大部分公司中，这种多样性并不能通过现有的管理方法进行整合。组织各单位之间日益增长的相互依存性又更加使现有的控制系统扭曲变形，这都要求协调能力更加完善。跨国公司管理要求高机动的协调方式，它可以将短期具体角色安排的变动以及长期基本责任与关系的调整结合起来，而且它还可以根据不同的决策调整角色与责任。跨国公司必须发展多种协调方式，并在对具体任务需求的审慎评估基础上分配它稀缺的协调资源。外界环境的易变性加大了对灵活协调方式的需求，由于消费者需求、技术、政治力量和竞争策略都在不停变化，任何公司用一种静止的眼光看待协调需求或不用灵活的方法解决问题，那它就会遇到大的麻烦。同时，跨国公司的本质极大地增加了需要进行整合的问题的数量。

(三) 通过观点与意见联合来统一组织

跨国公司管理方式与较传统的组织之间主要有两个区别。首先，随着一元系统和策略由新的协调战略进行补充，对控制的依赖逐步消失。其次，前者对各种过程进行差异化的管理，不仅对于不同问题来说是如此，对于不同行业、不同部门来说也是如此。组织角色与管理方式的差异性会导致跨国公司内部严重的组织冲突。为了在公司各个层级保持士气并提供一种团结感，跨国公司就不能局限于资产的重组以及管理方式的重塑。最高管理层必须获得每个个体对整个公司计划的归属感。事实证明这种整合效果通常比任何的结构或系统都更好。要发展这种归属感，每个个体就必须理解并分享公司的目标与价值观，认同这一目标，接受并将公司的核心战略内在化。从本质上来说，公司总的管理思路应该超越某个组织具体的经济目的，而建立在一个值得去支持并拥护的重要任务的基础之上。

重要概念

垄断优势理论　　内部化理论　　国际生产折中理论　　大市场营销　　标准化营销　　本土化营销　　全球本土化　　多国型公司　　国际型公司　　全球型公司　　跨国型公司

思考题

1. 利用国际生产折中理论解释麦当劳跨国经营实践。
2. 利用霍夫斯泰德文化差异维度解释东西方文化差异。
3. 结合霍尔高低语境差异理论，谈谈在国际商务谈判时应注意哪些问题。
4. 结合列文时间文化差异观，谈谈在国际商务谈判时应注意哪些问题。
5. 结合科特勒大市场营销理论，谈谈华为跨国经营时如何打开一个封闭性市场。
6. 结合跨国标准化和本土化营销理论，谈谈麦当劳和肯德基跨国经营有哪些不同。
9. 利用马克思辩证唯物主义思想，谈谈全球本土化理论的逻辑。
10. 多国型公司的组织结构和经营思想有哪些特点？
11. 全球型公司的组织结构和经营思想有哪些特点？
12. 国际型公司的组织结构和经营思想有哪些特点？
13. 跨国型公司的组织结构和经营思想有哪些特点？

参考文献

[1] HYMER, S. H. The International Operations of National Firms: A Study of Direct Foreign Investment. Ph.D Dissertation. Published posthumously. The MIT Press, 1976. Cambridge, Mass.

[2] BUCKLEY, P. J. The limits of explanation: testing the internalisation theory of the multinationalenterprise[J]. Journal of International Business Studies, 1988, 19(2): 181-193.

[3] DUNNING, J. H. The eclectic paradigm as an envelope for economic and business theories of the MNE[J]. International Business Review, 2000, 9: 163-90.

[4] HOFSTEDE, G. Culture's consequences: international differences in work-related values. Beverly Hills, CA: Sage, 1980.

[5] HALL Edward T. Making oneself misunderstood: languages no one listensto[J]. Speaking of Japan, 1982, 3(17): 20-22

[6] ROBERT V. LEVINE. A geography of time: on tempo, culture, and the pace of life [M]. Basic Books, 1st (First) edition, 1998.

[7] CARL P. ZEITHAML AND VALARIE A. ZEITHAML. Environmental Management: Revising the Marketing Perspective[J]. Journal of Marketing, Spring 1984, p. 47.

[8] THEODORE LEVITT. The Globalization of markets[J]. Harvard Business Review, May/June 1983.

[9] BRUCE KOGUT. The effect of national culture on the choice of entrymode[J]. Journal of International Business, Bruce M. Kogut Page 6 Studies, 1988, 19: 411-432.

[10] 休.考特尼等.不确定性管理(中译本)[M].北京:中国人民大学出版社,2000.
[11] 马勇.新经济时代速度经济将代替规模经济[J].经济纵横,2000(11):28.
[12] 马勇.跨国公司全球快速反应经营战略[M].郑州:郑州大学出版社,2006.
[13] BARTLETT,C.AND GHOSHAL, S. Managing across borders[M].Harvard Business School Press, Boston, MA.

案例分析:汇丰银行跨国经营实践

汇丰银行成立于1865年,最初的名字是"香港上海汇丰银行有限公司"。旨在为中国和英国之间日益增长的贸易筹措资金。多年过去了,汇丰银行已经在很多国家成了现代银行的先锋,比如,它在泰国的第一家银行印刷了该国的第一批货纸币。在20世纪初期,汇丰银行向多国政府发放巨额贷款,这其中也包括中国。这一举动帮助了很多项目开发,例如铁路建设。汇丰银行也在二战后香港地区经济的重建工作中发挥巨大作用。20世纪末,它已经兼并了许多公司,以期完成"三足鼎立"战略,三足分别立足于英国、美国和亚洲。多年来,汇丰银行在全球持续增长,并且在21世纪初期成为全球第二大银行。2020年1月,汇丰集团宣布在中国内地的主要机构将联合捐助人民币700万元,包括汇丰银行(中国)有限公司捐赠的500万元,用于支援急需医疗物资支援的湖北地区。

汇丰银行在单一的全球品牌下成功实现了业务增长,多年来一直使用着"环球金融、地方智慧"(The world's local bank)的标语,这个标语意在将汇丰巨大的全球化格局与其在所服务的每一个国家中培育起来的亲密关系相联系。汇丰银行的前任主席庞约翰爵士说:"我们'环球金融、地方智慧'的定位,使我们能够以独一无二的方式接近每一个国家,将地方性智慧与世界范围内的经营平台相结合。"

汇丰发起的名为不同价值观的全球推广活动,包含了理解多种观点和不同解释这一准确的概念。三次平面广告显示,同样的画面却有不同的解释,比如一个老款经典的汽车和下列词语一起出现:自由(Freedom)、地位象征(Status symbol)、污染源(Polluter)。在图片的旁边写着这样的文字"你看过的世界越多,你就越发意识到人与人珍视的东西并不相同"。在另一组平面广告中,成就首先出现在一个女性获得选美比赛的图片中,接下来是一个在月球上行走的宇航员,最后一个是年幼的孩子系好了他的运动鞋。辅以文案:"你看过的世界越多,你就越发意识到对人们来说,真正的重要的是什么。"美国汇丰银行的营销主管特雷西·布里顿解释了这场运动背后战略:"这个活动代表了我们全球化的观点,即承认并尊重人们以非常不同的方式评估事务。汇丰银行的全球足迹不但给了我们这样的启示,还让我们有机会自如自信地帮助拥有不同价值观的人们收获他们认为重要的东西。"

2011年,汇丰银行修订了其商业战略,在表现不佳的市场进行巩固,对快速增长的市场和业务进行投资。因此,它转变了品牌战略,新战略不再是我们耳熟能详的"环球金融、地方智慧"的标语,而更新为"汇丰银行帮助您打开世界的潜能"。汇丰希望传达自己是如何将当地企业和世界经济连接在一起的,最终传达它如何关注影响未来世界的商业元素。汇丰银行的营销总监克里斯·克拉克解释说:"新的广告活动是从单纯的品牌导向型广告向产品驱动型方法转变的征兆。"

在一个电视广告中,一个小女孩儿和她的父亲创办了一个柠檬水站。广告声称柠檬水儿50美分一杯。当路过的客户努力找出一些硬币时,女孩儿解释说(用不同的语言),她接受其他全球各个国家和地区的货币,包括港币和巴西雷亚尔。广告的旁白:"在汇丰,我们相信,在未来甚至是最小的业务都将是跨国业务。"广告是为了让消费者感到与汇丰进行银行业务是值得放心的。在相应的平面广告中,画着一个柠檬水站并标出每杯柠檬水的成本为50美分、0.4欧元或三元人民币做贸易,旁白的文案是:"不管你使用美元,欧元或人民币做贸易,全球市场正对每个人开放。在汇丰,我们可以将你的商业和六大洲的新机遇以超过90多种货币的形式连接起来。"汇丰一直集中在机场做广告,还赞助了超过250个文化和体育赛事,特别集中于帮助年轻人,发展教育和融入社区,这些赞助活动允许公司向全世界不同的人和文化学习。

汇丰银行在如何用独特的产品和服务选择消费者利基市场方面深有洞察。例如,它发现一个鲜为人知的产品领域正以每年125%的增长速度——宠物保险。汇丰银行通过汇丰保险机构在全球范围内布局宠物保险储户业务。在马来西亚,它给缺少服务的学生提供了一个"智能卡"和只包括基本服务的信用卡,针对高价值客户设立了特殊的"优质服务中心"银行网点。

今天,汇丰银行仍然是世界上最大银行之一,拥有四个全球业务:零售银行和财富管理、商业银行、全球银行和市场、全球私人银行业。2020年,全球银行品牌价值500强排行榜,汇丰银行排名第11位;福布斯2020全球品牌价值100强第43位;2020年《财富》世界500强排行榜第73位。

(案例来源:菲利普·科特勒等.营销管理(第14版)[M].上海:格致出版社:上海人民出版社,2012:231)

1.汇丰银行定位自己为"环球金融,地方智慧"的风险和好处是什么?
2.汇丰银行最近的推广活动是否使其目标顾客产生共鸣?为什么?

第十章 服务营销道德

星巴克（Starbucks）于1971年在西雅图开张，2020年在全球门店的总数量已超过20000家，其中，2020年度新开店的30%集中在中国。星巴克的成功无疑部分来自它的产品和服务，以及他对顾客的严格承诺——尽可能为顾客提供最高品质的感官体验。但成功的另一个关键因素是以一种受人尊敬、合乎道德的方式开展经营。

公司首席执行官舒尔茨相信，要想超越顾客期望，首先必须超越员工的期望，自1990年开始，星巴克就已经为所有员工（包括兼职人员）提供全面的医疗保险。星巴克现在每年在员工医疗保险上的开支已经超过了咖啡的成本。被称为"咖啡豆股票"的股票期权计划也让员工可以分享公司的财务成功。

1997年，舒尔茨用著书所得设立的星巴克基金会，旨在"为星巴克合伙人（在星巴克员工被称为合伙人）生活和工作的社区带来希望、发现和机遇"。它主要的焦点集中于支持那些为美国和加拿大的儿童和家庭所开设的扫盲活动。随着其活动的扩展星巴克已经在全世界范围内捐赠了上百万美元给慈善机构和社区，星巴克每出售一瓶Ethos瓶装水，就会捐赠五美分用于改善贫穷国家的水质。

星巴克和国际组织合作，以确保其采购的咖啡不仅拥有最高品质，而且"符合最高的道德贸易标准和负责任的种植规范"。星巴克是世界上通过公平贸易认证的咖啡豆最大买家，并且每年为4000万磅的咖啡支付高出市场价23%的价格。星巴克不断就一些对地球负责的做法与农民合作，比如沿着河边种植树木，使用遮阳种植技术帮助保护森林。

星巴克经过10年的研发创造了世界上第一款可循环利用的饮料杯，该杯有10%的消费后再生纤维制成，每年可节约500磅的纸或者拯救将近78000棵树。星巴克负责环境事务的主管吉姆·汉纳解释道："星巴克并不是因为杯子的材料将其定义为可回收利用杯，而只有当我们的顾客确实使用了回收服务我们才视其为可回收利用杯。"星巴克的目标是使其咖啡杯百分之百被回收或者被重新使用。

舒尔茨相信，星巴克必须保持对咖啡的热情和人道主义精神。即便壮大了，也要保持谦逊，成为一个负责任的公司。

第一节 服务营销道德概述

一、服务营销道德内涵

菲利普·科特勒(Philip Kotler)和加里·阿姆斯特朗(Gary Armstrong)在《市场营销原理》一书中把营销道德(Marketing ethics)定义为企业与消费者价值相互增益的哲学,他们提倡用户至上主义、环境保护主义,提倡顾客知晓信息的权利和自我保护的权利。[1]早在1961年,鲍姆哈特(Baumhart)在《哈佛商业评论》发表题为《商人有多道德?》一文,在文中提出了商业实践中和营销相关的道德问题,即①礼品、酬金、贿赂等;②价格歧视、不公平定价;③不诚实的广告;④欺骗客户;⑤价格串通。[2]对于服务企业而言,服务营销道德是用来判定服务企业市场营销活动正确与否的道德标准,即判断服务企业营销活动是否符合消费者及社会的利益,能否给广大消费者及社会带来最大幸福。

关于服务营销道德问题可从不同主体来看:一是从整个社会角度看,服务营销道德是关于服务企业营销行为的规范,是关于"善恶"和"应该不应该"的规范。它是服务企业营销者有关营销决策及营销情景的道德判断标准。二是从消费者的道德感知角度看,服务营销道德是消费者对服务企业营销活动的价值判断,即判断营销活动是否符合广大消费者及社会的利益,能否给广大消费者及社会带来最大幸福的行为规范体系。三是从企业角度看,服务营销道德是企业的营销活动符合道德行为规范的约束,是对营销环境所持的一种态度,这种态度决定着服务企业的营销哲学及营销行为,其实质是解决好企业、消费者、环境及社会各方利益的关系。

二、服务营销道德特性

(一)营销道德评判具有相对性

道德相对主义认为道德或伦理并不反映客观或普遍的道德真理,它与社会、文化、历史或个人境遇相关。道德价值只适用于特定文化边界内或个人选择的前后关系。不同社群、不同个体的道德价值和道德观点是相对的,是各种各样的而不是绝对统一的。这里的"相对性"主要表现为,不同社群不同个体所作所为乃至其一切信仰所赖以存在的动力基础是有所差别的。世界上没有绝对的对和错,也不存在客观的是非标准。存在主义者让·保罗·萨特(Jean-Paul Sartre)坚持个人的、主观的道德核心应该成为个体道德行为的基础,公共道德反映社会习俗,只有个人的、主观的道德表达真正的真实性。

(二)营销道德要自律和他律结合

自律即支配人的道德行为的道德意志纯由自己的理性所决定,而不受制于外部必然性。他律即支配人道德行为的道德意志受制于外部必然性而非由理性自身决定。康德

(Immanuel Kant)坚持自律是一切真正道德的源泉,只有自律的行为才是真正道德的行为。康德通过自律原则肯定了人的自由,但他把自律与他律对立起来,肯定前者而否定后者。实际上,道德自律和道德他律的联系是客观的,两者相互影响,不能相互分离。道德他律离开道德自律便成为无源之水、无本之木,道德自律脱离道德他律也将迷失方向。道德自律是道德他律的前提,道德他律是道德自律的向导。

(三)营销道德关键在知行合一

营销是一种商业实践活动,是企业和顾客之间的行为互动过程。因此,营销道德作为一种意识形态只有放在具体的实践活动中探讨才有意义。营销道德要讲究"知行合一",仅仅意识到某种营销活动存在道德问题,而不在实际行动中进行规范和自律,营销道德的知是没有意义的。从根本上说,营销道德问题是一种认知问题,更是一种实践问题,它是一个问题的两个方面,而不是两个问题,也不是一个问题的先后顺序。

三、服务企业营销道德失范的原因

道德失范是指在社会生活中,道德价值缺失或者缺少有效性,不能对社会和个人工作和生活发挥正常的调节和引导作用。服务企业营销道德失范的原因是多方面的,可概括为以下几方面。

(一)国家缺乏相关法律约束

改革开放以来,服务业尤其是现代服务业成为我国国民经济中的新兴产业,产业的发展速度较快和从业人员众多。服务业的快速发展导致相应的法治建设相对滞后,服务业尤其是现代服务业法治建设还存在许多不适应、不符合的问题,主要表现为:有的法律法规未能全面反映客观规律和人民意愿,针对性、可操作性不强,立法工作中部门化倾向现象较为突出;有法不依、执法不严、违法不究现象比较严重,执法体制权责脱节、多头执法、选择性执法现象仍然存在,执法司法不规范、不严格、不透明、不文明现象较为突出,人们对执法司法不公和腐败问题反映强烈;部分社会成员遵法信法守法用法、依法维权意识不强,一些国家工作人员特别是领导干部依法办事观念不强、能力不足,知法犯法、以言代法、以权压法、徇私枉法现象依然存在。

针对上述问题,以习近平同志为核心党中央提出了"四个全面"战略布局,成立了中央全面依法治国领导小组,加强对法治中国建设的统一领导,制定和修订了与服务营销道德相关的法律和规定。例如,2014年3月15日起实施的新版《消费者权益保护法》,2018年1月1日起实施新修订的《反对不正当竞争法》,2019年1月1日起实施的《电子商务法》,2021年5月1日起实施的《网络交易监督管理办法》等。法治建设是个巨大的系统工程,贯彻"科学立法、严格执法、公正司法、全民守法"的新时代社会主义法治建设方针,是促进服务营销道德发展的根本遵循。

(二)企业缺乏社会责任意识

改革开放以来,我国在发展社会主义市场经济过程中,一些企业认为履行社会责任是国家的要求,会给企业带来额外的成本,因而并未真正树立社会责任意识。企业社会责任(Corporate social responsibility,简称CSR)是指企业在创造利润、对股东和员工承担法律责任的同时,还要承担对消费者、社区和环境的责任,企业的社会责任要求企业必须超越把利润作为唯一目标的传统理念,强调要在生产过程中对人的价值的关注,强调对环境、消费者、对社会的贡献。1924年,美国学者谢尔顿(Sheldon)在《管理哲学》一书中提出了企业社会责任的概念。他把企业社会责任与企业经营者满足产业内外各种人类需要的责任联系起来,并认为企业社会责任含有道德因素在内。企业必须以不污染、不歧视、不从事欺骗性的广告宣传等方式来保护社会福利,他们必须融入自己所在的社区及资助慈善组织,从而在改善社会中扮演积极的角色。

2016年4月,习近平总书记在网络安全和信息化工作座谈会上强调:只有富有爱心的财富才是真正有意义的财富,只有积极承担社会责任的企业才是最有竞争力和生命力的企业;行生于己,名生于人。企业办网站的不能一味追求点击率,开网店的要防范假冒伪劣,做社交平台的不能成为谣言扩散器,做搜索的不能仅以给钱的多少作为排位的标准。2020年7月,习近平总书记在企业家座谈会上再次指出:企业既要有经济责任、法律责任,也要有社会责任、道德责任。对于企业来说,社会责任其实不仅是一项成本或一种约束,而且是孕育机会、促进创新、获得竞争优势的源泉。企业在履行社会责任上的投资可以赋予产品社会责任属性,因而可以赢得更多消费者的青睐。

(三) 服务人员缺乏道德自律

由于服务本身的无形性、不可分性和易逝性等特征,使服务人员更容易触发营销道德问题。服务的无形性使服务质量不像有形产品那样具有客观的衡量标准,服务的质量更是一种感知的服务质量,是消费者个人的一种主观评价,服务质量的这种特征使一些服务人员成为机会主义者。服务的不可分性(消费者参入服务生产过程)使服务传递过程中一旦发生服务失败,很难确定是哪一方造成的,这也为服务人员推卸自身责任提供了借口。服务的易逝性(证据难以保存)使服务质量一旦发生纠纷,消费者取证的难度加大,这也会助长少数服务人员的不讲职业道德。另外,一些专业服务领域(医疗服务、法律服务、专业维修服务等)由于信息不对称也易诱发服务人员的道德风险。

改革开放以来,我国服务业特别是现代服务业的快速发展,吸纳了大量的从业人员。服务业的范围相当广泛,从业人员的素质也参差不齐。在服务产业发展过程中,由于市场经济规则、加上不良思想文化侵蚀和网络有害信息影响,一些营销人员职业道德观念模糊甚至缺失,缺乏区分是非、善恶、美丑的标准,存在见利忘义、唯利是图、损人利己、损公肥私,造假欺诈、不讲信用的行为。习近平总书记强调,国无德不兴,人无德不立,必须加强全社会的思想道德建设,激发人们形成善良的道德意愿、道德情感,培育正确的道德判断和道德责任,提高道德实践能力,引导人们讲道德、尊道德、守道德,形成向上的力量、向善的力量。

四、服务企业遵循营销道德意义

(一) 传承优秀商业文化

中华文明源远流长,孕育了中华民族许多的宝贵精神品格,培育了中国人民的崇高价值追求。习近平总书记多次强调:要传承和发展中华优秀传统文化,推动其创造性转化、创新性发展。中华传统美德既是中华传统文化的精髓，也是企业营销道德建设的不竭源泉。传承中华优秀传统商业文化蕴含的讲仁爱、守诚信、崇正义、尚和合等思想理念是当代营销人员不可推卸的责任。"君子喻于义，小人喻于利""君子爱财，取之有道，视之有度，用之有节""人无信不立，商无信不富""和气生财"等经商之道是中华优秀传统文化的重要组成部分。

（二）适应时代发展的趋势

2021年3月，习近平总书记在福建考察调研时强调：人民的幸福生活，一个最重要的指标就是健康。健康是1，其他的都是后边的0，1没有了什么都没有了。饭店不能仅仅为了自己的经济利益和消费者对口味的追求，而不考虑食物对消费者健康的影响。20世纪70年代以后，随着全球环境破坏、资源短缺、人口爆炸等问题日益严重，市场营销理论和实践进入了社会市场营销观念时代，即营销必须同时兼顾企业利益、顾客需求和社会福利，在这三者之间寻找一个平衡。因此，营销学界提出了一系列的营销新观念，比如，人类观念、理智消费观念、生态准则观念等。这些观念的共同点就是企业生产经营不仅要考虑消费者的当前现实需要，而且要考虑消费者和整个社会的长远利益。

（三）建立良性的市场竞争秩序

亚当·斯密（Adam Smith）在《国富论》中把利己作为经济学的前提假设，把个人利己主义的利益追求当作人类经济行为的基本动机。同时，在《道德情操论》中把源于人"同理心"的利他主义情操视为人类道德行为的普遍基础和动机。市场经济应该是道德的经济，缺失适当的道德力量的引导，整个社会倾向于投机取巧而非去创造社会价值，这个社会的经济也就无法得到正常持久的发展。诺贝尔经济学奖得主诺斯（North）说：一个有效率的市场制度，除了需要一个有效的产权和法律制度相配合之外，还需要在诚实、正直、合作、公平、正义等方面有良好道德的人去操作这个市场。因此，市场在资源配置中起决定性作用的后面，还有良好道德的人对资源配置起促进作用。

（四）遵守政府法律与规范的要求

一些企业营销道德观念缺失，是非、善恶、美丑不分，唯利是图、见利忘义，损人利己、损公肥私，造假欺诈、不讲信用，这些都突破了社会道德的底线。政府作为公共政策的制定者要关注到这些问题，通过制定和修订法律法规，不断强化市场监管，保护消费者的正当权益。例如，我国目前已有《消费者权益保护法》《反对不正当竞争法》《网络交易监督管理办法》等一系列相关法律法规。在全面依法治国背景下，企业和员工必须自觉遵守社会公德、行业道德和职业道德，否则，企业就无法可持续发展。

（五）应对压力集团的挑战

伴随消费者保护运动的兴起，不仅有关消费者保护的法律在不断增多，而且各种各样消费者保护团体的数量也在增加。消费者对企业产品和服务的怀疑、挑剔以及消费者的自我保护迫使越来越多的企业开始正视营销道德问题，并在营销活动中担负起应有的责任。同时，日益严重的环境污染和生态破坏使人们要求企业对环境问题负责，环境保护主义应运而生。企业在制定发展战略时，不得不考虑环境保护的问题，以便实现可持续发展。墨里（Murray）和沃格尔（Vogel）的实证研究发现：当消费者得知某一企业为社会事业付出努力的信息后，会更偏向于购买这家企业的产品。

(六) 增强企业市场竞争力

企业和员工遵守行业道德和职业道德,赢得顾客满意和顾客忠诚,从而获得更高的市场份额和更牢固的顾客基础,它是企业增强市场竞争优势,实现可持续成长的战略工具。正如约翰·埃克斯(John Akers)所说,"道德和竞争力是不可分离的"。企业遵守营销道德虽然会在一定程度上增加运营成本,但是,这种成本实际上是一种投资。迈克尔·波特(Porter)利用竞争优势理论研究了竞争环境下的投资问题,认为企业提升"软实力"、获取竞争优势的重要方式之一就是在营销道德建设方面的投资。因此,企业道德价值和赢利目标是可以兼容的。森(Sen)和巴塔洽亚(Bhattacharya)等学者发现:积极关注并参与环保等公益事业的企业,会使消费者对其产品和服务的质量做出更高评价,从而赢得消费者信任和支持。

第二节 服务营销道德决策

一、服务营销道德评判标准

从理论上说,服务营销道德评判和一般道德评判的标准是一样的,主要包括道义论标准和功利论标准。

(一) 道义论

道义论(Deontology)指人的行为必须遵照某种道德原则或按照某种正当性行为的道德理论。该理论体系侧重的是道德行为动机,不注重行为的后果,而诉诸一定的行为规则、规范及标准,其理论的核心是义务和责任。也就是说,一个行为的正确与否,并不由这个行为的后果来决定,而是由这个行为的动机和标准来决定,注重的是这个行为的动机是不是"善"的,行为的本身是否体现了预设的道德的标准,这样就突出了道义理性的地位,把道义行为的内在本质认定为预设的和普遍的。在近代道义论研究中成绩最大的是康德,他所理解的道义论是典型的规则道义论。康德认为,"人必须为尽义务而尽义务,而不能考虑任何利益、快乐、成功等外在因素",认为道德行为的动机是善良意志,这种善良意志不是因快乐而"善",因幸福而"善"或因功利而"善",而是因其自身而"善"的"道德善"。

1930年,英国人罗斯(W.D.Ross)在《"对"与"善"》一书中系统提出了关于"显要义务"的观念,即在一定时间、一定环境中人们自认为合适的行为(在大多数场合,神志正常的人往往不需要推敲便明了自己应当做什么,并以此为一种道德义务)。罗斯提出了六条基本的显要义务:①诚实,包括信守诺言、履行合约、实情相告和对过失予以补救等。②感恩,即知恩图报,如报答父母的养育之恩,对朋友的关心、帮助予以善意的回报等。③公正,即奖罚分明,在同样条件下不厚此薄彼。④行善,即乐善好施,助人为乐。⑤自我完善,使自身潜能和美德得到充分发挥,实现自身价值。⑥不作恶,即不损害别人。

中国儒家伦理思想是中国道义论思想的典型代表。"君子喻于义,小人喻于利""君子以义为上"等思想把"义"与"利"做了明确的定位。孟子在此基础上把"义"与"利"绝对地对立起来,指出"何必曰利? 亦有仁义而已矣"。这样,以"义"抑"利"的思想成了中国道义思想的核心,并在中国传统思想中就占据了极其重要的地位。"正其谊不谋其利,明其道不计其功",从理论上把"义"放在了社会生活的正统位置之上。宋明理学之中明确地提出"不论利害,唯看义当为与不当为"。中国在道义论学理上把"义"界定为轻后果与结论,重规范与动机的道德行为标准。

(二)功利论

功利主义(Utilitarianism)指以实际功效或利益作为道德标准的伦理学说。功利主义不考虑一个人行为的动机与手段,仅考虑一个行为的结果对最大快乐值的影响,能增加最大快乐值的即是善;反之即为恶。最大快乐的计算则必须依靠此行为所涉及的每个个体之苦乐感觉的总和,其中每个个体都被视为具有相同分量,且快乐与痛苦是能够换算的,痛苦仅是"负的快乐"。19世纪,英国的边沁提出功利原则,他认为行为的动机是快乐和痛苦,道德的标准是功利;"个人利益是唯一现实的利益""社会利益只是一种抽象,它不过是个人利益的总和"。穆勒继承和论证边沁的功利原则,要求不但区分快乐的量,而且区分快乐的质,认为"一个不满足的人要比作为一头满足的猪要好些",只有精神上的宁静才是真正的最大的幸福。

在中国,战国时期思想家墨子以功利言善,是早期功利主义的重要代表。宋代思想家叶适和陈亮主张功利之学,注重实际功用和效果,反对那种"唯言功利和空谈性命"的义理之学。陈亮倡导经世济民的"事功之学",提出"盈宇宙者无非物,日用之间无非事",指责理学家空谈"道德性命",创立了永康学派。他承认有"道"的存在,但"道"不是先于事物,超越事物而独立存在的。"道"离不开具体事物,"而常行于事物之间"。叶适讲究"功利之学",认为"既无功利,则道义者乃无用之虚语",强调"道"存在于事物本身之中,"物之所在,道则在焉"。

在实践中既不能重义轻利也不能重利轻义,真正的理想状态是在"义"的规范下实现"利",在"利"的实现过程中寻求更加符合现实的"义"的规范。因此,"道义论"由形而上走向形而下是具有现实意义的,这个现实意义就是依据道义论形成的内在根据,将其真正地置于社会实践之中,以社会公认的责任和义务来规范人类的实践行为。

二、服务营销道德决策的影响因素

影响服务企业营销道德决策的因素主要包括三方面:个体因素、组织因素和环境因素。由于服务的"不可分性",即服务是由员工和顾客共同生产或共同创造的,相对其他营销而言,个体因素的影响更大。[3]

(一)个体层面

个体层面的因素主要包括个体价值和道德观,马基雅维利主义(Machiavellianism),自我强度、环境依赖性和控制中心,风险偏好,等等。①个体价值观和道德观。个体价值观和道德观不同,所做出的道德决策及表现出的道德行为会有很大不同。②马基雅维利主义。马基雅维利主义倾向高的人比倾向低的人更易做出不道德的决策,马基雅维利主义与个体的道德理念呈负相关关系,即个体的马基雅维利主义程度越高,其道德理念越弱,进而选择不道德行为的倾向越大。③自我强度、环境依赖性和控制中心。自我强度高的人相较自我强度低的人更能遵循自己的判断、履行自己的承诺,在道德判断和道德行为之间表现出更大的一致性;对环境依赖程度较高的人受组织内部和外部其他人的影响,倾向于利用他人提供的信息做出道德决策;具有内部控制中心的人在道德判断和道德行为之间,比具有外部控制中心的人表现出更大的一致性,且倾向于做出合乎道德的决策。④风险偏好。风险回避者一般倾向于做出合乎道德规范的决策,而风险偏好者则倾向于做出不道德的决策。

(二)组织层面

组织层面的因素主要包括企业目标、企业组织、伦理守则和企业政策等。①企业目标。营销道德决策是与企业目标联系在一起的,如果企业将利润最大化放在目标首位,那么当其面临一些道德困境时,很可能选择不道德行为;而如果将企业声誉看作最重要的企业目标,那么当其面临一些道德困境时,很有可能选择合乎道德的行为。②企业组织。在道德决策时,人们更易受与自己关系密切的人的观念或行为的影响,尤其是受直接上级和同级的影响。组织距离和相对权威对道德行为也有重要影响,距某人的组织距离越大,则此人对决策者的影响就越小;同级和最高管理层都对管理者道德决策有很大影响,其中最高管理层的影响最大。③伦理守则。当企业内部有一套明确的伦理守则且要求企业成员严格执行,则该企业成员对待道德问题的态度就会严肃,更倾向于做出合乎道德的营销决策。当企业缺乏这类守则时,则该企业员工更倾向于做出不道德行为。④企业政策。制定和严格执行企业道德方面的政策会改进道德行为参照系的结构,明确的企业政策会有效降低不道德行为发生的概率。

(三)环境层面

环境层面的因素主要包括政府因素、社会文化、行业和职业环境等。①政府因素。它是指相关法律法规是否完善以及政府的执法与监管程度。如果政府立法完善,执法严格,监管有效,必然对企业的不道德营销行为形成一种强制性的约束,从而使企业做出符合道德规范的决策,按政府立法和市场法则从事经营。②社会文化。文化对人的心理和行为都会有潜移默化的影响,企业在经营活动中是否遵循道德规范与其所处的社会文化环境联系密切。社会中的一些不良风气、负面影响着人的道德决策,使个体更易做出违背道德的行为。③行业和职业环境。某些行业中的营销潜规则,比如吃回扣、请客、送礼等不良行风对营销道德决策的影响也不能轻视。

三、服务营销道德决策过程

1986 年,亨特(Hunt)和维泰尔(Vitell)在《宏观营销期刊》上发表题为《市场营销道德的一般原理》的文章,首次提出了亨特-维泰尔伦理学模型(Hunt-Vitell model of ethics)(见图 10-1)。经过随后的不断讨论和实证,1993 年作者对该模型进行了修订。该模型的初始目的是(1)提供一个道德决策的一般理论;(2)用过程模型来呈现该理论。该理论利用了道义论和目的论这些传统的道德哲学。道义论者认为行为本身的某种特征,而不是它所带来的价值使一种行动或规则正确。目的论者认为有且只有一种基本的或最终的正确判断,即与道德无关的可能发生的比较价值。[4]

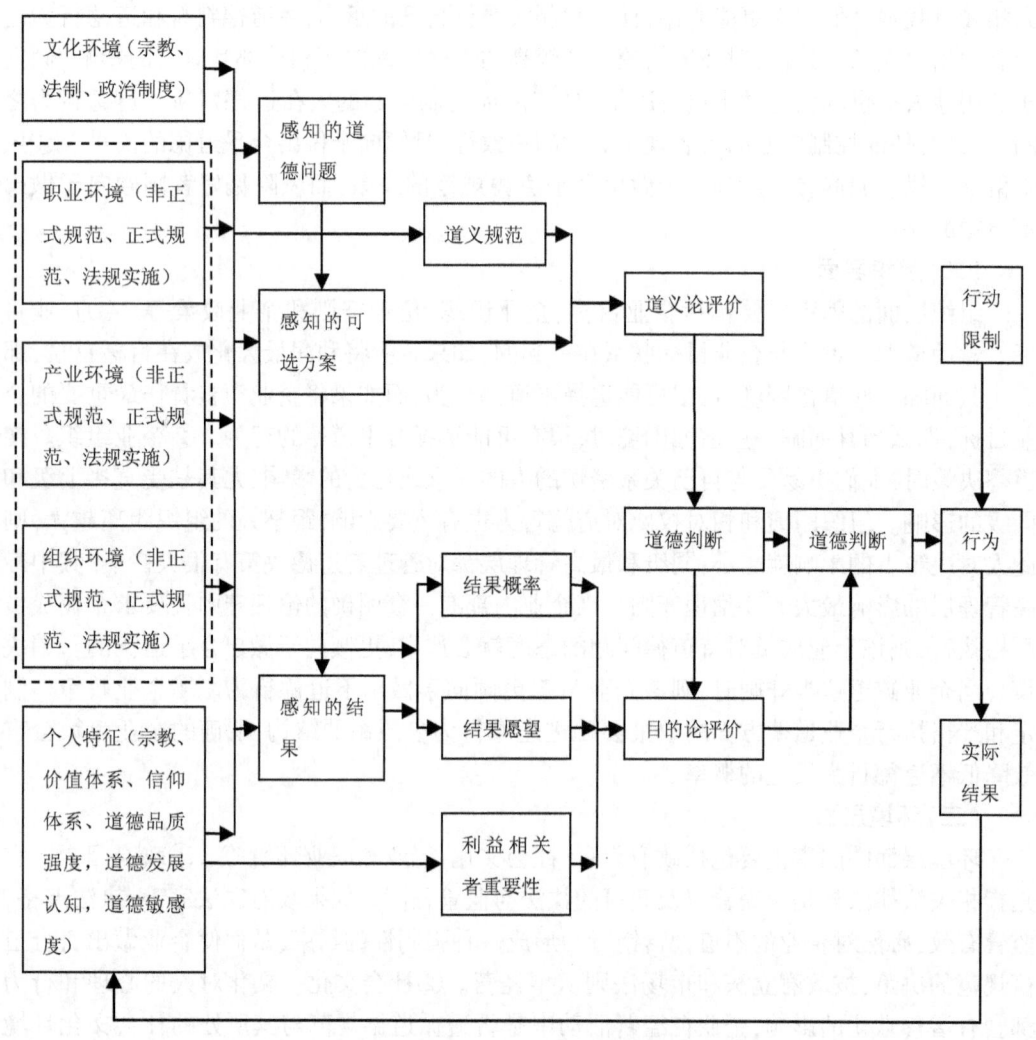

图 10-1　亨特-维泰尔营销道德模型

资料来源:Hunt, Shelby D., and Scott M. Vitell. 1993. The general theory of marketing ethics: A retrospective and revision. In Ethics in marketing, edited by N. C. Smith and J. A. Quelch,775-84. Homewood, IL: Irwin.

该模型是用来处理服务人员感知一个有道德欺诈问题的具体情形,它和服务人员的感知能力有关。如果服务人员在一个服务时没有察觉到存在某些道德问题,该模型的后续元素就不会发挥作用。如果一个服务人员认为一个销售活动包含道德内容,下一步就是感知各种可能解决这种道德问题的替代方案和行动。当然,一个服务人员不可能会识别出所有可能的备选解决方案。因此,用来处理该道德问题的方案比全部的潜在方案要少。的确,具体服务人员或服务团队处理某个道德问题的方式不同,部分原因是他们所感知的替代方案数量和方式不同。

根据该模型,营销人员在进行道德决策时,首先会依据个人特征以及其所处的文化环境(宗教、法制、政治制度)、职业环境(非正式规范、正式规范、法规实施)、行业环境(非正式规范、正式规范、法规实施)、组织环境(非正式规范、正式规范、法规实施)中的道德规范对其将要做出的决策做出判断。判断的标准包括两个方面:一是道义评价,即决策者认为自己理应遵守的道德义务规范;二是功利评价,即决策的后果对自身与利益团体带来的利益评价(结果发生的概率、对结果的期待、利益相关者的重要性等)。

服务人员结合自己的道德规范和某些行为的功利后果对该项行为做出是否道德的判断,在此基础上形成行动意图或意向。但行动意向并不完全由道德判断决定,出于功利目的,服务人员也可能形成与自己的道德判断结果不一致的行动意向。意向形成后,决策人就可能按意图行动,与此同时,行动限制变量也在影响着营销人员的行为取舍。服务人员在决定采用具体行动方案时出现的外部情况,随时都会影响到其最终做出的行为。最终的行为发生后,服务人员还将对其产生的实际后果进行评价,并将对实际后果的评价与反馈作为个人道德经验记入下一次道德判断的标准。

第三节 服务营销道德实践

一、服务调研的道德问题

和有形产品的市场营销一样,服务营销市场调研过程中,同样会涉及以下几个方面的道德问题。[5]

(一)对委托者的道德问题

调研机构和人员对委托者的道德责任主要包括保密问题、质量保证问题和充分披露问题:①保密问题。任何一个委托者都有权要求调研机构和人员保守其业务机密,不得泄露调研成果。一个企业委托某一调研机构和人员进行市场调研,就表示了对此机构和人员的充分信任。非经委托者许可,绝不能泄露调研成果。②质量保障问题。调研机构和人员应保证调研质量。如果调研质量没有保证,委托者不仅浪费资金,还可能因调研结果的误导而导致错误的决策。③充分披露问题。调研方法不一而足,到底哪一种方法最好,应视实际情况而定,一般特定的调研项目总有一种或几种更好的调研方法与之匹配。调研机构和人员应在调研报告中将调研方法做充分的说明,使委托者能自行判断该项研究的可靠程度。

(二)对受测者的道德责任

调研机构和人员对受测者的道德责任主要包括尊重受测者的权利和对受测者的身份加以保密:①尊重受测者权利。市场营销调研工作必然对受测者造成某些干扰,人员访问、电话访问、邮寄访问和现场观察可能会侵犯受测者的作息时间;问卷设计上的语言缺陷以及访问人员不当的言行举止可能会冒犯受测者。受测者有绝对的权利拒绝接受访问或参加实验,他们有权利不受到干扰。②对受测者的身份加以保密。非经同意不得泄露受测者的身份,以免给受测者带来不必要的麻烦。原始的访问记录或受测者寄回的问卷,不可随便让委托者或其他人员翻阅。如果委托者要求检查原始记录或问卷,就得将受测者姓名、地址、电话号码等进行隐藏。如果研究成果要向外公开发表,更应小心谨慎,切勿使参与调研的个人、团体或组织产生任何不利的后果。

(三) 委托者的道德责任

委托者对调研机构和人员的道德责任主要包括依约付款、研究构想和研究报告的发表等方面:①依约付款。委托者同调研机构之间可能在调研的内容、质量、时间或成本等各方面发生争执,但只要调研机构按原定委托书上的内容踏踏实实地在做调研,并如期完成调研报告,则不管调研结果是否与委托者的预期相符,从道德角度来看,委托者都应按约付款。②研究构想。有的委托者要求某一调研机构或人员提出一套研究计划及预算,然后将这套研究计划据为己有,把其中的一部分或全部构想交给另一个调研机构或人员,请后者根据这套研究构想提出预算,以此达到降低成本的目的,这是不道德的行为。③研究报告的发表。委托者在发布调研的报告时应客观公正,使社会大众都对调研结果有准确的理解。有的委托者委托调研机构做一项研究,然后对调研报告断章取义,做出有利于自己的解释,这是应该避免的不道德行为。

二、专业服务的道德问题

专业服务是指组织或个人应用某些方面的专业知识和技能,按照顾客的需要为其在某一领域内提供特殊服务,往往专业服务的知识和技术含量相对较高。例如,医疗和牙医服务,兽医服务,助产士、护士、理疗师和护理员提供的服务,法律服务,会计、审计和簿记服务,税收服务,建筑服务,工程服务,集中工程服务,城市规划和风景建筑服务等。

专业服务一方面和其他服务一样具有"不可分性",即服务的生产和消费在时间和空间上不可分离,服务提供者与服务消费者需要"共同参入"才能完成交易。另一方面,专业服务还具有很强的信息不对称性,即专业人士掌握信息比较充分,而消费者信息相对贫乏。掌握更多信息的专业人员可能会通过传递不实信息从而对服务对象进行误导。在医疗、汽车维修、二手车销售、手表维修等领域这种信息误导较为集中。由于服务的"不可分性"和信息不对称性,一旦服务发生失败,信息充分的专业人员很有可能把责任进行错误归因(归结为消费者的原因)。例如,医疗服务就是个典型,该服务对专业知识的特殊要求使患者对其知之甚少,可以说患者对医疗服务的了解可能比他们花钱所买的任何其他东西的了解都少。在这种情况下,患者对医生有强烈的依从性,医生在医疗服务中利用其掌握信息上的优势,完全可以决定患者对治疗和药品的需求,以致我们每天可以看到的是,医生决定着患者所需要的药品种类、药品品牌、药品数量。对医生的决定,患者是不敢违背的,因为患者通常不会拿自己的生命去冒险。因此,医疗服务是对职业道德有很高要求的行业,医患关系是需要信任才能建立起来。[6]

三、服务定价的道德问题

价格是服务企业营销策略中最敏感的要素,同时也是可能涉及营销道德问题最多的一个领域之一,其主要包括以下几种情况。[7]

(一)招徕定价

这种定价是指一些零售商降低少数几种商品的价格,把这种商品作为招徕顾客的特廉商品,以吸引顾客上门。实际上零售商本意并不想销售这种商品,其目的是把消费者招徕后,卖给他们另一种价格更高、利润更大的商品。低价商品仅仅是一个诱饵,一旦将顾客引诱进了商店,低价商品将会被贬低,有时商店中根本就没有这种商品,也许店商会说是"卖光了"。继续坚持要购买这种减价商品的顾客,最终可能会看到一种"使用良好"的样品。例如,一商场在其广告宣传单中清清楚楚地标明原价400元某商品,周末290元限量出售100件。当顾客周六一大早赶到商场,销售人员说已经卖光了。无奈之下这位顾客还是按400元买了一件,因为老远跑过来,时间、精力、车费都已付出,如果一无所获更划不来。

(二)心理性折扣定价

这种定价是指商家在某个商品上人为地标上一个高价即所谓的"原价",利用消费者求廉心理,以大幅度打折、优惠或减价的方式出售该商品。1999年11月18日,中央电视台晚间新闻报道过大连市一位妇女,她亲眼见到某商场一双皮鞋,前几天还卖250元,过几天后原价提高到500元,打折后的折扣价是280元,比原来的原价还高出30元。这位妇女揭露了商家采用价格心理性折扣的花招,商家所标的原价是根本不存在的,即他们从来没有按这种"原价"卖过商品。消费者的购买相对于专业采购员的购买来说是一种非专家型的购买,即消费者对所购商品的质量、价格等信息的掌握是不完全的。俗话说"从南京到北京买家没有卖家精",一些商家人为地提高商品的原价,然后利用消费者的求廉心理,对商品进行大幅度打折来出售商品。

(三)竞争性定价

这种定价是采用将自己的商品价格与其他竞争对手的商品价格进行比较的方式,说明自己的价格要低于竞争者的价格。人们对大多数事物的判断并不总是直接进行计算的,很多时候是参照某些间接的事物进行判断。消费者并不是去计算一下某个产品的生产成本、营销成本,去看其卖价是否合理,而往往是空间上选择其他商家的同类商品价格相比。销售人员说竞争对手卖900元,他只卖700元,消费者便认为这是一桩极其合算的交易,不仅没有意识到自己上当受骗,反而认为自己获得一个巨大的"消费者剩余"。竞争性定价的另一表现方式是自己某种商品缺货,就把该种商品的价格调得很低,进而达到抑制竞争对手销售的目的,这从某种方式上说也是一种不道德的竞争行为。

(四)出厂价定价

这种定价是指一些商家利用消费者对同一商品处于不同流通环节时有一种价格差的心理,在其出售的商品上标明"出厂价"的字样,以向消费者表明其出售的商品是经过减价的。这种定价有可能具有欺骗性,有两个方面的原因:①商家所标的出厂价是否具有真实性,这需要从其采购单中才能弄清楚,而消费者不可能要求商家出示其采购单据。在这种情况下,出厂价的真实性就只有靠商家的诚实和良心来担保,然而西方有句俗话是"总统也是靠不住的"。②即使是商家所标明的出厂价的确是其采购成本价,如果制造商的出厂价明显高于同类产品在市场上的零售价格,那么该制造商就显然掺入了欺骗性定价的活动。因为,在现实中有一些厂家把商品"出厂价"定得很高,让其经销商直接标明按"出厂价"卖,到年终厂家再把利润返给该经销商,或者是年终按其销售额大小获取高低不等的"扣点"。

(五)附"赠品"定价

这种定价是指商家利用一些消费者好贪小便宜的心理,采取"买一件,送一件"或者"买两件,送一件"的策略。商家的该种策略对于消费者来说已是司空见惯。在这种情况下存在着搭售,因为不买另一件就买不到这一件,只不过第二件商品没有单独的标价,表面上是免费,实际上将价格打入第一件商品中去了。这里之所以说它有可能构成欺骗是因为商家没有说明所必需购买的第一件商品的价格是否为该商品在市场上流通的实际价格,或者说它是否高于正常的价格。如果在实际的正常价格和搭售所提出的价格之间存在着差异,那么第二件商品就不是什么"免费"的赠品,这种定价对消费者也就构成误导和欺骗。

(六)预告提价

预告提价也有可能造成欺骗,因为预告提价会改变消费者对某种商品的价格预期,人们经常说"买涨不买落"就是这个道理。如果商家实际上并不打算在今后提价,它们就不应该做出将要提价的预告。因为它是以虚假价格信息对消费者购买决策进行了误导,从而操控了消费者的实际购买行为。

四、服务传播的道德问题

服务营销传播的信息直接影响消费者的心理预期和消费行为,不实的信息可能会对消费者形成误导,它也是营销策略中最有可能涉及道德问题的领域之一。[8]

(一)诋毁同业竞争者

服务营销中的诋毁行为是指从事市场生产经营活动的经济组织或个人,为了竞争的目的,针对特定的同业竞争对象,故意制造和歪曲事实,通过广告、传单等手段,公开以言论、文字、图形等形式,散布关于同业竞争者的生产、经营、服务、产品质量等虚假信息,公然诋毁其人格,贬低其商业信誉,以削弱其市场竞争力的行为。一般来说,诋毁具有以下特征:诋毁的行为是故意的,是明知故犯;行为的目的是削弱竞争对手的竞争力;此类行为侵犯的客体是竞争者的商业信誉和产品或者服务的声誉。

在现实中诋毁营销主要表现为以下几种形式:利用散发公开信、召开新闻发布会,刊登对比性广告、声明公告等形式,制造、散布贬损竞争对手商业信誉、产品声誉的虚假事实;在对外经营过程中,如在销售、业务洽谈中向业务客户及消费者散布虚假事实;在所出售的商品包装的说明上,对竞争对手的同类产品进行诋毁;组织人员以顾客或消费者的名义,向有关经济监督管理部门做关于竞争对手产品质量低劣、服务质量差、侵害消费者权益等情况的虚假投诉；唆使他人在公众中造谣并传播、散布竞争对手所售产品质量有问题的虚假消息，使公众对该产品失去信赖，以便自己的同类产品取而代之。

经营者良好的商业信誉和商品声誉都是经过自身不懈的开拓奋斗取得的，一旦受到无端的恶意诋毁，就可能使经营者蒙受巨大的损失。这种损人利己、尔虞我诈，不惜以诽谤他人商誉的非法手段挤垮竞争对手、牟取利益的行为，不但损害了竞争对手的合法权益，而且也欺骗了消费者，进而阻碍了正常的市场竞争，干扰破坏市场公开竞争的正常秩序。

(二) 口碑传播的道德问题

由于服务的无形性特征，服务的广告传播效果远不及产品的广告传播，服务的有效传播很多依赖口碑传播。口碑传播之所以能被消费者所接受和信任，是因为消费者对信息传播者及其所传播信息的真实性、可靠性的感知较高，不像广告是"老王卖瓜自卖自夸"。由于口碑传播建立在诚信的基础上，只有口碑传播中的信息传播者坚持客观、独立、不受干扰地传播信息，口碑传播才能真正发挥其优势。随着互联网和信息技术的发展，社交媒体发展日新月异，网络社区成为消费者获取信息的最主要途径，也成为口碑传播的主要途径。

现实中，一些服务企业为了增强口碑传播的可信性，聘请一些名人做代言，由于一些名人出于利益诱惑而自己并不是该服务的实际使用者，实际上也就谈不上什么真正的服务体验。还有一些服务企业请了一些所谓的老顾客"现身说法"，影响消费者心理和行为。如果这些所谓的"名人"或"老顾客"没有坚守诚信、中立、客观的原则，就有可能成为"托儿"（托儿本是北京方言，出现在20世纪90年代初，最初指的是商店或是路边小摊雇上一个或几个人，假装成顾客，做出种种姿态，引诱其他顾客购买其产品）的嫌疑。因此，如果口碑信息传播者的独立性受到了动摇，其传播信息的可靠性就值得怀疑，那口碑传播就存在道德问题。

(三) 过度承诺的道德问题

服务的无形性特征使服务的消费者不仅在事前很难判断服务的质量，即使是在事后，由于消费者没有相关专业知识，也很难对服务质量做出自己的判断。同时，服务的异质性特征，使服务的消费者很难根据上次消费体验预测下次消费的服务质量。正是服务的这种无形性和异质性特征，使服务营销强烈地依赖企业对消费者的承诺。服务企业使顾客满意的重要原则之一就是"谨慎承诺和交付更多"。

如果企业从一开始就不准备按承诺提供服务或服务能力无法按承诺交付服务，承诺仅仅是为了影响消费者心理，吸引消费者眼球，使承诺成为刺激消费者购买行为的一种手段，这种承诺就具有信息误导和欺骗的成分。过度承诺会提升顾客的期望值，如果顾客没有得到相应的服务体验，顾客最终会失望。失望的顾客会投诉、流失，或传播负口碑，这可能会导致更多的客户投诉和客户流失。因此，这种营销从某种意义上说是一种短视的和交易导向的，从长期和关系导向来说，这种营销不具有战略性。

五、网络渠道交易的道德问题

(一)大数据杀熟

当前,社会经济已从 IT 时代向 DT 时代迈进,"所有营销数据化,所有数据营销化"已逐渐成为现实。企业营销已从早期的大规模营销,到后来的目标市场营销,目前正向大数据营销过渡。大数据营销就是基于多平台的大量数据,采用大数据挖掘技术,对消费者和客户进行精准化营销(一对一营销),其核心在于让信息和服务在合适的时间,通过合适的载体,以合适的方式,投放给合适的人。这种精准营销从本质上可以更好地满足消费者和客户的个性化需求,使人们的生活变得更加美好。

但是,任何技术的发展都具有两面性,技术本身是中性的,主要看你把它用来做什么?在网络营销中,一些平台把获取消费者或用户的详细数据,包括地址、性别、习惯、职业,甚至包括有没有装载"竞品"平台,通过算法筛选出其中"有用"的数据,然后对消费者或客户进行精准画像,最终差别化地推送产品、服务和价格。在这一过程中,一些平台不仅不会对老顾客或客户优惠,反而会在价格上进行歧视性对待,同样的商品或服务,老顾客或客户看到的价格反而比新顾客或客户要贵,这是一种违背常人认知的不道德行为。

(二)侵犯个人隐私

就互联网而言,它本身是一个开放自由的虚拟世界,大家能在这个虚拟世界共享一些资源。但在实现资源共享的同时,网络信息的一些安全问题也渐渐暴露出来。在网上很方便搜集到他人隐私信息,同时也为违法散布、出卖他人隐私信息的人提供了平台。由于互联网用户的多样性与复杂性,互联网的安全问题层出不穷。任何一个互联网用户的任何隐私数据,都有可能被他人通过网络盗取。信息就是财富,在数据、信息时代更是如此。在人们追逐财富的过程中,一些侵犯个人隐私的道德问题随之呈现出来。

数据采集要遵循合法、正当、必要、最小化使用的原则。由于受到利益的驱使,一些不良商家或网站对用户的个人数据无限制地采集利用,最终导致了众多消费者隐私权被侵犯。事实上,个人信息权本身包括信息主体对个人信息享有的各项权利,比如,准许权、知情权、异议权、更正权、删除权、封锁权、保密权、报酬请求权等。作为应用服务的注册使用者,个人信息知情权应成为信息主体与应用服务商之间基于利害关系产生的私权利,更有赖于应用服务商切实履行保护用户信息的义务。因此,利用 APP 私自收集、超范围收集个人信息、私自共享给第三方等行为,不仅是个职业道德问题,情况严重者会触犯法律。

(三)直播带货乱象

作为一种新的网络销售技术,直播带货让商品展示、人员推销、销售推广和广告传播等多种促销方式整合在一起,能够迅速营造一种消费氛围,通过限量销售、限时优惠等多种刺激手段,激发消费者快速做出购买决策。虽然电商改变了传统的线下购物模式,让购物更便捷,价格也更透明,但是以图文为主的展现方式过于抽象。从展示效果来说,通常是视频大于图片,图片大于文字。而直播带货销售技术完美地弥补了图文的缺陷,直播的信息维度更丰富,使消费者身临其境,更直观地了解产品信息。直播最大的优势,就是让消费者融入购物场景中。此外,通过直播消费者还可以实现和主播的实时互动。这样不仅提升了购物体验,还融入了社交属性,对商品有了更详细的了解,同时也拉近了消费者和商家的距离。

作为一种新的营销技术创新,直播带货无可厚非。但是,在现实运行中,一些消费者被商家的虚假宣传所误导,购买一些产品后,发现这种产品存在某些质量的问题。例如,售卖的羊毛衫根本不含羊毛,售卖的燕窝只是糖水。有质量问题商家解决也行,可一些消费者发现购买后,连商家是谁都找不到,或者说联系上之后,对方根本不搭理、拖着不解决。更有甚者,有网红和电商联手欺骗粉丝,发不义之财。目前,市场监管总局制定出台《网络交易监督管理办法》,规定直播服务提供者将网络交易活动的直播视频自直播结束之日起至少保存3年。同时,办法要求通过网络社交、网络直播等网络服务开展网络交易活动的网络交易经营者,应当以显著方式展示商品或者服务及其实际经营主体、售后服务等信息,或者上述信息的链接标识。

(四)网络不实评价

因为网络商品交易虚拟性强,消费者在网络购物时最直接的购买参照就是查看卖家的信誉度。"好评、中评、差评"是网站建立的一套信用评价体系,"好评"加一分,"中评"零分,"差评"减一分,虽然"中评"不记分但会影响被评者的"好评率"。如果正面评价多,卖家的信誉度就高,就会有更多的买家愿意购物。正是这种原因,一些网络卖家常常雇用水军来刷信誉,于是"刷钻师"应运而生;反之,如果负面性的评价多,卖家的信誉度就低,就会很少有买家光顾。一些网络卖家为了维持生意,只好花钱消灾,请给"差评"的人更改其差评,这便催生了"差评师"。

尽管在网络购物中买家可对卖家所提供的商品、服务、双方交易所必需的第三方提供的服务给出主观或客观的评价。但是,无论是出于刷信誉的"刷钻师"还是出于勒索和不正当竞争的"差评师",都是一种违背诚实原则的不道德行为。对于买家来说,卖家雇水军在网络上灌水,买家开始会上当受骗,但久而久之,买家对网络的信任度降低,最后受损的将不仅仅是买家。对于卖家来说,"差评师"集体勒索,发动"群狼战术",群狼中也许还有自己的竞争对手。

关键概念:

营销道德　　服务营销道德　　道德失范　　企业社会责任　　道义论　　功利论

思考题:

1. 服务营销道德有哪些特性?
2. 服务企业营销道德失范原因有哪些?
3. 服务企业遵循营销道德意义有哪些?
4. 服务营销道德评判标准有哪些?
5. 影响服务营销道德决策的因素有哪些?
6. 结合生活实例说明服务营销道德决策过程。
7. 服务调研过程中可能存在哪些道德问题?
8. 专业服务可能会存在哪些道德问题?

9.服务调研过程中可能存在哪些道德问题?
10.服务定价可能存在哪些道德问题?
11.服务传播可能会存在哪些道德问题?
12.网络交易可能会存在哪些道德问题?

参考文献:

[1] Philip T. Kotler, Gary Armstrong, Prafulla Agnihotri. Principles of Marketing (17th Ed)[M].Pearson India, 2018.

[2] Baumhart, R. C.: How Ethical Are Businessmen? Harvard BusinessReview[J].1961, (6–9):156-157.

[3] 周秀兰.企业营销道德研究现状及展望[J].广西财经学院学报,2016,(6):70-77.

[4] Hunt, Shelby D., and Scott M. Vitell. 1993. The general theory of marketing ethics: A retrospective and revision. In Ethics in marketing, edited by N. C. Smith and J. A. Quelch, 775-84. Homewood, IL: Irwin.

[5] 张世君.市场营销调研中的道德问题[J].特区经济,2007,(7):293-294.

[6] 马勇,郭磊."药价虚高"现象的经济学分析[J].价格理论与实践,2000,(10)21-22.

[7] 马勇.隐藏欺骗的定价[J].价格月刊,2000,(09):40.

[8] 马勇,赵波.道德营销拒绝"诋毁"[J].经济论坛,2001,(17):39-40.

麦当劳的环境战略

麦当劳的创建者雷·克洛克(Ray Kroc)制定了麦当劳的经营原则:高标准的食品质量、快捷友善的服务、百分之百顾客满意、清洁卫生和舒适明亮的用餐环境、物有所值的顾客承诺(Quality, Service,Cleanliness &Value)。麦当劳的管理者一直信奉和根植于这些经营原则,因而成为一个影响其顾客的领导者。这一哲学在麦当劳参与的各类社区活动中得到了明显体现,这些活动涉及教育、保健、医学研究、康复设施。这些活动使公司形象从趣味、娱乐,提升到具有社会责任感。

但是,在20世纪80年代后期,麦当劳开始受到对其环境方针的批评,尤其是对周围遍布的聚苯乙烯包装盒的批评。1987年,面对公众的批评,麦当劳将制造餐盒时的发泡剂由氟氯烃(CFC)换成了较弱的HCFC-22,因为公众批评氟氯烃(CFC)将导致臭氧减少。但对于这种改变,许多群众性的环保组织认为并不够。他们在公民清除危险废物(CCHW)组织的领导下,正在开展一项名为"Ronald McToxic(反麦当劳有毒物质)"的行动,内容包括设立餐馆纠察员和有组织地将餐盒邮寄到约克布鲁克的公司总部。麦当劳后来测试现场垃圾焚化炉时,公民清除危险废物组织立即将活动名称改成了"McPuff(反烟)"。1989年,麦当劳的主要顾客群——学校学生们成立了一个组织,命名为"孩子反对聚苯乙烯"。尽管麦当劳不是唯一因为可弃包装而遭受批评的快餐店,但它不能听任形势不断升温。它的一家主要竞争对手——伯克王(Burger King),就因为使用的是纸盒包装而受到表扬,因为一些人宣称纸盒是可以生物降解的。

联合工作组。认识到麦当劳通过影响其每天的1800万顾客而影响公众舆论的巨大潜力,环境保护基金会(EDF)1989年开始与麦当劳接触,讨论与固体废物相关的环境问题。那时,麦当劳正面临着各种各样的环保抗议:示威、书信以及消费者将塑料餐盒寄回公司。意识到作为麦当劳忠实顾客的这些年轻人需要"更加绿色"的行为,麦当劳逐步努力进行回收利用。麦当劳欢迎环境保护基金提供帮助。

环境保护基金会是一家全国性的非盈利组织,它将科学界、经济界和法律界联系起来,为环境问题的解决提供创造性的、经济上可持续发展的解决方案。麦当劳和环境保护基金会建立了一个联合工作组,他们共同工作,以便了解麦当劳所使用的各种材料和包装的作用。每个成员在餐馆里工作一天,工作组与麦当劳的食品和包装供应商举行会谈,参观麦当劳最大的配给中心、塑料和堆制废料设施。

联合工作组的第一项成果是发布了强大的涉及整个公司的环境方针,宣布麦当劳承诺为子孙后代保护环境,并且认为商业领袖也必须是环保方面的领导者。这一方针采用全面生命周期方法来降低和管理固体废物。考虑到美国8600家麦当劳餐馆中,每家每天就会产生238磅垃圾,它的34家地区性配送中心,每家每天还会有900磅垃圾,实现这一目标是个相当大的挑战。

麦当劳也积极引导它的顾客,告诉他们公司的环保活动和观点。餐馆中有可以随意取阅的小册子,告诉消费者麦当劳对于臭氧层消耗、热带雨林、包装等问题的立场。麦当劳也努力将其环保承诺转化为具体的行动。为了实现其环保政策,麦当劳的环境事务官员被授权可以强制执行各种标准,并定期直接向董事会汇报。麦当劳也计划继续寻求环境专家的帮助,以抓住机会不断改善其在环保方面的表现。作为减少废物行动计划的一部分,麦当劳承诺每年都对所有的食品服务产品和包装进行审查,以寻找机会减少资源的使用。

麦当劳认识到,为了实现其减少废物的目标,必须与各个供应商进行合作。为了增进合作,麦当劳举行每年一度的环境会议,以培训供应商,并将环境方面的问题列入供应商的年度审核和评估中。联合工作组提议开始进行下述活动。

(一)源头减少

当环境保护基金会与麦当劳接触时,麦当劳已经开始了几项减少废弃物的行动,但随即而来的讨论引出了一项建议,希望成立联合工作组以便"为麦当劳公司就固体废物方面做决策,建立一种框架、一种系统化的方法和一个坚实的科学基础。"环境保护署(EPA)的废物管理层级成为工作组各项努力的基础。

在联合工作组的报告中,"减少废弃物"被定义为在焚化或填埋之前,任何减少市政废弃物的数量或毒性的行为。"源头减少"较之回收利用具有更大的环保意义,即在产品或包装使用之前,就减少它们的重量、体积或是毒性。由于源头减少是在废弃物产生之前,在产品生产时就考虑到尽量减少或消除废弃物,这样就使需要再次使用、回收利用、焚化或填埋废弃物相对减少了。

在过去20年中,麦当劳在节约资源方面的努力取得了相当大的进步。例如,在20世纪70年代麦当劳的标准餐——一个大汉堡、薯条和冰镇饮料——需要46克的包装。现在,它只有25克,减少了46%。麦当劳还减少了它的三明治、热饮的包装和餐巾纸的重量。在一些海运的情况下,去掉了起间隔作用的波纹纸,只要有可能,都会转而使用散装包装。节约资源取得的成果总结见表10-1,那里列出了批准在1990年应用的包装方面的改进。

表10-1 1990年节约资源成果

成 果	节约的百分比(%)
重新设计16oz冷饮杯	10.2
减少大冷饮杯	6.0
减小早餐盖子的密度	14.5
减小麦克鸡包装的密度	6.6
减小小餐盒的密度	8.5
小纸巾	21.0
未加涂层的散装餐具	11.0
改成大卷卫生纸	23.0
减小圣代冰淇淋杯的尺寸	9.0
用包装纸替换早餐三明治的泡沫包装盒	59.0
10:1的肉类包装增加波纹纸使用量	15.0
用包装纸替换三明治的泡沫包装盒	
——重量	1.0
——体积	90.0
减小McD.L.T.包装尺寸	32.0

举例来说,橙汁一直是用独立的包装来运输、储存和在餐馆使用。这一方式被改变为由各个餐馆对浓缩汁进行调配,每年因此一项就可节约200万磅包装。一种新的可乐配给系统可以直接将可乐从配送的卡车中泵入储存箱中,从而不再需要中间环节的包装。这一项每年又可节约200万磅包装。减轻包装重量,减少二次包装,增加使用散装包装使得每年可以减少包装2400万磅。麦当劳还从改变生产方式上对环境友好的供应商处采购材料。例如,从使用非氯漂白的纸袋转向利用机械方式而不是化学方式生产纸浆制造盛薯条的纸盒。

(二)重复使用

对工作组来说,立即找到重复利用材料的可行机会是一项艰巨的任务,因为搬运、收集和清洗所花费的时间将影响麦当劳提供大量快速食品的能力。而且,委员会的调查也表明,可以利用的机会对在柜台内与柜台外的运作有着巨大的差异。

在柜台外的选择目前是非常有限的,因为即使是在一天的高峰时间,麦当劳的顾客也期望得到快速的服务。麦当劳的运作设计是估计顾客所点食品的内容,并恰恰在顾客进店之前准备好相应的食品。但是,麦当劳不认为自己有能力估计顾客选择在哪里就餐,而绝大多数重复利用的方案要求为在餐厅内就餐或带走的顾客使用不同的食品包装,顾客进店后重新包装食品或者直到顾客定餐后才准备食物将会延长服务时间。而且,卫生问题也是工作组所要考虑的,因为一次性可丢弃的包装基本上消灭了与包装相关污染的可能。餐具的存储,无论是在餐馆内还是柜台里,还有洗碗机的布置对于麦当劳本来就设计紧凑的厨房都有潜在的困难。同时也考虑到清洗餐具的过程所付出的环保方面的代价,因为这将需要能源、水和清洁剂。

在柜台内的机会看上去是更有前途的:一项论证研究显示80%的餐馆垃圾在这里产生。图10-2指出了柜台内和柜台外产生的各种垃圾的比例,这是基于在两家餐馆进行1周观察的结果。对柜台内垃圾的几项易于应用的重复使用方案包括:重复使用塑料制品而不是纸板,重复使用盛面包的托盘,塑料托盘的使用时间至少要比木制托盘长3倍。

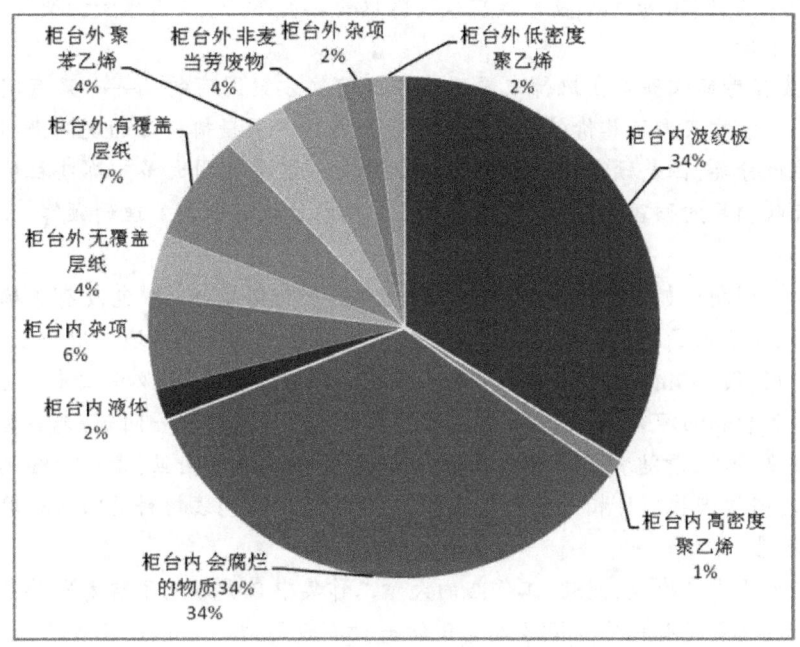

图 10-2 麦当劳废物论证研究

资料来源:麦当劳公司/环境保护基金联合工作组报告

(三)回收利用

回收利用有两种形式:使用由回收材料制成的产品,和回收消费者使用后或工业过程产生的废弃物。生产中产生的废料,无论是塑料还是纸张,其回收的许多技术问题已由供应商内部的下脚料利用过程所解决。但是,对消费者使用过的塑料或纸张材料,由于其污染问题,则很少进行回收。不像玻璃或金属材料,这些材料上的食物残渣和细菌污染可以通过燃烧去除,而泡沫塑料和纸板则很难清洗干净。

麦当劳在可能的情况下都会尽量使用回收材料。例如,它是美国最大的再生纸用户之一。但是,对于占麦当劳全部包装42%的直接与食品接触的包装有严格的规定:不能含有消费者使用过的再生材料。因此,麦当劳努力提高非食品包装中再生材料的含量。例如,根据公司1990年的规定,波纹纸箱中必须含有35%的再生材料。而且,非食品内容的包装也使用再生纸,例如,快乐儿童餐的盒子、顾客带走饮料外面用的盘子以及纸手巾都是再生纸制成的。

1990年4月,麦当劳发布了"麦当劳回收利用项目(McRecycle Program)",承诺每年使用1亿美元的再生材料,尤其是要用于餐馆的建设和改装。1991年,麦当劳远远超出了该目标,购买了超过2亿美元的再生材料。麦当劳也建立了环保产品供应商的情报交换服务,自从800电话开通以后,它已接到了8000多个电话。

对于消费者使用过的和店内产生的废弃物,麦当劳回收利用的焦点一直集中在对聚苯乙烯的回收。1989年麦当劳开始了对聚苯乙烯回收的努力,1990年麦当劳关于包装方面的小册子中写道:"聚苯乙烯泡沫可以很容易回收。"国家聚苯乙烯回收中心(NPRC)主席肯·赫尔曼说:1990年对于聚苯乙烯的回收将是关键的一年。这一年聚苯乙烯回收将获得应有的发展动力,部分是由于在开发回收设备上的努力,也还有……餐厅、学校以及私营公司的承诺。

但是,麦当劳回收项目在执行中显现了任何回收方案固有的局——只有实际收集和再生处理的包装才实现了其价值。麦当劳尝试用3种不同投掷标记的说明来引导和帮助顾客进行垃圾分类,但是顾客经常被说明搞糊涂或者觉得说明太多。那些社区中还没有开展路边回收项目的顾客,比那些已经在社区中熟悉了垃圾分类处理的顾客,参与的程度要低得多。

内部物流问题增加了回收成本。普通的麦当劳餐馆若有5-10包没有正确分类的垃圾,这就为处理带来了困难。盒子占用大的空间使得每周必须要清理3次垃圾,导致了昂贵的拖运费用,因为塑料中90%都是空气。而且,国家聚苯乙烯回收中心要求运来的材料不能有纸张和食物的污染,当时这一标准很难实现。为了解决这一问题,麦当劳尝试用垃圾分类装置来分类、清洁和压实材料,但成本昂贵。在这段时间里,麦当劳继续与供应商合作,开发与路边回收项目相一致的包装,以支持外卖食品包装材料的回收利用。

(四)堆肥

堆肥还处于成型阶段,因此,工作组的大量工作集中在更好地了解麦当劳的各种堆肥备选方案。堆肥是将有机垃圾填埋或焚化的一种有吸引力的替代处理方法,它还可以提高土壤的品质。

麦当劳的废弃物中几乎有50%是纸质包装和食品有机物,这些都能用来堆肥。麦当劳正在审查各种包装采用堆肥的可能性,并研究各种材料,例如,具有涂层的纸质包装材料,以检验它们是否会削弱堆肥的性能。只要可能,他们就会用专门设计的可堆肥的材料替代不能用于堆肥的材料。

为了使堆肥成为效果显著的方案,麦当劳正在研究怎样才能:①回收和分离原料;②平衡堆肥方法的成本和环境方面付出的代价;③为用于堆肥的制成品寻找市场。

1991年1月,麦当劳开始测试9种包装材料的堆肥性能。几个月以后,缅因州的9家麦当劳餐馆开始将它们的垃圾送往附近的一家堆肥公司"资源保护服务公司"。这些测试所得到的数据将用于决定麦当劳的垃圾堆肥的恰当条件以及检测用于堆肥的最终制成品的质量。

1.为什么麦当劳要建立自己的环境战略?

2.麦当劳的经营原则本身与环境保护的原则之间有潜在的冲突吗?
3.环保策略是否会增加成本?如果会增加成本,麦当劳应采取何种策略?
4.如果相关媒体批评麦当劳的环境战略或政策,那么会在多大程度上影响麦当劳的形象和销售?
5.环境问题会在多大程度上影响麦当劳的长期竞争力?